U0261903

国家出版基金项目

“十三五”国家重点图书出版规划项目

中国水电关键技术丛书

深厚覆盖层勘察关键技术

赵志祥　左三胜　王有林　等　著

· 北京 ·

内 容 提 要

本书系国家出版基金项目《中国水电关键技术丛书》之一，围绕在河床深厚覆盖层上建坝所面临的勘察与评价等技术难题和相似问题，对现有的地质勘探、试验测试、分析评价等勘察技术和评价方法进行了系统总结分析、凝练和提升。根据不同地区深厚覆盖层的特点，对其成因分类、分布规律、岩组划分、物理力学特性、水力学性质、覆盖层岩土体质量工程地质分级、物理力学参数的选取以及覆盖层建坝可能存在的砂土液化与软土震陷、承载与变形、渗漏和渗透稳定、抗滑稳定等工程地质问题进行了研究，形成了深厚覆盖层分析与评价、地质钻探、岩土试验与原位测试、地球物理勘探、水文地质试验等深厚覆盖层勘察关键技术体系，取得了一系列新理论、新技术和新方法等研究成果，提高了深厚覆盖层勘察评价技术水平，获得了良好的社会效益和经济效益，具有广阔的推广应用前景。

本书可供水利水电行业工程勘察、试验测试、工程设计等人员研究借鉴，也可供高等院校相关专业本科生和研究生学习参考。

图书在版编目（CIP）数据

深厚覆盖层勘察关键技术 / 赵志祥等著. -- 北京 : 中国水利水电出版社, 2020.10
（中国水电关键技术丛书）
ISBN 978-7-5170-6247-9

Ⅰ. ①深… Ⅱ. ①赵… Ⅲ. ①挡水坝－覆盖层技术 Ⅳ. ①TV64

中国版本图书馆CIP数据核字(2018)第007611号

书　　名	中国水电关键技术丛书 **深厚覆盖层勘察关键技术** SHENHOU FUGAICENG KANCHA GUANJIAN JISHU
作　　者	赵志祥　左三胜　王有林　等 著
出版发行	中国水利水电出版社 （北京市海淀区玉渊潭南路1号D座　100038） 网址：www.waterpub.com.cn E-mail：sales@waterpub.com.cn 电话：(010) 68367658（营销中心）
经　　售	北京科水图书销售中心（零售） 电话：(010) 88383994、63202643、68545874 全国各地新华书店和相关出版物销售网点
排　　版	中国水利水电出版社微机排版中心
印　　刷	北京印匠彩色印刷有限公司
规　　格	184mm×260mm　16开本　17.25印张　420千字
版　　次	2020年10月第1版　2020年10月第1次印刷
定　　价	**160.00**元

《中国水电关键技术丛书》编撰委员会

编委会办公室

《中国水电关键技术丛书》组织单位

中国大坝工程学会
中国水力发电工程学会
水电水利规划设计总院
中国水利水电出版社

丛书序

历经70年发展，特别是改革开放40年，中国水电建设取得了举世瞩目的伟大成就，一批世界级的高坝大库在中国建成投产，水电工程技术取得新的突破和进展。在推动世界水电工程技术发展的历程中，世界各国都作出了自己的贡献，而中国，成为继欧美发达国家之后，21世纪世界水电工程技术的主要推动者和引领者。

截至2018年年底，中国水库大坝总数达9.8万座，水库总库容约9000亿m^3，水电装机容量达350GW。中国是世界上大坝数量最多、也是高坝数量最多的国家：60m以上的高坝近1000座，100m以上的高坝223座，200m以上的特高坝23座；千万千瓦级的特大型水电站4座，其中，三峡水电站装机容量22500MW，为世界第一大水电站。中国水电开发始终以促进国民经济发展和满足社会需求为动力，以战略规划和科技创新为引领，以科技成果工程化促进工程建设，突破了工程建设与管理中的一系列难题，实现了安全发展和绿色发展。中国水电工程在大江大河治理、防洪减灾、兴利惠民、促进国家经济社会发展方面发挥了不可替代的重要作用。

总结中国水电发展的成功经验，我认为，最为重要也是特别值得借鉴的有以下几个方面：一是需求导向与目标导向相结合，始终服务国家和区域经济社会的发展；二是科学规划河流梯级格局，合理利用水资源和水能资源；三是建立健全水电投资开发和建设管理体制，加快水电开发进程；四是依托重大工程，持续开展科学技术攻关，破解工程建设难题，降低工程风险；五是在妥善安置移民和保护生态的前提下，统筹兼顾各方利益，实现共商共建共享。

在水利部原任领导汪恕诚、张基尧的关心支持下，2016年，中国大坝工程学会、中国水力发电工程学会、水电水利规划设计总院、中国水利水电出版社联合发起编撰出版《中国水电关键技术丛书》，得到水电行业的积极响应，数百位工程实践经验丰富的学科带头人和专业技术负责人等水电科技工作者，基于自身专业研究成果和工程实践经验，精心选题，着手编撰水电工程技术成果总结。为高质量地完成编撰任务，参加丛书编撰的作者，投入极大热情，倾注大量心血，反复推敲打磨，精益求精，终使丛书各卷得以陆续出版，实属不易，难能可贵。

21世纪初叶，中国的水电开发成为推动世界水电快速发展的重要力量，形成了中国特色的水电工程技术，这是编撰丛书的缘由。丛书回顾了中国水电工程建设近30年所取得的成就，总结了大量科学研究成果和工程实践经验，基本概括了当前水电工程建设的最新技术发展。丛书具有以下特点：一是技术总结系统，既有历史视角的比较，又有国际视野的检视，体现了科学知识体系化的特征；二是内容丰富、翔实、实用，涉及专业多，原理、方法、技术路径和工程措施一应俱全；三是富于创新引导，对同一重大关键技术难题，存在多种可能的解决方案，并非唯一，要依据具体工程情况和面临的条件进行技术路径选择，深入论证，择优取舍；四是工程案例丰富，结合中国大型水电工程设计建设，给出了详细的技术参数，具有很强的参考价值；五是中国特色突出，贯彻科学发展观和新发展理念，总结了中国水电工程技术的最新理论和工程实践成果。

与世界上大多数发展中国家一样，中国面临着人口持续增长、经济社会发展不平衡和人民追求美好生活的迫切要求，而受全球气候变化和极端天气的影响，水资源短缺、自然灾害频发和能源电力供需的矛盾还将加剧。面对这一严峻形势，无论是从中国的发展来看，还是从全球的发展来看，修坝筑库、开发水电都将不可或缺，这是实现经济社会可持续发展的必然选择。

中国水电工程技术既是中国的，也是世界的。我相信，丛书的出版，为中国水电工作者，也为世界上的专家同仁，开启了一扇深入了解中国水电工程技术发展的窗口；通过分享工程技术与管理的先进成果，后发国家借鉴和吸取先行国家的经验与教训，可避免少走弯路，加快水电开发进程，降低开发成本，实现战略赶超。从这个意义上讲，丛书的出版不仅能为当前和未来中国水电工程建设提供非常有价值的参考，也将为世界上发展中国家的河流开发建设提供重要启示和借鉴。

作为中国水电事业的建设者、奋斗者，见证了中国水电事业的蓬勃发展，我为中国水电工程的技术进步而骄傲，也为丛书的出版而高兴。希望丛书的出版还能够为加强工程技术国际交流与合作，推动“一带一路”沿线国家基础设施建设，促进水电工程技术取得新进展发挥积极作用。衷心感谢为此作出贡献的中国水电科技工作者，以及丛书的撰稿、审稿和编辑人员。

中国工程院院士

2019年10月

丛书前言

水电是全球公认并为世界大多数国家大力开发利用的清洁能源。水库大坝和水电开发在防范洪涝干旱灾害、开发利用水资源和水能资源、保护生态环境、促进人类文明进步和经济社会发展等方面起到了无可替代的重要作用。在中国，发展水电是调整能源结构、优化资源配置、发展低碳经济、节能减排和保护生态的关键措施。新中国成立后，特别是改革开放以来，中国水电建设迅猛发展，技术日新月异，已从水电小国、弱国，发展成为世界水电大国和强国，中国水电已经完成从"融入"到"引领"的历史性转变。

迄今，中国水电事业走过了70年的艰辛和辉煌历程，水电工程建设从"独立自主、自力更生"到"改革开放、引进吸收"，从"计划经济、国家投资"到"市场经济、企业投资"，从"水电安置性移民"到"水电开发性移民"，一系列改革开放政策和科学技术创新，极大地促进了中国水电事业的发展。不仅在高坝大库建设、大型水电站开发，而且在水电站运行管理、流域梯级联合调度等方面都取得了突破性进展，这些进步使中国水电工程建设和运行管理技术水平达到了一个新的高度。有鉴于此，中国大坝工程学会、中国水力发电工程学会、水电水利规划设计总院和中国水利水电出版社联合组织策划出版了《中国水电关键技术丛书》，力图总结提炼中国水电建设的先进技术、原创成果，打造立足水电科技前沿、传播水电高端知识、反映水电科技实力的精品力作，为开发建设和谐水电、助力推进中国水电"走出去"提供支撑和保障。

为切实做好丛书的编撰工作，2015年9月，四家组织策划单位成立了"丛书编撰工作启动筹备组"，经反复讨论与修改，征求行业各方面意见，草拟了丛书编撰工作大纲。2016年2月，《中国水电关键技术丛书》编撰委员会成立，水利部原部长、时任中国大坝协会（现为中国大坝工程学会）理事长汪恕诚，国务院南水北调工程建设委员会办公室原主任、时任中国水力发电工程学会理事长张基尧担任编委会主任，中国电力建设集团有限公司总工程师周建平、水电水利规划设计总院院长郑声安担任丛书主编。各分册编撰工作实行分册主编负责制。来自水电行业100余家企业、科研院所及高等院校等单位的500多位专家学者参与了丛书的编撰和审阅工作，丛书作者队伍和校审专家聚集了国内水电及相关专业最强撰稿阵容。这是当今新时代赋予水电工作者的一项重要历史使命，功在当代、利惠千秋。

丛书紧扣大坝建设和水电开发实际，以全新角度总结了中国水电工程技术及其管理创新的最新研究和实践成果。工程技术方面的内容涵盖河流开发规划，水库泥沙治理，工程地质勘测，高心墙土石坝、高面板堆石坝、混凝土重力坝、碾压混凝土坝建设，高坝水力学及泄洪消能，滑坡及高边坡治理，地质灾害防治，水工隧洞及大型地下洞室施工，深厚覆盖层地基处理，水电工程安全高效绿色施工，大型水轮发电机组制造安装，岩土工程数值分析等内容；管理创新方面的内容涵盖水电发展战略、生态环境保护、水库移民安置、水电建设管理、水电站运行管理、水电站群联合优化调度、国际河流开发、大坝安全管理、流域梯级安全管理和风险防控等内容。

丛书遵循的编撰原则为：一是科学性原则，即系统、科学地总结中国水电关键技术和管理创新成果，体现中国当前水电工程技术水平；二是权威性原则，即结构严谨，数据翔实，发挥各编写单位技术优势，遵照国家和行业标准，内容反映中国水电建设领域最具先进性和代表性的新技术、新工艺、新理念和新方法等，做到理论与实践相结合。

丛书分别入选“十三五”国家重点图书出版规划项目和国家出版基金项目，首批包括50余种。丛书是个开放性平台，随着中国水电工程技术的进步，一些成熟的关键技术专著也将陆续纳入丛书的出版范围。丛书的出版必将为中国水电工程技术及其管理创新的继续发展和长足进步提供理论与技术借鉴，也将为进一步攻克水电工程建设技术难题、开发绿色和谐水电提供技术支撑和保障。同时，在“一带一路”倡议下，丛书也必将切实为提升中国水电的国际影响力和竞争力，加快中国水电技术、标准、装备的国际化发挥重要作用。

在丛书编写过程中，得到了水利水电行业规划、设计、施工、科研、教学及业主等有关单位的大力支持和帮助，各分册编写人员反复讨论书稿内容，仔细核对相关数据，字斟句酌，殚精竭虑，付出了极大的心血，克服了诸多困难。在此，谨向所有关心、支持和参与编撰工作的领导、专家、科研人员和编辑出版人员表示诚挚的感谢，并诚恳欢迎广大读者给予批评指正。

《中国水电关键技术丛书》编撰委员会

2019年10月

前言

深厚覆盖层是指厚度大于40m的第四纪河床松散堆（沉）积物，其成因主要有冲积、冲洪积、冰水堆积、崩坡积等。这类堆积物具有结构松散、颗粒级配悬殊、分布不连续、物理力学性质不均匀等特点。因此，深厚覆盖层是一种地质条件差且复杂的地质体。

我国的西南、西北尤其是青藏高原地区的高山峡谷河流中深厚覆盖层分布广泛，表现为河谷深切，其厚度一般为数十米，部分可达数百米。在水利水电工程的勘测设计中多遇到深厚覆盖层问题，如大渡河金川、九龙河溪古、新疆开都河察汗乌苏、白龙江汉坪嘴、西藏尼洋河多布及其支流的老虎嘴和雪卡、四川宝兴、青海洼沿等水利水电工程。其深度一般均较深，如大渡河支流南桠河冶勒水电站覆盖层最大厚度超过420m，多布水电站覆盖层厚度达360m，老虎嘴水电站覆盖层厚度达180m，西藏雅鲁藏布江河床覆盖层最大厚度超过500 m，青海洼沿水库覆盖层厚度为100m。

深厚覆盖层不仅在我国，而且在全球范围的河流中广泛分布。如巴基斯坦塔贝拉（Tarbela）大坝河床覆盖层最大厚度为230m，埃及阿斯旺（Aswan）大坝覆盖层最大厚度达225m，法国谢尔-蓬松（Serre - Poncon）大坝覆盖层厚度为110m，加拿大马尼克3号（Manic - 3）大坝覆盖层厚度达130m。诸多水利水电工程建设将不可避免地涉及河床深厚覆盖层问题。

根据水利水电工程筑坝技术的需要，国内外许多学者、工程技术人员对深厚覆盖层的筑坝应用做了大量的工作，进行了较为深入的研究，也取得了众多成功的工程建设经验。但经资料查阅可知，现今国内外对利用深厚覆盖层筑坝的设计方案、工程处理措施等内容研究较少，对覆盖层的勘察技术及工程地质问题的评价尚无系统、成熟、普遍适用的方法体系可供借鉴，且缺乏基础理论的支撑和指导；科技论文中对工程实例叙述较多而理论的凝练与提升内容较少，许多关键性的勘察技术问题需要通过专门和深入系统的研究加以解决。因此，深厚覆盖层勘察关键技术的总结提升和深入研究是非常有必要的，具有重要的工程实际意义。

本书属理论与实践相结合的研究成果，主要依托中国电建集团西北勘测设计研究院有限公司近年来在西藏、新疆、甘肃、四川、云南等地区所承担设计的数十座水利水电工程实例，参考水利水电行业多年来已有的成功经验，围绕目前在深厚覆盖层上筑坝所面临的勘察技术共性和相似的工程地质问题，根据不同地区河床覆盖层的特点，在系统研究勘察方法及其应用的新理论、新技术、新工艺等适宜性的基础上，对深厚覆盖层的成因分类、分布规律、岩土特性、岩组划分、物理力学特性、渗透性质和参数选取、数值模拟分析、岩土体质量工程地质分级、力学参数的选取，以及覆盖层筑坝的工程地质问题等诸多方面，进行了分析研究和理论创新，对现有的深厚覆盖层的地质调查、勘探试验、物探测试、分析评价等勘察技术进行了较为系统的总结分析、凝练和提升；提出了适宜于水利水电工程显著特点的关键技术系列新理论、新方法、新技术，旨在全面叙述深厚覆盖层地质勘察关键技术等内容，以提高我国深厚覆盖层分析评价技术水平。

本书研究成果不但解决了深厚覆盖层勘察技术、评价方法等方面的关键性技术问题，而且可为深厚覆盖层上水利水电工程枢纽设计提供全面系统、安全可靠的技术支持。主要内容有以下几个方面：

(1) 通过大量工程资料的分析汇总，对我国河床深厚覆盖层的分布规律、成因类型、物理力学特性和筑坝的适宜性进行了详细的叙述。

(2) 通过对深厚覆盖层钻探技术、物探测试技术的分析，针对不同的仪器、设备性能和操作方法，总结了各类勘探方法的适应性和范围，论述了深厚覆盖层勘探布置要点和适宜的仪器设备与方法体系。

(3) 归纳凝练并总结提出了深厚覆盖层物质组成、粒度特征等基本地质理论。提出了深厚覆盖层岩土体物理力学参数取值的原则和方法，为水利水电工程枢纽建筑物设计方案的选取提供了地质依据。

(4) 在叙述覆盖层常规物理力学性质室内外试验的同时，对旁压试验、动（静）三轴试验、黏土层测年、示踪法同位素水文地质测试等获取的资料进行了分析对比和论述。

(5) 提出了适宜的岩组划分标准和覆盖层岩土体质量分类、分级方法；提出了深厚覆盖层特性分析、评价方法和不同类型参数等级划分标准。

(6) 针对不同工程深厚覆盖层分布和组合类型，采用常规计算、数值模拟、专门性试验研究等方法，对覆盖层筑坝的承载变形、固结沉降、砂土液化、渗透稳定等工程地质问题进行了分析研究，为覆盖层应力应变特性影响评价及工程处理措施研究提供了理论依据。

(7) 运用数值分析软件后处理模块编写相应程序，在压缩沉降分析中，实现了邓肯-张模型的建立和模拟。

本书是集体智慧的结晶，由赵志祥、左三胜、王有林等编撰。中国电建集团西北勘测设计研究院有限公司和成都理工大学众多专家、学者和工程技术人员参加了本书相关成果的研究工作，也付出了辛勤的劳动，贡献了聪明才智，在此表示诚挚的谢意。中国电建集团西北勘测设计研究院有限公司万宗礼勘察大师、刘昌副总工程师、吕生弟副总工程师、张应海副总工程师悉心指导了本书的编撰工作。中国电建集团西北勘测设计研究院有限公司李洪专业总工程师完成了物探部分的编写；周彩贵、唐兴江主要完成了工程钻探部分的编写；李树武、刘潇敏、王文革、杨贤、王建民、陈楠等在野外一线也做了大量基础性工作，为本书的编写积累了丰富的资料，做出了卓越贡献；韦振新为本书提供了部分工程勘察成果资料，提升了本书的研究水平。成都理工大学董秀军教授、涂国祥教授参加了本书的部分试验和研究工作。中国电力建设集团有限公司周建平总工程师对全书进行了审核。在此一并致谢。

本书的研究成果，除了适用于水利水电工程外，对火电、工业与民用建筑、市政、铁路、公路、地铁、码头、桥梁、机场等行业的深厚覆盖层勘察技术与评价方法均有较强的参考价值。

由于作者水平有限，时间仓促，书中不妥或错误之处在所难免，恳请读者批评指正。

作者

2020 年 5 月

目录

第 1 章

绪论

深厚覆盖层是指厚度大于 40m 的第四纪河床松散沉（堆）积物。由于深厚覆盖层具有成因类型复杂、结构松散、颗粒级配悬殊、分布不连续、物理力学性质不均匀等特点，因此深厚覆盖层是一种地质条件差且复杂的地质体。

我国的深厚覆盖层多分布于西南、西北尤其是青藏高原的高山峡谷河流中，而这些地区又是我国水能资源最为丰富的地区。已建成或在建的冶勒、溪古、纳兰、察汗乌苏、汉坪嘴、老虎嘴、多布、雪卡、沃卡、宝兴、锁儿头等水电站均遇到厚达数十米甚至数百米的河床深厚覆盖层。如大渡河黄金坪水电站覆盖层厚度达 130m，南垭河冶勒水电站覆盖层厚度达 420m，岷江狮子坪水电站覆盖层厚度达 102m，金沙江虎跳峡水电站覆盖层厚度达 250m，尼洋河多布水电站覆盖层厚度达 360m，巴河老虎嘴左岸防渗体覆盖层厚度达 180m。我国部分河流河床覆盖层厚度统计资料见表 1.0－1，国内在深厚覆盖层上建坝的典型工程实例见表 1.0－2。

表 1.0－1　　我国部分河流河床覆盖层厚度统计资料（勘探的最大深度）

河流名称	坝址	覆盖层厚度/m	河流名称	坝址	覆盖层厚度/m
金沙江	巴塘	55.5	大渡河	安顺场	73
	龙街	60		冶勒	＞420
	乌东德	99.9		瀑布沟	63
	溪洛渡	40		深溪沟	49.53
	向家坝	81.8		枕头坝	48
	虎跳峡	250		沙坪	50
雅砻江	锦屏	47		龚嘴	70
	米筛沱	50.7		铜街子	70
大渡河	双江口	70		马奈	130
	金川	55.0		冷碛	84
	独松	80	永定河	向阳口	＞62
	巴底	130	九龙河	溪古	45.5
	丹巴	80		偏桥	67
	猴子岩	70	白龙江	锁儿头	100
	长河坝	87.1		沙川坝	47
	黄金坪	130		苗家坝	48
	泸定	98.7		蒿子店	65
	硬梁包	76		险崖坝	73
	龙头石	70		碧口	40
	老鹰岩	70	白水江	汉坪嘴	45

续表

河流名称	坝址	覆盖层厚度/m	河流名称	坝址	覆盖层厚度/m
南盘江	天桥桥	40	尼洋河	老虎嘴	180
	甘泽坡	48		多布	360
	任家堆	70	潮白河	密云	44
	八里胡同	67.5		黄壁庄	59.5
黄河	王家滩	110		岳城	57
	小浪底	80		十三陵	51
开都河	察汗乌苏	48.5	岷江	十里铺	96
	滚哈布奇勒	58.5		福堂	92.5
	霍尔古吐	50.0		太平驿	80
尼洋河	冲久	110		映秀	62

注　数据引自《水力发电工程地质手册》（2012年版），部分数据根据后期资料进行了修订。

已有文献资料表明，河床深厚覆盖层不仅局限于我国各大河流，在全球范围的河流中也多有分布，如巴基斯坦的塔贝拉（Tarbela）斜心墙土石坝坝基覆盖层最大厚度达230m，埃及的阿斯旺（Aswan）土质心墙坝坝基覆盖层最大厚度达225m，法国谢尔-蓬松（Serre - Poncon）土质心墙坝坝基覆盖层厚度为110m，加拿大马尼克3号（Manic - 3）土质心墙坝坝基覆盖层厚度达130m，见表1.0-3。

表1.0-2　　国内在深厚覆盖层上建坝的典型工程实例

工程名称	所属省份及河流	建成年份	坝型	坝高/m	坝基土层性质	覆盖层最大厚度/m
碧口	甘肃白龙江	1977	心墙土石坝	102	砂砾石	40
铜街子	四川大渡河	1992	混凝土面板堆石坝	48	砂卵砾石	70
小浪底	河南黄河	2001	斜心墙堆石坝	160	砂砾石	80
瀑布沟	四川大渡河	2009	砾石土心墙堆石坝	186	砂砾石	63
硗碛	四川宝兴河	2006	砾石土心墙堆石坝	125.5	砂砾石	72
汉坪嘴	甘肃白水江	2005	混凝土面板堆石坝	58m	砂卵砾石	45
冶勒	四川大渡河支流	2007	沥青混凝土心墙堆石坝	125	冰水堆积覆盖	＞420
察汗乌苏	新疆开都河	2008	面板堆石坝	110	砂卵砾石	48.5
九甸峡	甘肃洮河	2008	混凝土面板堆石坝	136.5	砂卵砾石	65
龙头石	四川大渡河	2008	沥青混凝土心墙堆石坝	72.5	砂砾石	70
下坂地	新疆塔什库尔干河	2009	沥青混凝土心墙堆石坝	78	砂砾石	148
宝兴	四川宝兴河	2009	闸坝	28	砂卵砾石	50
老虎嘴	西藏巴河	2011	左副坝（重力坝）	24	砂砾石	180

续表

工程名称	所属省份及河流	建成年份	坝型	坝高/m	坝基土层性质	覆盖层最大厚度/m
溪古	四川九龙河	2013	混凝土面板堆石坝	144	砂卵砾石	45.5
苗家坝	甘肃白龙江	2013	混凝土面板堆石坝	111	砂砾石	48
斜卡	四川踏卡河	2014	混凝土面板堆石坝	108.2	粉细砂及砂砾石	100
猴子岩	四川大渡河	2015	混凝土面板堆石坝	223.5	砂砾石	70
黄金坪	四川大渡河	2016	沥青心墙堆石坝	95.5	砂砾石	130
多布	西藏尼洋河	2015	混凝土闸坝	52	冰水积砂砾石	360

注 数据引自《利用覆盖层建坝的实践与发展》，略有修改。

表 1.0-3 国外在深厚覆盖层上建高土石坝的典型工程实例

工程名称	所在国家	建成年份	坝型	坝高/m	坝基土层性质	覆盖层最大厚度/m
塔贝拉	巴基斯坦	1975	土质斜心墙堆石坝	147	砂砾石	230
阿斯旺	埃及	1967	土质斜心墙堆石坝	122	砂砾石	225
马尼克 3 号	加拿大	1968	黏土心墙堆石坝	107	砂砾石	130
马特马克	瑞士	1959	土质斜心墙堆石坝	115	砂砾石	100
谢尔-蓬松	法国	1966	心墙堆石坝	122	砂砾石	110
下峡口	加拿大	1971	心墙堆石坝	123.5	砂砾石	82
佐科罗	意大利	1965	沥青斜墙土石坝	117	砂砾石	100

注 数据引自《利用覆盖层建坝的实践与发展》。

由于深厚覆盖层结构松散、工程地质性状差，在深厚覆盖层上修建大坝特别是高坝时易产生坝基承载力不足、渗漏与渗透变形、固结沉降与差异沉降、抗滑稳定、砂土液化、软土震陷等许多工程地质问题。深厚覆盖层不仅严重影响和制约了水利水电工程坝址的选择、流域水电资源的规划与开发利用，同时也给坝工设计如坝型选择、枢纽布置、地基处理、防渗措施等方案设计带来了巨大的困难。因此，利用深厚覆盖层筑坝的技术一直是水利水电行业研究的重点技术问题。

1.1 国内外深厚覆盖层勘察理论研究现状与成就

1.1.1 国内外覆盖层筑坝技术应用现状

20 世纪，国外在覆盖层上修建的重力式溢流坝与闸坝工程实例较多，且坝基防渗多采用金属板桩，最大深度达 20 余 m。建于黏土层上的普利亚文纳斯水电站厂顶溢流混凝土坝，最高达 58m。巴基斯坦 147m 高的塔贝拉土质斜心墙堆石坝，建基于最大厚度达 230m 的覆盖层上，坝前采用了长 1432m、厚 1.5～12m 的黏土铺盖防渗，同时下游坝趾设置井距 15m、井深 45m 的减压井，每 8 个井中有一个加深到 75m，蓄水后坝基渗透量大，1974年蓄水后曾出现100多个塌坑，1978年经抛土处理后趋于稳定。埃及的阿斯旺土质斜心墙坝，最大坝高为122m，覆盖层厚度为225～250m，采用悬挂式灌浆帷幕，上游设铺盖，下游设减压井等综合渗控措施，帷幕灌浆最大深度达170m，帷幕厚度为20～40m。加拿大的马尼克3号黏土心墙坝，覆盖层最大厚度为126m，防渗采用两道净距为2.4m、厚61cm的混凝土防渗墙，墙顶伸入冰碛土心墙12m，墙深131m，其上支承高度为3.1m的观测灌浆廊道和钢板隔水层，建成后槽孔段观测结果表明，两道墙可削减90%的水头。坝高113m的智利圣塔扬娜面板砂砾石坝建基于30m厚的覆盖层上，是较早在覆盖层上修建的坝高100m以上的混凝土面板坝。

国内在覆盖层上自古就有筑坝的历史，建混凝土坝始于1958年北京市永定河下马岭水电站，坝高33m，建于28m厚的河床覆盖层上。改革开放后，特别是21世纪以来，随着我国水利水电事业的发展，利用覆盖层筑坝的技术水平得到了进一步提高。我国在利用覆盖层筑坝方面已取得的成就令人瞩目，相继在覆盖层上修建了土质心墙堆石坝、沥青混凝土心墙堆石坝、混凝土面板堆石坝、闸坝等各种类型的大坝。我国在深厚覆盖层上已建的最高土质心墙堆石坝为高240m的长河坝，已建的最高面板堆石坝为高164.8m的阿尔塔什水利枢纽工程大坝，一些建基于深厚覆盖层上的200m级高坝也正在建设或设计中。覆盖层上的闸坝受闸门挡水高度限制，坝高一般小于35m，但多布水电站混凝土闸坝高达52m，为目前国内外在深厚覆盖层上建造的最高闸坝。随着水利水电工程建设和筑坝技术的进一步发展，今后将对深厚覆盖层勘察技术提出更高的要求。

1.1.2 深厚覆盖层勘察技术理论研究现状

经资料检索和查询，国内河床深厚覆盖层研究方面的科技论文尚多，但专门的书籍甚少。

1991年，石金良等编著的《砂砾石地基工程地质》一书，深入总结了砂砾石地基工程实践，以砂砾石的成因类型、地质特征、分布规律为主导，对砂砾石坝基的勘探、试验、坝基工程地质评价、坝基处理与观测等进行了较为全面的总结归纳，填补了我国砂砾石坝基工程地质研究方面的空白。

2009年，中国水利水电出版社出版的《利用覆盖层建坝的实践与发展》论文集，共收录科技论文46篇。总体来看，该书是一本涉及坝工设计、岩土工程以及施工技术等内容的跨学科论文集；从专业角度看，该书涉及水工建筑物布置、结构分析、渗流控制、施工方法等诸多方面的内容；尤其是论文集提供的我国以深厚覆盖层为筑坝基础的工程实例，如察汗乌苏水电站、九甸峡水电站、小浪底水电站等，对深厚覆盖层筑坝技术具有较强的指导和借鉴意义。

2011年，中国水利水电出版社出版的《水力发电工程地质手册》一书，对水利水电工程深厚覆盖层筑坝的勘察技术与评价方法进行了全面叙述，对水利水电工程河床覆盖层同类工程的勘察设计起到了积极的指导和推动作用。

综上可知，现今国内对利用深厚覆盖层筑坝的设计方案、工程处理措施等内容的研究较多，对覆盖层的勘察技术、评价方法等方面的研究甚少，工程实例较多而理论的凝练与提升内容较少，科技论文成果也缺乏系统性和基本理论支撑。针对上述问题，本书重点研究深厚覆盖层的勘察技术与评价方法，以期提升基础理论水平。

1.1.3 深厚覆盖层工程地质特性试验研究现状

目前，对深厚覆盖层工程地质特性的研究多局限于采用常规、浅部的勘察技术和方法，对深埋粗粒土力学特性的研究较少，一般通过大三轴试验对不同围压下覆盖层强度及变形特性展开间接研究。研究结果表明，大三轴试验中围压越大，峰值主应力差越大，粗粒土应力应变曲线切线斜率越大（即变形模量越大），其抗剪强度也越高。

近年来，也有学者对深埋粗粒土的渗透性能开展了研究。张改玲、王雅敬利用高压三轴渗透试验，论证了粗砂和细砂渗透系数随围压增大而减小的基本规律；罗玉龙等利用相同的试验得出了随围压增大砂砾石渗透系数减小、管涌临界坡降增大的结论。

可以看出，目前大多数学者通过室内三轴及考虑围压渗透试验针对有一定埋深覆盖层的物理力学特性及渗透性能进行了研究，但总体研究成果较少，多处于起步阶段和经验积累阶段，且未进行工程实例的检验和论证。

1.2 钻探技术发展与应用现状

由于孔壁不稳定，取芯质量差，套管起拔耗时且难度大，水上作业、取样及试样制件困难等原因，多年来深厚覆盖层的勘探一直是工程地质界比较棘手的问题之一，主要集中在如何采用有效手段来解决深厚覆盖层的分层、取样、试验等方面。

从钻探技术角度看，深厚覆盖层属于结构松散、复杂、局部架空、渗透性大、颗粒级配无规律的混杂堆积物，以致深厚覆盖层钻探取芯、取样比较困难，钻探时容易发生坍塌、掉块、漏失或膨胀、缩径、涌砂等现象，孔壁稳定性差，给深厚覆盖层正常钻进造成很大困难。

1.2.1 钻探设备

1985年以前，水利水电系统勘测设计单位在河床砂卵石层中基本上都采用钻粒钻进、清水冲洗、跟管护孔的常规钻进方法，或采用泥浆循环来保护孔壁。当存在孤石、漂石时须采用孔内爆破法进行处理，有时几个台班都无进尺。取样采用回转钻进干钻、管钻冲击钻等钻进方法。这些方法钻机负荷大、管材消耗多、孔内事故频发、工序复杂、钻进效率低、取样质量差、劳动强度大、勘探周期长。泥浆循环钻进虽然能够保护堵漏，提高钻进效率，但是取样质量问题仍无法解决。对于以深厚覆盖层为坝基的水利水电工程，为查明坝基地层结构、物理力学性质、主要工程地质问题等，需要质量很高的Ⅰ级、Ⅱ级试验样品，而常规钻探工艺远不能满足地质与试验要求。

随着高土石坝筑坝技术的迅速发展，为提高深厚覆盖层勘探质量，查明覆盖层地层的基本地质条件，成都勘测设计研究院承担完成了“六五”国家科技攻关项目“深厚覆盖层建坝研究”中的一个很重要的课题，专门针对深厚覆盖层的钻进和取样技术进行研究，成功研制了SM植物胶无固相冲洗液和SD系列金刚石钻具，总结出了一套较完整的操作技术，深厚覆盖层取芯率由常规钻进的50%左右提高到90%以上，而且可以取出砂卵石层原状样，薄砂层可以取出100%的原状岩样，钻进效率比常规钻进提高了1～2倍，节约了大量的钢材和动力消耗，减轻了劳动强度，减少了孔内事故，缩短了勘探周期，降低了生产成本，研究成果具有良好的经济价值和工程实际意义。

1.2.2　绳索取芯钻探技术

绳索取芯钻探技术最初用于石油、天然气钻探。1947年，美国长年公司（Longyear Co.）开始研究用金刚石进行地质岩芯钻探，到20世纪50年代形成系列，目前已成为世界范围内应用最广的一种岩芯钻探方法。绳索取芯既可用于地表岩芯钻探取样，也可用于坑道内岩芯钻探取样，并发展用于海底钻探取样。

美国长年公司系列绳索取芯钻具钻孔直径分为：AQ（48mm）、BQ（60mm）、NQ（75.7mm）、HQ（96mm）、PQ（122.6mm）、SQ（145.3mm）等规格，即所谓的Q系列，为欧美国家广泛仿制与采用。美国在20世纪70年代又开发了CQ系列（接头与钻杆采用焊接方式连接）绳索取芯钻具，80年代又进一步开发了重型绳索取芯钻具系列，如CHD-76、CHD-101和CHD-134等，以专门用于深孔、超深孔条件下绳索取芯。

1972年，中国地质矿产部开始研究绳索取芯钻探技术，20世纪90年代使用自主研发的中碳调质钢制造绳索取芯钻杆，特别是进入21世纪后，管材质量和钻杆加工技术水平都得到了很大提高，给我国的深孔钻探提供了强有力的保障。到目前为止，已研制出系列钻具S46mm、S59mm、S75mm、S91mm和水文水井钻探用S130mm绳索取芯钻具。此外，还有用于坑道钻探的KS-46和KS-59绳索取芯钻具。为了进一步提高钻速，已成功地研制了带液动冲击器的绳索取芯钻具。绳索取芯钻探现已在地质、冶金、有色金属、煤炭、化工、核工业、建材、水利水电等领域的钻探部门推广。钻孔越深，绳索取芯钻探的技术经济效益越显著。

绳索取芯钻具的应用范围很广，它不受钻孔深度的影响，从几十米的浅孔直至超万米的超深孔均可使用，而且钻孔越深其优越性越强，在深厚覆盖层钻探中效果尤为显著。

1.2.3　钻孔护壁与堵漏

钻孔护壁与堵漏方面也取得了长足的进步和发展。泥浆护壁的推广，低固相泥浆、无固相冲洗液（如MY、SM植物胶等）、硫铝酸盐地勘水泥、速凝早强剂、化学浆液等护壁堵漏材料的应用，有效地提高了护壁堵漏的效果，加快了深厚覆盖层勘探进度，减少了孔内事故，对推动勘探技术进步发挥了重要作用，较好地解决了多年来在砂卵石层、薄砂层中钻进和取样这一技术难题。

1.3　测试与试验应用现状

1.3.1　物探测试技术

20世纪50年代后期，以直流电法勘探为主的地球物理勘探新技术开始应用于覆盖层坝基勘察。目前对覆盖层厚度、形态和规模进行探测的物探方法较多，国内外同行（特别是水利水电勘测单位）采用的物探方法主要有电测深法、浅层地震反射波法、浅层地震折射波法、高密度电法、面波勘探法、探地雷达法、高频大地电磁法、瞬变电磁法、地震层析成像（地震 CT）法等，另外还有诸如综合测井等辅助方法。在实际工作中，一般采用单一物探方法进行探测，其探测成果的可靠程度和精度都相对较低。利用 γ 射线散射法原位测定土的密度在我国试验成功，并推广使用；20 世纪 70 年代，紧随国际多项动、静测试新技术的开发，我国水利水电行业及时掌握了波速法动测土的力学参数，地震法测定岩土层构造及动参数的技术。

1.3.2 原位测试技术

随着我国水利水电建设事业的飞速发展，对深厚覆盖层原位测试技术提出了更高的要求。常见的覆盖层原位测试技术包括动力触探、静力触探、载荷试验、现场剪切试验和旁压试验等。

20 世纪 60 年代，随着微电传感技术如电阻应变、振弦应变测试新技术的出现，我国从根本上解决了深层原位测试技术的瓶颈，成功创制电阻式静力触探（CPT）技术，并在 1966 年全国测试技术会议上获得推广，这一技术较荷兰 Fugro 研发的 CPT 技术领先 6 年。

动力触探是在静力触探试验的基础上发展而来的。对于粗颗粒土或贯入阻力大的地基土，需要用动力才易于将探头贯入。20 世纪 50 年代后期开始使用动力触探，主要是锤重 10kg 的轻型动力触探，多用于基坑检验。70 年代初，为确定粗颗粒土地基的基本承载力，开展了重型动力触探与卵石土地基承载力的对比试验，并利用大型真模试验坑对动力触探贯入破坏机理和影响因素进行观察分析，2003 年被纳入《铁路工程地质原位测试规程》（TB 10018—2003）。试验成果可用于评价地基土的密实度、承载力和变形模量等。

载荷试验是在天然地基上通过承压板向地基施加竖向荷载，观察所研究地基土的变形和强度规律的一种原位试验，被公认为试验结果最准确、最可靠，被列入各国桩基工程规范或规定中。可根据荷载-沉降曲线确定地基力的承载力和变形模量。平板荷载试验适用于地表浅层地基，特别适用于各种填土、含碎石的土类。影响深度范围不超过两倍的承压板宽度（或直径），故只能了解地表浅层地基土的特性。

现场直剪试验可用于岩土体本身、岩土体沿软弱结构面和岩体与其他材料接触面的剪切试验，目前国内外用原位剪切试验对土体抗剪强度进行了广泛研究。大型剪切试验有应变控制式和应力控制式两种方式。目前广泛使用的是应变控制式大型剪切试验，水平荷载大多靠千斤顶或变频减速系统通过螺杆施加。

旁压仪于 20 世纪 50 年代被研制成功，60 年代开始被推广使用，我国在 70 年代又研制成功了自钻式动功能横压仪，这一新技术领先国际水平 3～5 年。目前工程应用比较多的旁压仪是法国生产的梅纳旁压仪以及我国生产的 PY 型、PM 型旁压仪。70 年代，我国开始探索用冲击能量修正法对彼岸准灌入法进行改进。至 20 世纪 90 年代，我国自主研制开发了 DBM 型动态变形模量测试仪，用于测试土的承载能力，该设备能够直接综合测试压实土层的力学参数，是一种全新的覆盖层坝基土层力学特性测试技术；通过不断改进，我国又自主研制了自钻式原位摩擦剪切试验方法，该方法较好地保持了土中的应力，尽可能地避免了对土体的扰动，可直接测出不同深度土的抗剪强度、变形模量等力学参数。扁铲测胀试验仪（DMT）出现后，我国将其应用于密实的深厚覆盖层、黏土和砂土等土体应力状态、变形特性和抗剪强度的测试分析中。

1.3.3　室内试验技术

目前很多单位已能掌握土动三轴试验技术，用以测定土的动强度、液化和动应变等动力工程特性。国内已有较多的试验室拥有动三轴仪和共振柱仪，此两种仪器国内均可生产制造。此外，电液伺服控制动单剪仪也已于近年试制成功。

20 世纪 50—60 年代，我国相继自主开发研制出一批土流变学测试仪器，如单剪仪、压缩仪、三轴仪、现场十字板流变仪、渗压仪等，尔后又开发了多力扭转流变仪、土壤疲劳剪切仪、土大三轴仪、土动三轴仪和孔隙水压力测量系统等；90 年代在土的细观力学研究中，研制了一种可配装在光学显微镜下的小型剪切仪，提出了用热针法测定土的热导率，在普通大三轴仪上进行土的应力路径试验等。

1.3.4　动力特性测试与试验技术

覆盖层的动力特性测试与试验技术在过去几十年中发展较快，可以分为室内测试技术和原位测试技术两大类。目前国内常用的室内测试手段主要有动三轴试验、振动扭剪及振动单剪试验、共振柱试验、振动台试验和离心模型试验等 5 种。

（1）振动三轴和周期扭剪耦合的新型多功能三轴仪。近年来该仪器分别在河海大学和大连理工大学研制成功。其特点是能够模拟复杂应力条件下的土体动力特性，特别是模拟地震作用下动主应力轴偏转的影响。

（2）振动台试验。振动台试验是 20 世纪 70 年代发展起来的专门用于液化性状研究的室内大型动力试验。目前，可制备模拟现场状态饱和砂土的大型均匀试样，可测量出液化时砂土中实际孔隙水压力的分布和地震残余位移，而且在振动时能够用肉眼观察试样。目前国内外常用的振动台主要有单向振动台和双向振动台。

（3）离心模型试验。离心模型试验是一种研究土体动力特性的重要方法，目前美国、英国和日本等国家已能够在离心机上模拟单向地震运动，模拟双向振动的离心机也已在香港科技大学研制成功，并投入使用。

1.4　水文地质测试技术应用现状

水文地质作为工程地质条件的一个重要方面，其测试技术在过去的几十年中也取得了长足的发展。通过“六五”“七五”“八五”期间的研究，新的测试仪器相继问世，如钻孔地下水动态长期监测系统、用于钻孔水位测量和渗透压力测量的新型钻孔渗压计等仪器设备的研制成功，有效地解决了地下水自动观测问题。

（1）常规观测试验技术。为确定覆盖层的水文地质参数，通常需要进行大量测试研究。目前常规的方法主要有现场钻孔（井）抽水试验、注水试验、微水试验以及地下水水压、水量、水质、水温及水位动态观测等。

(2) 环境同位素测龄技术。利用放射性同位素可测定地下水年龄，利用稳定环境同位素可研究地下水起源与形成过程以及水中化学组分等；采用示踪试验及人工放射源可测定河床地下水的流向、渗透流速、渗透系数和导水系数等水文地质参数。

(3) 渗流场模拟试验。近年来，渗流场模拟多采用电网络模拟方法，该方法具有容量大、稳定性不受限制和解题过程中不产生累计误差等特点，不仅可以清晰地反映渗流场，还可以反求解某一个水文地质参数或修正某一个边界条件，具有较好的适应性，目前仍是求解大型复杂渗流场的有效工具。

第 2 章

深厚覆盖层成因类型

2.1 我国深厚覆盖层分布特征

根据已有资料的统计，我国河床深厚覆盖层的分布大致以云南—四川—甘肃—青海等第一梯度线为界，该线以西覆盖层深厚现象较为普遍，物质成分多以砂卵砾石为主，以东地区则相对较少，以细粒沉积物为主。

2.1.1 深厚覆盖层分布特征

受区域地质背景、地形地质条件、水文条件等影响，不同地区深厚覆盖层的结构也不尽一致。总体上我国深厚覆盖层按成因、成分结构、分布地区等因素可归纳区划为以下四大分布区域及类型：

（1）东部缓丘平原区冲积型深厚覆盖层。

（2）中部高原区冲洪积、崩积混杂型深厚覆盖层。

（3）西南高山峡谷区冲洪积、崩积、冰水堆积混杂型深厚覆盖层。

（4）青藏高寒高原区冰川（碛）积、冰水堆积、冲洪积混杂型深厚覆盖层。

2.1.2 不同区域深厚覆盖层特征

（1）东部缓丘平原区冲积型深厚覆盖层。在流水的搬运作用下，由于水的流速、流量的变化以及碎屑物本身大小、形状、比重等的差异，沉积顺序有先后之分，一般颗粒大、比重大的物质先沉积，颗粒小、比重小的物质后沉积，因此在不同的沉积条件下形成砾石、砂、粉土、黏土等颗粒大小不同的沉积层，常形成宽广平坦的冲积平原或三角洲。长期的冲洪积沉积，在这些地区逐渐形成了主要成分以磨圆度较好的细砂、粉砂及粉质黏土等为主的深厚覆盖层，间夹中、粗砂，河道中夹杂的卵砾石层少部分来自干流上游，大部分主要来源于两侧支流。

典型例子如小浪底水利枢纽、黄壁庄水库等。小浪底水利枢纽坝基深厚覆盖层由上而下可大概分为表层砂层、上部砂砾石层、中部砂层、底部砂砾石层共 4 层，其多期冲积沉积特征也反映了该河道多次缓慢升降的特点。另外，其级配、颗粒粒径、渗透系数等具有典型的成层性特征。覆盖层的孔隙主要呈蜂窝状特征，除部分粒径较粗的沉积层由于孔隙率高，渗透性较大外，覆盖层内少见或不发育大型的集中渗流通道。该类覆盖层总体呈现颗粒较细、孔隙化程度高、级配较好、孔径小、渗透性较差等特征，除表层现代冲积层属极强透水带或强透水带外，其余多属中等透水至弱透水带。

（2）中部高原山区冲洪积、崩积混杂型深厚覆盖层。该类深厚覆盖层主要分布在北方的秦岭山区、西南的云贵高原等地区。第四纪以来，该地区地壳多呈断块式抬升、下降，或呈掀斜式抬升，在水流冲刷和溶蚀等作用下，河床下切形成高山峡谷及深切河槽。当后期地壳抬升变缓，或局部地壳构造性抬升，深切河道内的冲刷作用减弱或消失，沉积作用加强，且两岸崩塌堆积体也因为河道水流的变缓，携带能力降低而得以保留。另外，受气候影响，该地区的降雨量较为丰沛，是我国山洪、泥石流的易发、频发地区，两岸支沟或支流内雨季形成的洪积物来源丰富，部分河段尚有可能主要以洪积堆积为主。正是由于以上成因，该地区在河床内形成具有冲积、洪积与崩积物混杂堆积特征的复杂深厚覆盖层。

在该类深厚覆盖层中，常以某一成因的堆积物为主，但又夹有其他成因的堆积物，冲积物与崩积、洪积物之间的接触关系可以成层分布，也可以呈透镜状包裹，甚至混杂交错。覆盖层的物理力学性质、水文地质特征等与其结构、成分密切相关。典型者如甘肃洮河九甸峡水利枢纽、贵州索风营水电站、格里桥水电站等河床覆盖层均属此类。

(3) 西南高山峡谷区冲洪积、崩积、冰水堆积混杂型深厚覆盖层。川西、藏东一带，地处扬子陆块和印度陆块的碰撞结合地区，是我国构造活动最为活跃的地区之一。第四纪以来，该地区强烈的地壳运动，造成地壳多次大幅度抬升或掀斜，其幅度之大是国内其他地区无可比拟的，在大面积强烈抬升的同时，局部地带又有下降的异常区。特殊的区域构造背景致使该地区形成地形高陡、岩性岩相复杂、构造发育、地震频繁的复杂地质条件。多条近南北（SN）向（或 NNW 向）区域性大断裂带的走滑或挤压活动，西至怒江，东至四川盆地边缘的龙门山等地带，形成了纵贯南北的雄伟山脉。正是由于构造活动的不均匀性（上升或下降），在四川盆地以西形成了一道道隆起“门坎”，相应也发育了一系列的“凹陷区”，并沉积了巨厚的覆盖层。

该地区特殊的地形地质及气候条件，也决定了该地区各种内、外动力地质作用种类繁多、活动剧烈。冰川（早期）进退、滑坡、地震、崩塌、泥石流、冲洪积、坡积、堰塞湖等各种物理地质现象较普遍。如 2008 年 5 月 12 日发生的四川汶川大地震在该地区岷江流域形成的滑坡、崩塌等物理地质现象非常普遍，并形成了唐家山堰塞湖等地震堆积体。故该地区的深厚覆盖层具有成因复杂、厚度巨大、结构多变等特征。该类覆盖层也是目前国内水利水电工程界在西部水电站工程建设中常遇到的主要工程地质问题之一，如瀑布沟水电站、双江口水电站、冶勒水电站、昌波水电站等，均遇到该类河床深厚覆盖层问题。该地区覆盖层具有以下特征：

1）分布厚度变化大。西南山区河流覆盖层分布厚度变化大，根据已有水利水电工程勘察资料的分析，大渡河流域大岗山河段覆盖层最薄，仅 20.9m；冶勒水电站覆盖层最大厚度达 420m，两个河段覆盖层厚度相差约 20 倍。这个特点在该区域其他河流内也较突出，如岷江流域紫坪铺河段覆盖层厚度为 18.5m，磨刀溪水河段覆盖层厚度为 100m；金沙江新庄街河段覆盖层厚度为 37.7m，虎跳峡河段覆盖层厚度为 250m。

2）结构差异显著。覆盖层堆积物具有层次多、结构松散、岩性变化大、岩层相变显著等特点。

3）组成成分复杂。组成物主要有颗粒粗大、磨圆度较好的漂石、卵砾石类；块、碎石类；颗粒细小的中粗-中细砂类；壤土类等。各物质成分的界线往往不明显，漂石、卵砾石类中常夹有砂类，块、碎石类与壤土类相互充填等。

(4) 青藏高寒高原区冰川（碛）堆积、冰水堆积、冲洪积混杂型深厚覆盖层。该类深厚覆盖层主要分布在西藏、新疆及青海的部分地区。该地区海拔高，但总体上地形高差较西南横断山区平缓，河流由上游的雪山、冰川融水补给后即汇流于广袤的平缓高原面上。大部分河流的中游段（高原台面地区）较为平缓，或为内陆湖。该地区深厚覆盖层主要分布于中、下游河段，主要由冰川进退形成的冰碛、冰水堆积以及河床冲积、洪积等成因堆积而成。总体特征是下部为冰碛或冰水堆积层，上部为现代冲洪积层。典型例子如新疆下坂地水利枢纽工程和西藏多布水电站。该地区深厚覆盖层具有以下特征：

1）颗粒组成的不均一性和多元性。由于冰水堆积尤其是冰碛物属非重力分异沉积，因而常表现为巨粒土、粗粒土和细粒土的混杂堆积，其颗粒组成具有显著的不均一性。高度的不均一性还决定颗粒组成的多元性，颗粒尺寸包含了所有 7 种粒级，这是其他沉积物所没有的。

2）结构的无序性和胶结性。上部冰（碛）水堆积物无分选、无定向、无磨圆、无层理，巨大的漂石、巨石（结构体）无序地混杂在碎石、砂、砾泥质物中呈紧密的镶嵌状，在纵向上无明显的变化趋势，堆积时代多为 Q_3 及以前，胶结较好；下部冲洪积堆积中粗大的漂石、卵石常有一定的磨圆和分选现象，且粗粒的砂、砾和细粒的粉泥含量因水动力条件和物源条件不同而存在差异。

3）成因类型多样。由于第四纪气候、外动力和地貌多种多样，形成了多种成因的松散堆积物。如尼洋河多布水电站，覆盖层深度达 360m，宏观可分为 14 层，表部为崩坡积、滑坡成因的堆积物，向下为河流冲积相、冰水堆积物和冰碛物等。

4）厚度差异大。堆积厚度受构造、岩性、河流地貌、地质灾害发育程度等因素影响，不同河流堆积物厚度差异大，可以从数十米到数百米。

2.2 覆盖层的成因类型

2.2.1 河床深厚覆盖层的成因及时代

由第四系地层所组成的深厚覆盖层按堆积形成的时期一般分为中更新统（Q_2）、上更新统（Q_3）和全新统（Q_4）深厚覆盖层。根据统计资料，深厚覆盖层堆积物的成因分类见表 2.2-1。

表 2.2-1　河床深厚覆盖层堆积物的成因分类

成因	成因类型	代号	主导地质作用
重力堆积	坠积		较长期的重力作用
	崩塌堆积	Q^{col}	短促间发生的重力破坏作用
	滑坡堆积	Q^{del}	大型斜坡块体的重力破坏作用
	土溜		小型斜坡块体重力破坏作用
	坡积	Q^{dl}	斜坡上雨水、雪水重力搬运、堆积作用
河流堆积	洪积	Q^{pl}	短期内大量地表水流搬运、堆积作用
	冲积	Q^{al}	长期的地表水流沿河谷搬运、堆积作用
	三角洲堆积（河、湖）	Q^{mc}	河水、湖水混合堆积作用
	湖泊堆积	Q^{l}	浅水型的静水堆积作用
	沼泽堆积	Q^{f}	潴水型的静水堆积作用
	泥石流堆积	Q^{sef}	短期内大量地表水流搬运、堆积作用

续表

成因	成因类型	代号	主导地质作用
冰川堆积	冰碛堆积	Q^{gl}	固体状态冰川的搬运、堆积作用
	冰水堆积	Q^{fgl}	冰川中冰下水的搬运、堆积作用
	冰碛湖堆积		冰川地区的静水堆积作用
	冰缘堆积	Q^{prgl}	冰川边缘冻融作用

多年来，随着西南、西北地区和青藏高原大量水利水电工程开发，普遍遇到了深厚覆盖层问题，众多专家学者和工程技术人员对深厚覆盖层的成因进行了较为系统的研究，提出了河床深厚覆盖层具有以下成因：

（1）新构造运动成因。新构造运动造成青藏高原整体隆升，同时不同地区的隆升幅度与时期存在较大的差异，断块山与断陷带相间发育。整体隆升形成深切河谷，形成高山峡谷地貌；差异性隆升形成剥蚀区与沉积区，在河谷地带形成断陷谷底。柯于义等认为雅鲁藏布江河谷在纵向上存在 4 个裂点，高程分别为 4500m、3950m、3500m 和 2800m，与青藏高原隆升的 4 个阶段相对应，高原隆升的整体性与差异性造就了河谷的侵蚀与堆积强度的不一致。近代构造的升降变化、地震山崩坍陷形成堰塞，造成河谷大量堆积；支沟泥石流大量堆积，沟口附近及其上游易形成深厚覆盖层。

（2）冰川堆积成因。河谷强烈切割、冰川对河谷剧烈的深切作用形成河流相深厚覆盖层。金辉等通过研究认为大渡河金川河段深厚覆盖层主要成因为冰川堆积，终碛大多堆满了当时的整个大渡河河谷，形成终碛堰塞坝。支谷终碛不仅阻塞大渡河河谷且较长期地阻塞河流，形成冰水湖，河谷可见细碎屑静水沉积层。

第四纪以来我国大陆主要经历了 4 次大的冰期，冰期与间冰期时河流表现出了明显的侵蚀与堆积特征，见表 2.2-2 和表 2.2-3。

表 2.2-2　　第四纪 4 大冰期与河流堆积特征表

冰期	形成时代/kaBP	特征
贡兹	300	历次低海面与冰期时间对应，在 4 次大的冰期期间，全球海平面明显下降（最低海平面出现在玉木冰期），最大下降幅度超过 100m，在此期间河流主要为侵蚀切割。历次高海面与间冰期时间对应，河流主要以堆积为主
民德	200	
里斯	100	
玉木（武木）	25	

表 2.2-3　　末次冰期（玉木）以来我国西南地区河流演化阶段划分

阶段	时代/kaBP	河流特征
末次冰期	25～15	河谷深切成谷
冰后期早期海侵	15～7.5	河谷堆积开始
最大海侵	7.5～6	河谷大量堆积形成深厚覆盖层
海面相对稳定期	6kaBP 至今	现代河床发展演化

（3）河流冲积成因。河流水量大、坡降变化大。如源于青藏高原的尼洋河、帕隆藏布、易贡藏布、雅鲁藏布江、沃卡河、金沙江等，由于水量充沛、水流湍急、落差大，携带有大量物源流经高原斜坡段后，在水流变缓处堆积形成深厚覆盖层。

（4）软弱岩石成因。当河谷中存在易冲蚀岩层、易溶岩层、强风化破碎岩层等形成局部深槽、深谷等时，在这些部位易大量堆积形成深厚覆盖层。

（5）构造“加积型”成因。如果河流跨越不同的构造单元，构造单元之间的差异运动尤其是升降运动将会导致河流在纵剖面上的差异运动，从而影响河流侵蚀和堆积特性，形成“构造型”的加积层。大渡河支流南桠河冶勒水电站深厚覆盖层的研究结果表明，该区属于第四纪构造断陷盆地，与安宁河断裂的现今活动有关。金沙江虎跳峡的巨厚覆盖层也主要与断陷盆地有关。梁宗仁对甘肃九甸峡水利枢纽深厚覆盖层的成因进行了研究，认为由于该区在第四系晚更新世末期时，地壳上升，在水流冲刷和溶蚀作用下，河床下切形成河床深槽，之后该区地壳又开始相对缓慢下降，河床以沉积为主，因而形成深厚覆盖层。

（6）崩滑流堆积成因。由于第四纪以来地壳快速隆升、河谷深切，在地震、暴雨等外在因素的诱发下，在高山峡谷中常有大型、巨型滑坡、崩塌、泥石流事件发生，并往往形成堵断江河事件，形成局部地段的深厚覆盖层。例如，岷江以北的扣山滑坡和较场坝附近的石门坎滑坡所形成的巨厚堰塞堆积物，大渡河大岗山水电站上游库区加郡滑坡所形成的巨厚堰塞湖相沉积，岷江叠溪地震所形成的滑坡堵江坝和堰塞湖大小海子目前还完好地保存下来。宝兴水电站坝址区河床深厚覆盖层就是由于河流急剧的切蚀、两岸边坡岩体发生卸荷松弛，在暴雨等作用下发生的崩塌、滑坡、泥石流产生大量的碎屑物质堆积于河谷中形成的。王启国对云南虎跳峡深厚覆盖层的成因机制进行了深入研究，认为其成因具有复合性，是滑坡、崩塌和崩坡积多期次形成的复合地质体，为典型的内外动力综合作用的产物。

（7）气候成因。罗守成认为，冰川对高原河谷的剧烈刨蚀作用，产生大量的碎屑物质，后被搬运到河谷中堆积，形成“气候型”加积层。如岷江等河流覆盖层自下游向上游依次增厚，此类覆盖层正是由于冰川对上游河谷强烈的刨蚀作用所致。

2.2.2 深厚覆盖层的堆积时代

从已有学者对大渡河、岷江、金沙江、雅砻江以及泥洋河、易贡藏布等河流河谷深厚覆盖层基本特征的分析研究可得出，各条河流大多数河段覆盖层在纵向上可分为3层：底部为中更新世冲积、冰水漂卵砾石层；中间为晚更新世以冰水、崩积、坡积、堰塞堆积与冲积混合为主的加积层，厚度相对较大；上部为全新世正常河流相堆积层。其中，中间加积层形成原因各异，在形成时间上具有阶段性和周期性的特点。

2.3 金沙江某坝址覆盖层形成时代研究

金沙江某坝址位于四川会东县和云南禄劝彝族苗族自治县交界的金沙江干流上。为了确定河床覆盖层细粒土形成的地质年代，研究过程中采集代表性样品委托中国科学院桂林岩溶地质研究所对覆盖层细粒土（粉质黏土）进行了地质年代测试。

根据中华人民共和国能源行业标准《水电工程区域构造稳定性勘察规程》（NB/T 35098—2017），常用的第四系覆盖层和断层年龄测定方法见表2.3-1。

表2.3-1 常用的第四系覆盖层和断层年龄测定方法

方法	测定对象	可测年限/a	地质条件	技术本身误差率/%	可信度
放射性碳（^{14}C）	木头、炭屑、含炭淤泥、方解石、骨骼、贝壳等	$0\sim4\times10^4$	含炭沉积物、断层带充填物、崩积物、钙华、沉淀结晶物	1.5～2.5	可信度高，接近真实年龄
释光（光释光OSL、热释光TL）	石英、长石、烘烤层、陶瓷	$0.1\times10^3\sim10\times10^4$	含石英、长石的沉积物、断层带充填物、断层破碎带、受高温作用的烘烤层和陶瓷	10～20	可信
铀系法（U系）	方解石、碳酸盐类	$1\times10^4\sim60\times10^4$	地层、断层带含碳酸盐的充填物、钙华、沉积物、沉淀结晶物	±5	可信度较高
电子自振共振（ESR）	石英、碳酸盐类、贝壳、火山灰、石膏	$0.1\times10^4\sim150\times10^4$	含石英的沉积物、断层带充填物、断层破碎带、沉积或沉淀结晶物、受高温作用的烘烤层和陶瓷	10～30	可信
宇宙射线成因测年技术（如^{10}BE法、^{26}AL法）	石英	$0.1\times10^4\sim300\times10^4$	含石英的沉积物、断层三角面、地貌面	10～20	可信
石英表面显微结构	石英	中新世—全新世	断层带破碎物、地层	1.5～2.5	可信度高，接近真实年龄

1. ^{14}C测年原理

提高样品测定年龄的精度和可靠性一直是同位素年代学研究的重要课题。目前已有20余种方法被应用和有可能用来测定第四系地层的年龄或年代，其理论严谨完整、技术成熟，而且适用于^{14}C测年的样品品种多且容易被找到。

自然界存在3种碳的同位素，它们的质量比例是12∶13∶14，分别用^{12}C、^{13}C、^{14}C来表示。前二者是稳定同位素，^{14}C则有放射性。它在大气中存在，在大气高空层中，因宇宙射线中子和大气氮核作用而生成。它在大气中与氧结合成C_4O_2分子，与二氧化碳（CO_2）的化学性能是相同的。因此，它与二氧化碳混合一起，参与自然界的碳交换运动。

一旦含碳物质停止与外界发生交换（如生物死亡），将与大气及水中的CO_2停止交换，这些物质中^{14}C含量得不到新的补充，则含碳物质原始的^{14}C将按放射性衰变定律而减少，按衰变规律可计算出样品停止交换的年代，即样品形成后距今的年代。因此，通过^{14}C测年方法可以计算出该物质的年龄。^{14}C测年方法由于其假设前提经受过严格的检验，测年精确度极高，在全新世范围可达±50年。因此，在建立晚更新世以来的气候年表、各种地层年表、史前考古年表以及研究晚更新世以来的地壳运动、地貌及植被变化等方面起着重要作用

^{14}C测年技术的进展主要表现为3个方面：①^{14}C常规测定技术向高精度发展比较成熟，目前已普及；②加速器质谱技术的建立和普及，使测定要求的样品碳量减少到毫克

级，甚至微克级，由于所需样品量极少，测定时间短而工效高，大大拓宽了应用范围；③高精度^{14}C树轮年龄校正曲线的建立，不但可将样品的^{14}C年龄转换到日历年龄，而且对有时序的系列样品的^{14}C年龄数据通过曲线拟合方法转换到日历年龄时年龄误差大为缩小。

2. ^{14}C分析方法

^{14}C分析方法分为以下步骤：

(1) 燃烧CO_2：C（有机样品）+ $O_2 \xlongequal{燃烧} CO_2$。

(2) 合成碳化锂 Li C_2：$2CO_2 + 10Li \xlongequal{900℃} 4Li_2O + Li_2C_2$。

(3) 水解制C_2H_2：$Li_2C_2 + 2H_2O \xlongequal{} C_2H_2 + 2LiOH$。

(4) 合成苯C_6H_6：$3C_2H_2 \xlongequal{催化剂} C_6H_6$。

3. 年代测定

中国科学院桂林岩溶地质研究所^{14}C测年采用日本 Aloka LSC－LB1 低本底液闪仪（图 2.3－1），采用“中国糖碳标准”，^{14}C的半衰期取 5730 年，年龄资料［距今年龄（BP）］以 1950 年为起点，测年资料未做$\delta^{13}C$校正，不确定度为±1%。

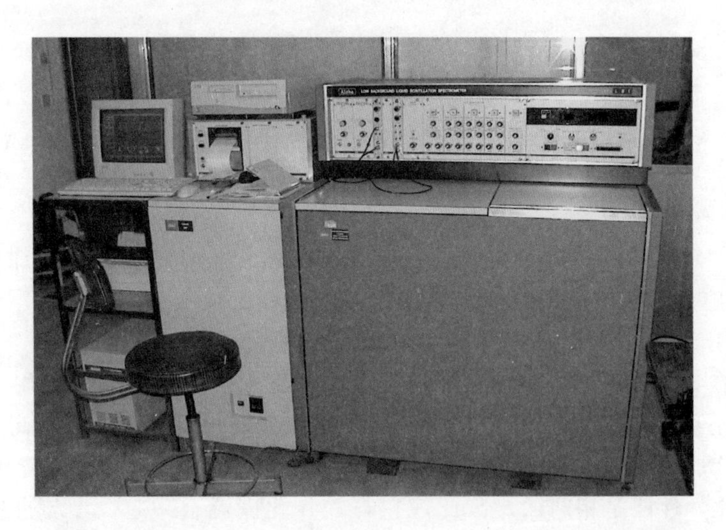

图 2.3－1　用于^{14}C测年的日本 Aloka LSC－LB1 低本底液闪仪

测试结果表明，在一般工作环境下，液闪仪的本底低于 0.5cpm，最大可测^{14}C年龄估计值为 48ka；由于猝灭因素引起的年龄偏差不超过 100a，新液闪仪经过 10 个月的运行后，所测定的^{14}C年龄具有可对比性。

4. 测试结果

为研究其形成的时代、条件，采集了河段不同位置的堆积物进行了同位素测年，黏土层采样位置分布如图 2.3－2 所示，覆盖层黏土^{14}C测年结果见表2.3－2。

根据相关测试，该坝址覆盖层不同层位的地质年代不同，除了较浅部的堆积物为Q_4时期形成的外，其余层位的河床堆积物均为Q_3时期形成的。

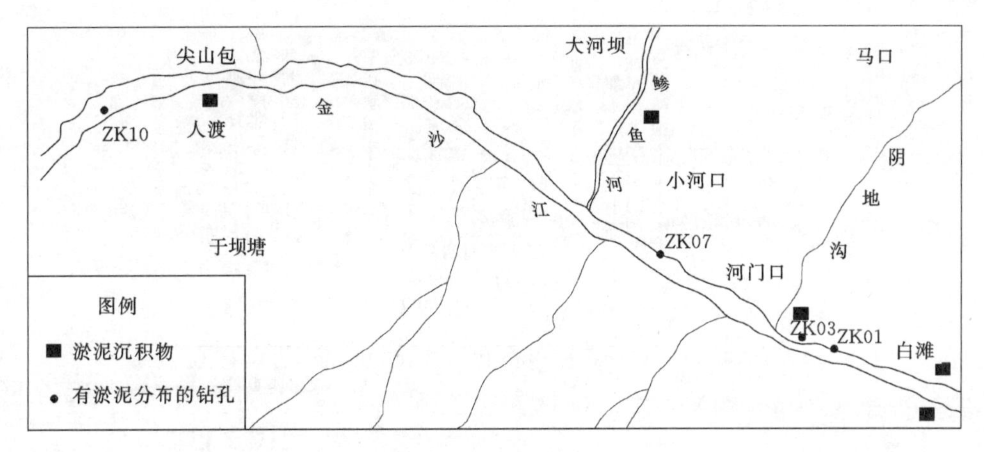

图 2.3-2　黏土层采样位置分布图

表 2.3-2　覆盖层黏土^{14}C测年结果

编　号	取样位置	物质类型	测定年代（半衰期为5730年）/a
1	阴地沟	土样	18190±600
2	尖山包	土样	12460±310
3	鲹鱼河	土样	18330±770
4	ZK10	土样	11430±570
5	ZK10	土样	12750±430

从同位素测年结果分析看，黏土的年龄在11430～18330aBP范围内，阴地沟和鲹鱼河黏土年龄相近，为1.8万aBP。ZK10钻孔黏土与尖山包淤泥堆积物年龄相近，为1.1万～1.2万aBP。根据堆积物^{14}C测年测试结果，下游堵江或半堵江形成的堰塞湖相的黏土层形成时间为11430～12750aBP，说明黏土层的形成时代约为Q_3末期。

2.4　九龙河某水电站古河道形成时代研究

1. 河流发育史

某水电站位于四川九龙河上，所在的雅砻江地区经历了多期构造抬升，整体上有三级夷平面的形成，分别对应现今高程4000.00m、3000.00m、2200.00m。在与夷平面相近的高程上，有小平台形成，不同夷平面之间受河流快速下切作用的影响形成陡峭的深切河谷。据前人研究资料（图2.4-1），该区自白垩纪以来一直处于夷平过程，到早第三纪形成了统一的Ⅰ级夷平面（高程4000.00～4500.00m）；中新世末期，川西地区整体抬升，Ⅰ级夷平面被破坏，分解成次一级的阶梯状Ⅱ级夷平面（高程3000.00～3300.00m）；上新世末期，该区继续抬升，形成了Ⅲ级夷平面（高程2200.00～2400.00m）。第四纪后期以来，地壳急剧抬升，河流下切形成高陡河谷岸坡。

据工程区九龙河河谷岸坡下部特征分析，河流下切速度明显大于侧蚀和风化剥蚀速度，河谷以上岸坡岩体抗风化剥蚀能力较强，主要以卸荷变形破裂和周期性崩滑破坏来适

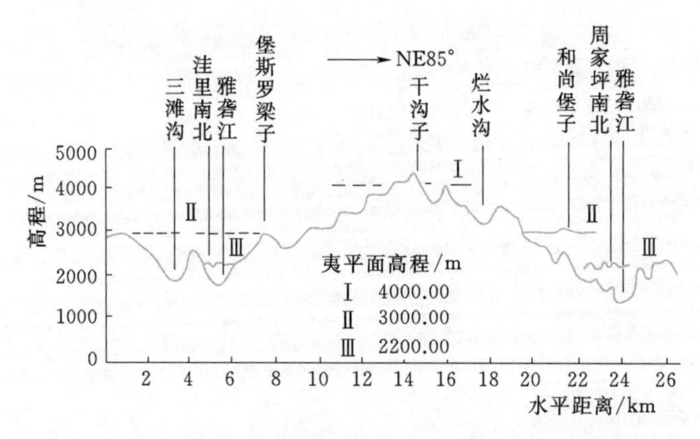

图 2.4-1　九龙河河谷及附近地区的夷平面特征

应河流快速下切。由于青藏高原差异性隆升和河流快速下切的侵蚀切割，两岸残留的河谷阶地不发育，仅在九龙县县城以南的华邱和溪古—察尔一带发育两级阶地，拔河高度分别为 10m 和 25m，前者为基座阶地，后者为侵蚀阶地。由重力地质灾害形成的地貌主要是崩塌、滑坡和泥石流。

九龙河河道较为狭窄，历史上曾多次发生过滑坡和泥石流堵江事件，沿河两岸均可见堵江后静水环境下形成的纹泥层（拔河高度约 10m，厚度为 1～1.5m），纹泥分布连续性较好。在河床钻孔中，也发现了相对较新沉积的纹泥层，埋藏于现代河床以下约 20m，纹泥厚度超过 20cm，而在华邱村的高高程（拔河高度约 250m 以上）出露的纹泥层厚度超过 1.5m。

2. 覆盖层沉积时代

为了确定覆盖层形成的地质年代，采集细粒土（粉质黏土）进行了地质年代测试。在坝址的 ZK329、ZK330 和 ZK331 3 个河床钻孔分别取样进行^{14}C 年代测试。测试结果表明，河床覆盖层粉质黏土的地质年龄在 12400～13110aBP 范围内，同一地层各样品测试结果基本一致，说明测试结果具有很好的可靠性。同时测年成果也表明，河床覆盖层粉质黏土及以下层位的河床堆积物的形成时代为 Q_3 晚期。

为了详细了解现代河床及右岸古河道的形成时间，分别在梅铺堆积体 B 区 PD2 平洞、右岸出隆沟下游、出隆沟滑坡前缘以及坝址区 ZK330、ZK329 等钻孔进行了取样，采用 C^{14}测年方法进行了测年试验。由测年结果可知，古河道范围内的堆积物形成时间为 2.1 万～2.5 万 aBP，发育在较高高程的堰塞堆积物形成时间为 1.4 万～1.6 万 aBP，钻孔揭示的河床多层堰塞堆积物形成时间为 1.2 万～1.3 万 aBP。这说明工程所在的九龙河河段曾遭受过多次堵河事件，所发育的不同高程的堰塞堆积物是多次不同地点堰塞的结果。

3. 古河道位置、形态探测

详细的现场调查及勘探成果表明，在坝址下游右岸公路内侧，梅铺堆积体上游区基岩山脊之后—梅铺村吊桥一带发育有一定规模的古河道。

（1）古河道进口位置。研究资料表明，古河道进口位于坝址下游右岸公路内侧—梅铺堆积体上游区基岩梁子上游，该部位地貌上表现为负地形，前缘低、后缘高，前缘河水面高程大致在 2760.00m 左右，进口顺公路宽 50～60m；进口两侧岸坡分别为较完整的上三叠统侏倭组（T_3zh）的砂岩夹泥钙质、砂质板岩，如图 2.4-2 所示。

图 2.4-2　梅铺堆积体上游古河道部位的地貌特征

（2）古河道出口位置。古河道出口位于梅铺村吊桥下游 PD2 号平洞附近（图 2.4-3），该部位同样为一槽状负地形，上游侧为基岩梁子，下游侧为较破碎的岩体，出口宽约 60m，出口地带的物质主要由碎石土组成。

（3）古河道发育的方向、形态特征。古河道走向为 NW-SE 向，总体方位为 NW310°，勘探揭示的古河道长约 400m，谷底宽 20～30m，谷底最低高程为 2720.58m。

图 2.4-3　古河道出口处特征

与古河道大角度相交的 Z8、Z9 物探剖面（图 2.4-4 和图 2.4-5）揭示，Z8 剖面古河道总体呈 V 形，谷底高程为 2720.58m，如图 2.4-6 和表 2.4-1 所示；Z9 剖面在距剖面起点约 40m 开始经过钻孔 ZK326 到 140m，基岩顶板由高程 2830.00m 左右逐渐降低至 2765.87m。由与梅铺堆积体前缘基岩山脊近平行布置的 H9 物探剖面获得的古河床基岩顶板的最低高程为 2717.75m。

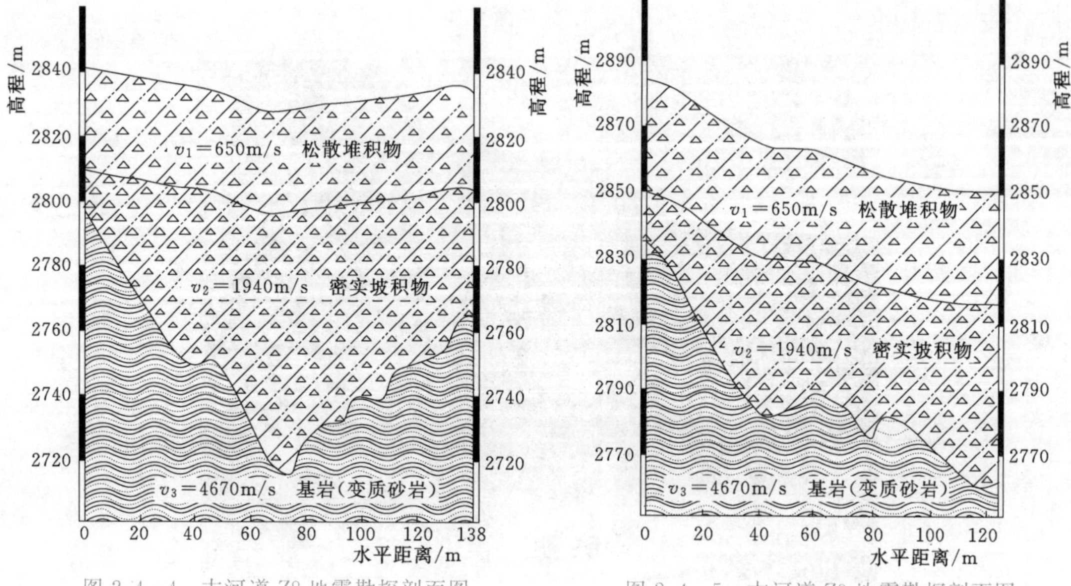

图 2.4-4　古河道 Z8 地震勘探剖面图

图 2.4-5　古河道 Z9 地震勘探剖面图

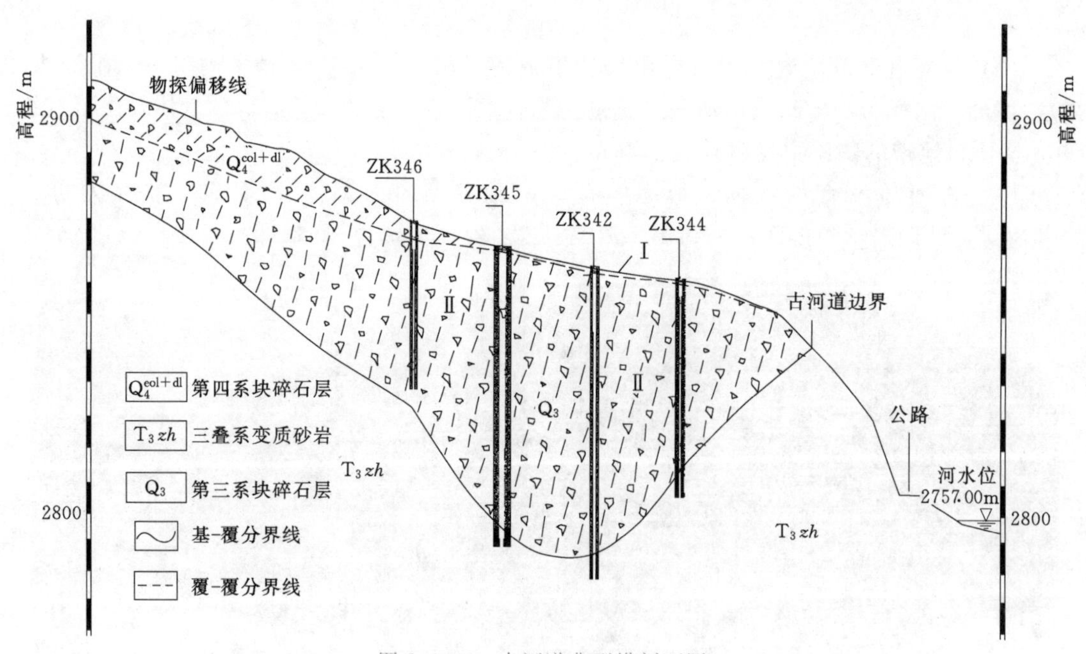

图 2.4-6　古河道典型横剖面图

表 2.4-1　古河道覆盖层厚度及基岩顶板高程特征

钻孔编号	位置	孔口高程/m	堆积物厚度/m	基岩顶板高程/m
ZK350	公路外侧	2775.83	54.6	2721.23
ZK342	公路平台前缘	2815.64	95.9	2719.74
ZK346	古河道中段	2849.95	97.0	2752.94
ZK348	下游出口部位	2795.10	55.0	2740.10

根据钻探成果，沿古河道延伸方向在接近河谷中心部位的勘探表明，古河道河床底板高程基本在 2720.00m 左右。

(4) 现代河床的基本形态。为了解现代河床的基本形态，利用坝址区勘探揭示的资料，对现代河床的基本特征进行分析，如图 2.4-7 所示。

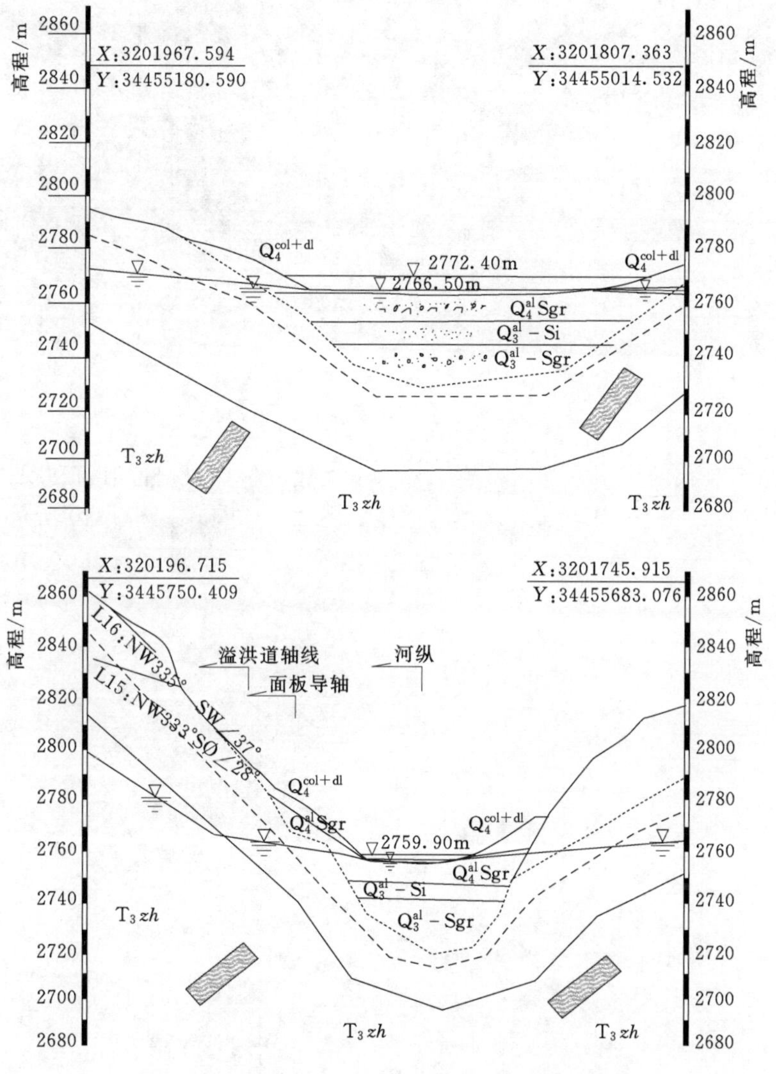

图 2.4-7　心墙坝上、下围堰轴线工程地质剖面图

勘探成果表明，坝址现代河床基岩顶板高程多为 2712.47～2745.47m，平均为 2726.36m。结合坝址区基岩顶板等值线图（图 2.4-8）的分析可知，河床基岩顶板高程多为 2720.00～2740.00m，进一步分析认为，河床基岩顶板的总体展布特征如下：

1) 基岩顶板总体是上游高、下游低。

2) 覆盖层厚度横向变化较大，纵向变化较小；河床中心附近基岩顶板最低，两侧相对较高。

3) 基岩顶板形态均呈 U 形，局部有不规则的串珠状“凹”槽分布；纵向上有一定起伏的“鞍”状地形。

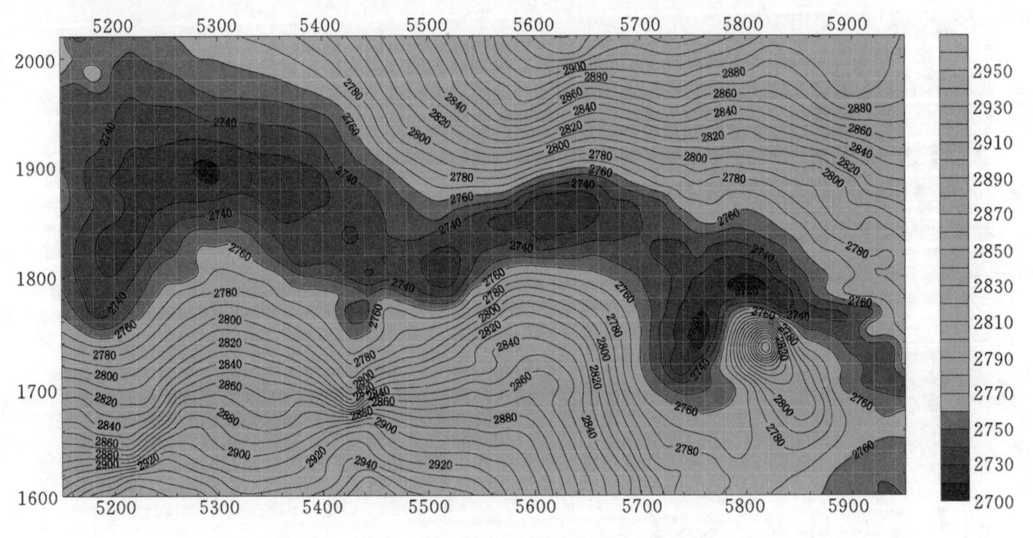

图 2.4-8　坝址区基岩顶板等值线图（单位：m）

（5）坝址区现代河床与古河床基岩顶板特征对比分析。根据古河道和现代河床的勘探成果绘制的古河床、现代河床基岩顶板等值线如图 2.4-9 和图 2.4-10 所示。

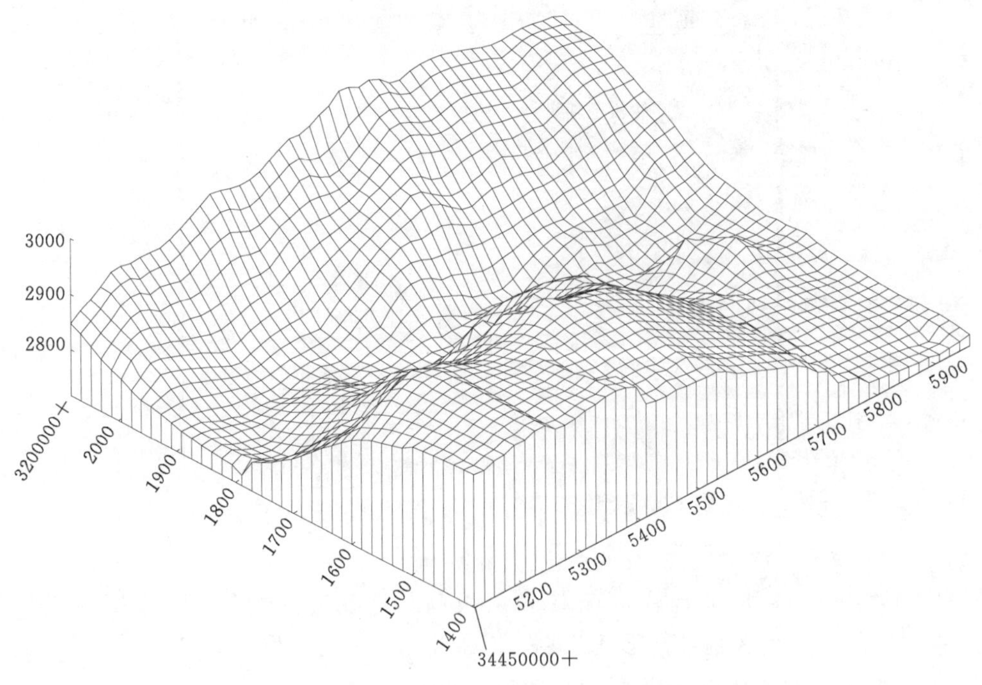

图 2.4-9　古河道总体形态趋势拟合图（单位：m）

图 2.4-9 表明，在梅铺村吊桥上游公路内侧基岩山脊之后，有一较深的槽状地形，基岩顶板最低高程在 2720.00m 左右，其高程与现代河床基岩顶板高程是一致的（图 2.4-10），且上游侧河床总体较宽，下游侧较窄。坝址区上游的 ZK329、ZK331 钻孔揭露的现代河

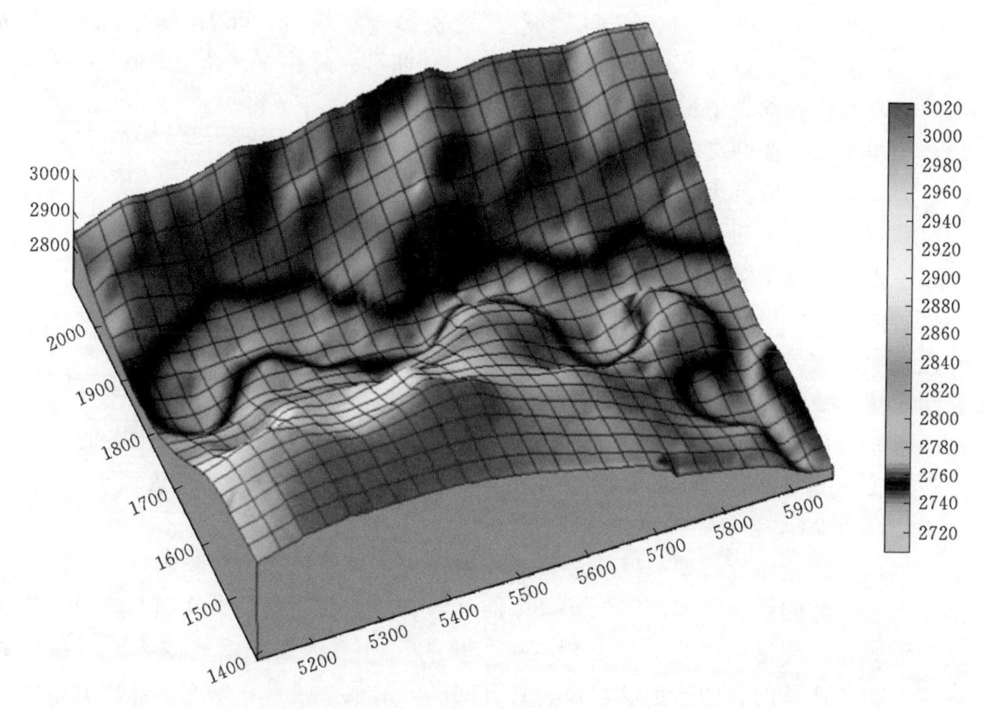

图 2.4-10　现代河道总体形态趋势拟合图（单位：m）

床基岩顶板高程一般为 2730.00～2735.00m，即对现代河床采用同样的分析方法与精度绘制的基岩顶板等值线的变化规律与古河道是一致的。

2.5　金沙江某坝址深厚覆盖层成因分析

1. 河段地貌特征

该坝址位于滇西北高山峡谷区、金沙江上游和中游河段的连接部位，坝址区位于青藏高原东南隅，区内地势总体西部、北部高，东部、南部渐降，呈阶梯式下降，具有由西北向南东的掀斜特征。山峰高程一般为 3000.00～4500.00m，其中北端最高点为白马雪山峰顶，高程为 5040.00m，南端玉龙雪山峰顶高程为 5596.00m，金沙江切割深度一般为 1500～3000m，河谷谷底高程为 1610.00～1950.00m，石鼓以上呈 SE140°～160°流向，到石鼓突转为 NE30°，至上峡口劈开哈巴—玉龙雪山，形成深约 3000m、谷底仅数十米宽的峡谷，即举世闻名的“虎跳峡大峡谷”，以及在石鼓一带形成“长江第一弯”的奇特自然景观。

2. 河段深厚覆盖层堆积物特征

该河段深厚覆盖层在上下游侧相对较浅，最浅处为虎跳峡大峡谷地带，厚度为 40～50m；中游河段依次深厚，最深处为红岩坝址，厚度达 250m。据已有成果，河床覆盖层从上到下主要分为 4 层：①层为现代河流冲积层，主要为 Q_4^{al} 砾卵石夹漂石，厚度为 40～56m；②～④层为一套古河湖相堆积物，其中②层为 Q_3^{l} 低液限黏土，厚度为 9～24m；③层主要为 Q_3^{al+l} 砾卵石层，厚度为 45～82m；④层主要为 Q_4^{al+l} 砂砾石、砾砂层，厚度为

32～95m。此外，①、③层加积有 Q_4^{col}、Q_4^{del} 堆积物（碎块石、孤石、碎石加粉质黏土等）；④层加积有 Q_4^{gl}、Q_4^{col}、Q_4^{del} 堆积物（漂石、砾卵石、碎块石、黏土等）。

从钻探及坑槽探揭露情况看，河床覆盖层的物质组成如下：

（1）颗粒粗大、磨圆度较好的孤石、漂石、卵砾石类。

（2）颗粒粗大、磨圆度较差的块、碎石、角砾类。

（3）颗粒细小的中粗-中细砂类。

（4）粉土类、黏土类等。

（5）淤泥质类。

各物质成分的界线往往不明显，漂石、卵砾石类中常夹有砂类；块、碎石与粉土、黏土类相互充填。根据各类物质的含量多少给出覆盖层不同的名称，如含粗粒土的漂砂卵砾石层、漂卵砾石层、孤块碎石层、碎砾石土层，含砾中粗-中细砂以及细粒土的粉土、黏土、淤泥质类土等。

3. 深厚覆盖层成因分析及演化过程

上新世以来，受印度板块与欧亚板块碰撞的影响，青藏地区强烈隆起抬升为高原，滇西北地区形成一宽阔的夷平面。至上新世末期，随着“三江”断裂带强烈的走滑复活，造成古夷平面解体、变形与变位，在金沙江流域发育了一系列断陷盆地或谷地。在早更新世，该区开始了活跃的新构造运动，伴随着青藏高原的强烈隆升，发生了强烈的下切，金沙江流域的一系列古湖泊被贯穿或外泄，从而形成了现代的金沙江。

另外，冰缘冻融泥流堆积物（Q_2）主要集中分布在下游龙蟠河段，上江—石鼓河段有零星分布，为棱角状及次棱角状的碎块石与黄褐色、黄色黏土、粉土等混杂堆积物，形成了滇西北地区有名的古龙蟠断陷盆地，控制了宽谷段河谷地质结构的形成与河流演化。总之，玉龙山在新构造运动的作用下不断抬升，龙蟠盆地相对下降，并陆续接受河流冲积、崩塌堆积、滑坡堆积、泥石流堆积、冰川泥流堆积、堰塞湖淤积等混合堆积，逐渐形成了现今的河床深厚覆盖层。

充填于古龙蟠断陷盆地底部的沉积物（④层）主要为砂砾石、砾砂层，砾径以2～5cm为主，砾石磨圆度较好，成分主要为石英砂岩、大理岩和花岗岩等。从物源来看，主要来自于金沙江上游，且搬运距离较远。谷底在堆积砂砾石、砾砂等主体物质的同时，还接受沿岸重力型崩滑体加积堆积，物质主要为碎块石、孤石，多呈零星分布，局部成层分布。另外，在龙蟠河段，谷底分布有棱角状及次棱角状的碎块石与黄褐色黏土混杂堆积物，碎块石岩性主要为玄武岩、板岩，其次为砂岩、灰岩，系来自于周围岸坡的碎屑物，其成因为伴随着玉龙山抬升作用的冰缘冻融泥流堆积。上江河段在深145～175m处局部地带分布有棱角状及次棱角状的碎块石与黄褐色黏土、黄色岩屑质粉土等混杂堆积，碎块石岩性主要为千枚岩，为周边岸坡碎屑物，系当时后缘雪山冰缘冻融泥流堆积物。龙蟠河段和上江河段的冰缘冻融泥流堆积物对应于气候寒冷潮湿的中更新世玉龙冰期（结合区域和测年资料，划分出4次冰期，即0.7～0.6MaBP的玉龙冰期，0.53～0.45MaBP的干海子冰期，0.31～0.13MaBP的丽江冰期和晚更新世中晚期的大理冰期），经综合分析，这一堆积物在上江—龙蟠河段均有分布。

第 3 章

深厚覆盖层钻探

3.1 钻探方法及适应性

根据深厚覆盖层的钻探工艺和技术、冲洗液介质的种类及循环方式、钻探设备及机具的特点，将钻探方法进行分类，如图 3.1-1 所示。

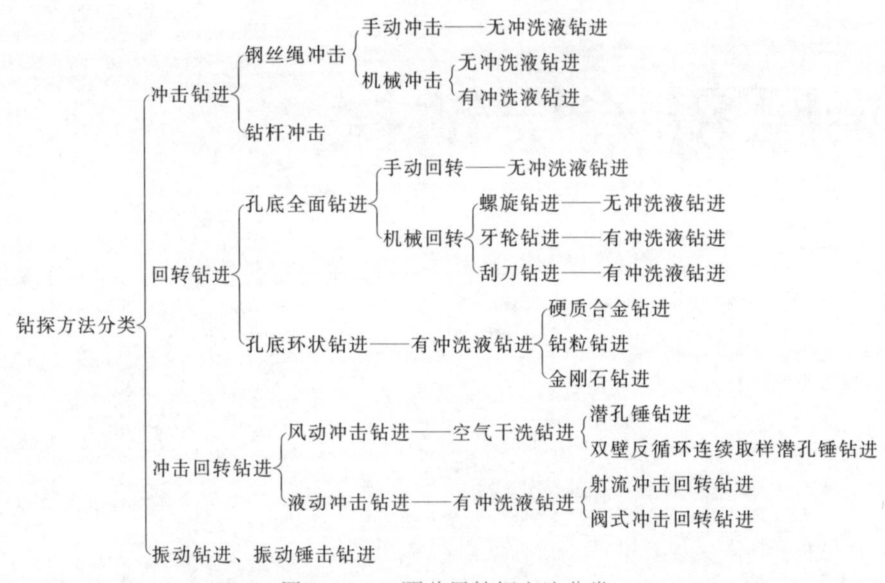

图 3.1-1　覆盖层钻探方法分类

钻探方法选择需考虑的最重要的因素是地质要求，是以取芯为主，还是以水文地质试验、物理力学试验为主。同时还需考虑破岩方式、破岩材料、钻具类型、冲洗介质、作业现场条件等因素。

针对不同地层，可按下列原则选择不同的钻探设备和钻探工艺：

（1）土层及密实砂砾石层可选择硬质合金回转钻进。冲洗介质可以根据地质要求的不同选择使用清水、泥浆、无固相冲洗液、植物胶。

（2）不含水土层和砂层可以选择无泵单管回转钻进。

（3）土层和地下水水位以上的砂土层，地质要求简单，可以选择勺钻。

（4）密实砂卵砾石层，对取芯要求很高时，可使用 SM 植物胶或 KL 植物胶金刚石双管或三管钻具回转钻进。单管钻具加工使用简单、操作方便，但取芯质量低，一般不宜采用。

（5）含漂（块）石砂卵砾石层（具架空结构）可选常规跟管回转钻进、泥浆护壁钻进及空气潜孔锤冲击跟管钻进。

（6）在土层、砂层和粒径小于 100mm 的卵砾石地层，可选冲击钻进。

（7）取芯率要求高的钻孔，可选植物胶回转钻进。有水文地质试验要求时，只能选用清水钻进。在覆盖层勘察中，采用的钻探方法可依据地层条件和勘察要求选择，见表3.1-1。

表3.1-1　　深厚覆盖层不同钻探方法适用范围表

钻探方法		钻进地层			勘察要求				
		黏性土	粉土	砂土	碎石土	岩石	直观鉴别，采取原状土样	直观鉴别，采取扰动样品	不要求直观鉴别，不采取原状土试样
回转	螺旋钻	○	□	□	—	—	○	○	○
	无岩芯钻	○	○	○	□	○	—	—	○
	岩芯钻	○	○	○	□	○	○	○	○
冲击	冲击钻	—	□	○	○	□	—	—	○
	锤击钻	□	□	□	□	—	□	○	○
冲击回转	风动冲击回转	—	—	—	□	○	○	○	○
	液动冲击回转	—	—	—	□	○	○	○	○
振动钻		○	○	○	□	—	□	○	○

注　○—适合；□—部分适合；—不适合。

3.2　深厚覆盖层钻探工艺

河床深厚覆盖层成因主要为第四系冲积、洪积、冰水堆积、泥石流堆积和崩滑堆积，组成物质主要为漂石、卵石、砂砾石层、砂层透镜体及粉砂质黏土层等，以粗粒土为主。其成因复杂，物质组成均一性差，颗粒粒径悬殊较大，结构较松散，孔壁稳定性差，钻进成孔难度大，取芯困难。针对深厚覆盖层钻探取样的难点，主要需解决好以下3个方面的问题：

（1）取芯的问题。取出原状样必须尽量减少对地层的扰动，防止过分的烧蚀，防止钻进液体冲刷。传统的冲洗液如清水、泥浆，都对岩芯有冲刷、浸润作用，岩芯中松软破碎的细颗粒成分都会被冲掉，因此取得高质量岩芯的难度很大。若使用普通单管钻具，则冲洗液直接与钻具中的岩芯接触，加之冲洗液本身具有一定的压力，对岩芯的冲刷作用是非常明显的。普通单管钻具里的岩芯跟随钻具做高速回转运动，岩芯因此而产生振动及离心作用，扰动大。

（2）成孔的问题。松散无胶结、密实度差的覆盖层自稳性差，钻探取芯后孔壁稳定时间及稳定孔段长度等都十分有限，而用于深厚覆盖层取芯的适用钻具孔径仅有4～5级，要钻穿数百米的巨厚覆盖层难度很大，必须做好孔壁的稳固工作，才能保证孔壁不垮塌，为孔内的原位测试试验提供保障。

（3）水文地质试验孔的孔径问题。为确保深厚覆盖层分层抽水试验或分层注水试验顺利进行，必须保证抽、注水段的孔径不小于110mm。

3.2.1　常规深厚覆盖层钻探技术

（1）跟管钻进。钻具长度以2.0m为宜，钻孔用小一级钻具取样后再用大一级钻具扩孔，然后跟进护壁套管，套管管脚距孔底不宜大于0.5m，需及时处理孔壁坍落物，保持孔内清洁，回次取样进尺不得超过0.50m。

（2）植物胶钻进。采用S系列植物钻井液护孔，匹配SD型金刚石单动双管钻具进行钻进。SM植物胶金刚石钻进参数可按表3.2-1选取。

表3.2-1　SM植物胶金刚石钻进参数表

钻头直径/mm	钻压/kN	转速/(r/min)	泵量/(L/min)	泵压/MPa
94	6～10	400～700	47～52	>0.5
77	4～6	500～800	32～47	>0.5

（3）孔内爆破。对于钻孔内粒径超过套管内径的漂砾和孤石，采用孔内爆破技术将其炸碎以使套管通过。炸药采用乳化炸药，雷管采用电雷管，爆破线可采用胶质广播电线，孤石爆破用药量可按表3.2-2选用。

表3.2-2　孤石爆破用药量选用表

孤石直径/m	药包顶部距管靴底端距离/m	炸药量/kg	孤石直径/m	药包顶部距管靴底端距离/m	炸药量/kg
0.25～0.4	0.5	0.1～0.2	0.6～0.8	0.7	0.4～0.7
0.4～0.6	0.5～0.7	0.2～0.4	0.8～1.2	0.7～1.0	0.7～1.0

（4）冲击管钻取样。该技术适用于卵石粒径小于130mm的松散地层。抽筒长度不得小于1.60m，冲程控制在150～300mm范围，应先跟管后取样。管钻外径与套管内径间隙应保持5～10mm，并且管钻取样以不超过1/2抽筒长度为宜，管内水位应高于管钻。遇到大直径卵石时应选用一字钻头冲击或孔内爆破的方法破碎。

3.2.2　金刚石钻进

金刚石钻进技术实现了钻探技术新的跨越，可以在深厚覆盖层中取出柱状岩样。其技术特点是：①钻具直径加大到110mm，与小口径相比，更有利于提高岩芯采取率，提高颗粒级配地质信息的准确性；②设计了两级单动装置来保证金刚石钻具的单动性能，以保证岩芯进入内管基本静止，减少岩芯的相对磨损；③采用半合管，减少了人为扰动，可以取出原状芯样，清楚地看到覆盖层地质信息的原貌；④增设了沉砂装置和岩粉沉淀管；⑤选用黏度高、减振性能好、携带岩粉能力强的SM植物胶冲洗液，可完整地取出原始结构状态的砂卵石和松散砂层。

1. SD系列金刚石单动双管钻具（以下简称“SD系列钻具”）

“七五”期间，成都勘测设计研究院成功研制了SD系列钻探设备，其适用于各种松散覆盖层金刚石钻进和取样。

SD系列钻具是两级单动的双层岩芯管钻具，包括SD108、SD94、SD77普通内管磨光钻具和半合管钻具，以及SD108S、SD94S、SD77S取砂钻具，共3级口径9个品种，自成系列。普通内管磨光钻具和半合管钻具的区别只是内管不同，可以互换使用。SD系列钻具配合SM植物胶冲洗液钻进覆盖层，不仅能大幅度提高岩芯采取率，而且可以获取覆盖层原状结构的圆柱状岩芯，也可取出原状厚砂层砂样。

SD系列钻具包括五大机构：导正除砂机构、单向阀机构、双级单动机构、内管机构和外管机构。

（1）导正除砂机构。内管长度应根据合理回次进尺而定。由于覆盖层易产生岩芯堵塞，回次进尺一般为1.5m，因此选定内管长度一般为1.5m左右。

为防止钻孔弯曲，在单动接头上面增加一定长度的同级外管，即导正管，且粗径钻具要有必要的长度。

在导正管内安装一个隔砂管与上阀相连。由于SM植物胶浆液黏度很高，钻进时含岩粉或砂粒较多，进入内外管之间易堵塞影响单动性能。安装了隔砂管后，进入导正管中的浆液随钻具高速旋转产生离心作用，岩粉和砂粒黏附在导正管壁上或沉淀于导正管下端，需定期清除，从而起到离心除砂作用。

（2）单向阀机构。在钻进中，有时孔底岩粉、砂粒较多。下钻时钻具接近孔底，由于孔底冲洗液携带大量砂粒、岩粉，从钻具内外管间隙高速射入钻孔内外管间隙和下钻杆中堵塞水道，造成憋泵或影响单动性能。因此，在单动接头上部安装单向阀，冲洗液只能正循环而不能反向上返。

（3）双级单动机构。普通单动双管钻具只有一副单动机构，在孔内复杂条件下长时间高速回转，很难保证单动性能良好。高速回转产生的高温会导致轴承和密封圈的过度磨损，从而影响单动机构的性能和寿命。设置两级单动机构，每副单动机构由两盘推力轴组成，可以确保单动机构的可靠性，并且能延长使用寿命。

（4）内管机构。内管机构包括内管、定中环、卡簧座和卡簧。内管规格有ϕ89mm×4mm、ϕ77mm×3.5mm、ϕ62mm×2.75mm。内管有两种类型，第一种是普通整体式磨光内管，第二种是磨光的半合管，可互换使用。其共同的特点是：①内管内壁磨光，有利于岩芯顺利进入内管，减少岩芯堵塞、增加回次进尺、提高取芯质量；②短节管和内管为一整体，可减少岩芯堵塞。

内管与卡簧连接处安装定中环，起导正作用。内管磨光、加工简单、成本低，回次进尺可提高25%以上。

为保证覆盖层岩芯原状结构，设计了半合式内管。半合式箍抱机构的原理是在半合管的不同位置上切有5个梯形切槽，用带梯形缺口和钩头的卡簧从梯形切槽较宽的一端卡入切槽后再向切槽窄的一端推进。由于卡箍弧长不变，切槽不同位置的弧长不一样，因而可将半合管箍紧。

（5）外管机构。外管机构包括外管、连接管和钻头。外管规格有ϕ108mm×4.5mm、ϕ89mm×4mm、ϕ73mm×3.75mm。其特点是长度较短，一般不超过2m。

覆盖层钻进使用的金刚石扩孔器寿命低、成本高，且不起扩孔作用，因而未采用扩孔器。一般使用孕镶金刚石钻头，不应使用电镀钻头。

冲洗液黏度高，为减少抽吸作用，钻头均设计较大的外出刃，以增大钻具与孔壁的环状间隙。覆盖层钻进用的金刚石钻头必须有较高的抗冲击强度和抗磨损性能。

为加强保径作用，应增加聚晶数量。如SD94钻头保径聚晶数量为64～72颗，对保径起到一定作用，但仍不理想。

2. 钻探设备和配置

(1) 钻机应为具有 600r/min 以上转速的多挡立轴式液压金刚石钻机，钻进深度应达到 150～300m。

(2) 泥浆泵应为具有 30L/min 左右最低泵量的多挡变量泵，并配备抗震压力表和 1 英寸钢丝编织胶管，可采用柴油机作为动力。

(3) 泥浆搅拌机应采用高速立轴式搅拌机，搅拌机以 0.3m^3 和 0.5m^3 的效果较佳，叶轮转速达到 600～900r/min，3～5min 可将 SM 植物胶搅散，不结团块，效率高、质量轻。

(4) 应配备离心式除砂器。可配备泥浆池 2 个，贮浆池 1 个，作为浸泡新浆用；浆源箱 1 个，供水泵抽浆用。泥浆池总体积一般以 2m^2、沉淀池总体积一般以 0.5m^3 为宜。循环槽长度为 6～8m，槽内每隔 0.3m 装一块挡砂板。

3. 钻进工艺技术

(1) 钻孔结构。钻孔结构主要根据深厚覆盖层钻孔的目的、深度、地层结构特点而定，且要求覆盖层钻孔开孔口径都比较大。金刚石钻进钻具口径分为 3 级，钻头直径标称为 SD108、SD94、SD77。SD108 钻具可配 ϕ110mm 钻头，SD94 钻具可配 ϕ94mm 钻头，SD77 钻具可配 ϕ77mm 钻头。

配用套管类型有 ϕ168mm × 7mm、ϕ127mm × 9mm（或 ϕ133mm × 7mm、ϕ127mm×4.5mm）、ϕ89mm × 4.5mm、ϕ73mm × 3.75mm。ϕ168mm × 7mm 套管与 SD108 钻具配套、ϕ127mm×9mm 套管与 SD94 钻具配套用于跟管钻进。ϕ168mm×7mm 套管用正扣外接箍连接，ϕ127mm×9mm 套管以公母特种梯形左扣直接连接，ϕ89mm×4.5mm 和 ϕ73mm×3.75mm 套管均用左扣连接，防止反脱。

(2) 钻头的选择和使用。为保证覆盖层钻探具有较高的钻进效率和最低的钻头消耗成本，需选择适宜的钻头。对砂卵石金刚石钻头，要求具有较好的内外径抗研磨和抗冲击强度。

(3) 钻进技术参数。金刚石钻进应合理选择钻压、转速、泵压和泵量等技术参数，随时调整在不同条件下各参数的有机配合，金刚石钻进参数选择见表 3.2-3。

表 3.2-3 金刚石钻进参数选择表

钻头类型		钻压/kN	转速/(r/min)	泵量/(L/min)
ϕ46mm	表镶金刚石钻头	3～6	400～800	30～45
	孕镶金刚石钻头	4～7	600～1200	
ϕ59mm	表镶金刚石钻头	4～7.5	300～650	35～55
	孕镶金刚石钻头	4.5～8.5	500～1000	
ϕ75mm	表镶金刚石钻头	6～11	200～500	46～70
	孕镶金刚石钻头	8～12	400～800	
ϕ91mm	表镶金刚石钻头	8～15	170～450	50～80
	孕镶金刚石钻头	9～15	350～700	

转速影响钻进效率和取芯质量。如果压力过大，则应使用最高转速。钻头圆周线速度可达 3～4m/s。

为提高岩芯质量，在允许条件下应选择较小泵量。当覆盖层比较紧密时，应选择较大泵量；当覆盖层比较松散时，可选择最小泵量。

4. 冲击式金刚石取芯跟管钻进

这种钻进方法是钻具在同级套管内进行冲击回转钻进时，可为跟进套管创造必要的空间条件，以便套管靠其重力作用随钻孔加深向孔底延伸，利用套管随钻隔离保护孔壁；同时钻具又能通过套管实现起下钻工序。

实现这种钻进方法，首先必须配备张敛性能好的孔内跟管钻具，以满足在套管下面钻进和套管内升降钻具的技术要求；其次根据地层特点配备相应的取芯工具，即SD型金刚石单动双管半合管取样钻具，确保岩芯采取质量；第三，在复杂覆盖层地层中钻进时，岩芯容易堵塞，应配备液动冲击器，通过冲击回转钻进方式改善钻头破岩方法，消除岩芯堵塞和自磨现象，提高纯钻进时间和回次长度，最终实现提高综合钻进效率和钻孔质量的目的。

1999年，成都勘测设计研究院在溪洛渡水电站坝址深厚覆盖层（碎石土层、冰积漂卵石层和堆积层，岩芯软硬不均、松散破碎、坍塌漏失严重）XH21孔进行了试验。终孔深度为175m，终孔直径为94mm，采用SM植物胶无固相冲洗液。机械钻速为1.15m/h，台月效率为114m，岩芯采取率大于85%。比放炮锤击跟管钻进的XH20孔的台月效率提高了153%。

3.2.3　绳索取芯钻探

绳索取芯钻探使用的钻具是一种不提钻取芯的钻进装置，即在钻进过程中，当内岩芯管装满岩芯或岩芯堵塞时，不需要把孔内全部钻杆柱提升到地表，而是借助专用的打捞工具和钢丝绳把内岩芯管从钻杆柱内捞取上来，只有当钻头被磨损需要检查或更换时才提升全部钻杆柱。其特点是“三高、一低”，即钻速高、金刚石钻头寿命长、时间利用率高，工人劳动强度低。针对不同的地层，该钻具既可采用清水，又可采用优质泥浆，还可采用泡沫等作为冲洗介质。

3.2.3.1　绳索取芯钻具

绳索取芯钻具由内管总成、外管总成和打捞器组成。

（1）外管总成由变径接头、上扩孔器、弹卡挡头、弹卡室、座环、外管、扶正环、下扩孔器、钻头等组成，其作用是传递钻压和扭矩，带动钻头进行钻进。

（2）内管总成由打捞机构、弹卡机构、悬挂机构、到位报信机构、报警机构、单动机构、缓冲机构、调节机构、取芯机构、内管水压平衡机构等组成，其作用主要是单动通水、容纳和提取岩芯。

（3）打捞器是绳索取芯钻具的重要组成部分，它具有打捞内管、送入内管和安全脱卡等功能，主要由打捞机构、送入机构、安全脱卡机构、提升机构组成。

国产S系列绳索取芯钻具规格见表3.2-4。

现以S75型绳索取芯钻具为例，说明绳索取芯钻具的结构和工作原理，其结构如图3.2-1和图3.2-2所示。

表 3.2-4 国产 S 系列绳索取芯钻具规格表

型号	钻头（外径/内径）/mm	扩孔器（外径/内径）/mm	外管（外径/内径）/mm	内管（外径/内径）/mm	钻杆（外径/内径）/mm	接头（外径/内径）/mm
SC56	ϕ56/ϕ35	ϕ56.5/ϕ44	ϕ54/ϕ45	ϕ41/ϕ37	ϕ53/ϕ44	ϕ54/ϕ43
S59	ϕ59.5/ϕ36	ϕ60/ϕ47	ϕ58/ϕ49	ϕ43/ϕ38	ϕ55.5/ϕ46	ϕ56.5/ϕ46
S75	ϕ75/ϕ49	ϕ75.5/ϕ62	ϕ73/ϕ63	ϕ56/ϕ51	ϕ71/ϕ61	ϕ72/ϕ61
S95	ϕ95.5/ϕ63	ϕ96/ϕ78	ϕ89/ϕ79	ϕ73/ϕ67	ϕ89/ϕ79	ϕ91/ϕ78

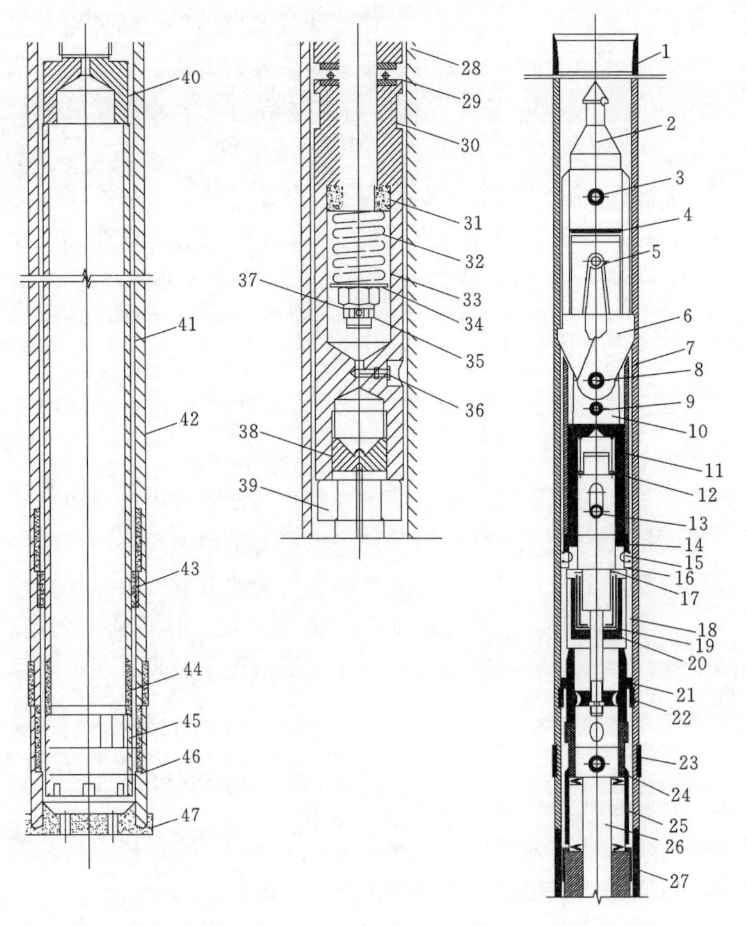

图 3.2-1 S75 型绳索取芯钻具双管结构

1—弹卡挡头；2—捞矛头；3—弹簧销；4—回收管；5—弹簧；6—弹卡；7—弹卡室；8、9—弹卡销；10—弹卡座；11—弹卡架；12—复位簧；13—阀体；14—定位簧；15—螺钉；16—定位套；17—垫圈；18—固紧环；19—弹簧；20—调节螺堵；21—悬挂环；22—座环；23—扩孔器；24—接头；25—滑套；26—轴；27—蝶簧；28—调节螺栓；29、31—轴承；30—轴承座；32—弹簧；33—弹簧座；34—垫圈；35—螺母；36—油杯；37—开口销；38—钢球；39—调节螺母；40—调节接头；41—外管；42—内管；43—扶正环；44—挡圈；45—卡簧；46—卡簧座；47—钻头

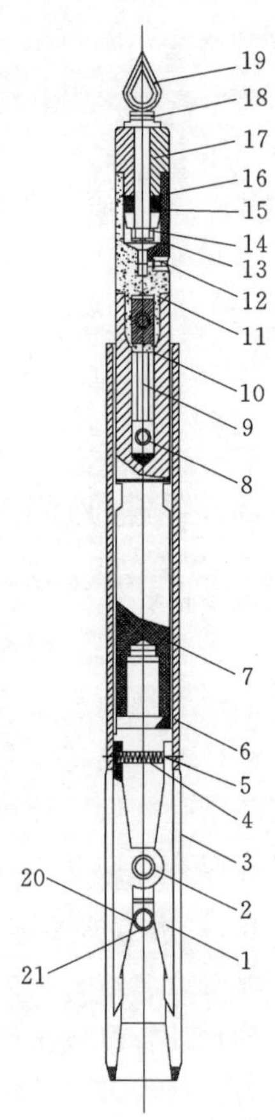

图 3.2-2 S75 型绳索取芯钻具打捞器结构

1—打捞钩；2、8—弹簧销；3—捞钩架；4—弹簧；5—铆钉；6—脱卡管；7—重锤；9—安全销；10、20—定位销；11—接头；12—油杯；13—开口销；14—螺母；15—垫圈；16—轴承；17—调节接头；18—垫圈；19—连接矛头；20—弹卡销；21—螺钉

整套绳索取芯钻具分为单动双层岩芯管和打捞器两大部分。

单动双层岩芯管由外管总成和内管总成组成。外管总成由弹卡挡头、弹卡室、稳定接头（上扩孔器）、外管、下扩孔器和钻头组成；内管总成由捞矛头、弹卡定位、悬挂、到位报讯、岩芯堵塞报警、单动、内管保护、调节、扶正、内管、岩芯卡取等机构组成。

3.2.3.2　绳索取芯钻进技术

绳索取芯钻头的选择原则基本上与普通双管钻头相同。选择时要结合绳索取芯钻头所具有的特点，钻进过程中需注意以下几点：

（1）钻头排队使用。绳索取芯钻头的特点是在孔底工作时间长，只有当钻头磨损到一定程度时才提钻检查和更换，所以钻头排队使用更为重要。若不注意钻头排队使用，就容易造成更换的新钻头下不到孔底，会增加扩孔工作量。同理，扩孔器也应排队使用。

（2）新钻头下到孔底要初磨。绳索取芯钻头唇面壁厚而且具有多种唇面造型，为了使钻头唇面与孔底形状相吻合，防止因钻头唇面与孔底形状不一致而造成钻头的唇面受力不均，使表镶钻头金刚石崩刃或剥落，使孕镶钻头产生非正常磨损或胎体掉块，同时使孕镶钻头磨出刃口。新钻头下孔后必须进行初磨，即采用轻压力（正常钻压的1/3以内）、慢转速（200～300r/min）钻进10min左右，然后再采用正常技术参数继续钻进。

（3）确定合理的时效。绳索取芯钻进要求钻头不仅时效高，更重要的是提高钻头的使用寿命。如果钻头时效很高，而钻头寿命很短，不得不经常提钻更换钻头，这样将降低钻进效率，增加成本，不能充分发挥绳索取芯钻进的优越性。因此，必须根据具体覆盖层性质和实践经验确定合理的时效。

（4）确定合理的提钻间隔。绳索取芯钻进的提钻间隔不仅影响钻进效率，而且影响钻头寿命，提钻间隔越大，纯钻时间越多，钻进效率越高；但是盲目追求大的提钻间隔，往往使金刚石钻头磨损严重，增加金刚石消耗，所以应确定合理的提钻间隔，即合适的更换钻头时间。

1）根据钻速的变化判断钻头底唇磨损情况。一般情况下，如钻头选择适当，钻进技术参数稳定，钻速下降便表示钻头磨损。但是，岩芯堵塞也会引起钻速下降。为了确定钻速下降原因，可在打捞岩芯前和打捞岩芯后采用测定钻速方法来帮助分析，如打捞岩芯后的钻速比打捞前提高，则说明钻速的降低是由岩芯堵塞引起的；如打捞岩芯前和打捞后的钻速一样，则说明钻速的降低是由钻头磨损造成的。

2）根据岩芯直径的变化判断钻头内径磨损情况。由于绳索取芯钻头内径采取了补强措施，一般情况下，岩芯直径变化量不超过2mm。如果捞取上来的岩芯直径接近或等于钻头内径，并且钻进过程中频繁地发生岩芯堵塞，说明钻头内径已严重磨损。

3）根据泵压的变化判断钻头底唇和水口磨损情况。钻进过程中如果钻头底唇磨损较大、水口变小或磨平，会造成泵压比正常泵压升高的现象。但是岩芯堵塞或冲洗液循环通道受阻，也会引起泵压升高。为了确定泵压升高的原因，应把内管总成捞取上来，观察是否发生岩芯堵塞。如果岩芯和卡簧配合适宜，则说明泵压升高不是由岩芯堵塞引起的。然后在钻具提离孔底的情况下，向孔内泵送冲洗液。如果冲洗液循环正常，则把钻具轻轻放到孔底，这时如冲洗液循环受阻，则应反复上下提动钻具、冲洗孔底，如泵压仍升高，则说明钻头底唇和水口已磨损严重。

至于金刚石钻头磨损到何种程度时需要提钻检查和更换，应根据孔深和钻速的下降幅度等因素确定。要保证在金刚石消耗量最少的情况下获得每只钻头的最高进尺，以增大提钻间隔，提高钻进效率，降低钻探成本。

3.2.3.3 绳索取芯钻进技术参数

1. 钻进参数

绳索取芯钻进与普通双管钻进有所不同。但确定钻进参数的方法基本相同。由于绳索取芯钻头唇面比普通双管钻头要厚，因此钻压比普通双管钻头要大（一般要大25%左右）。

转速同样是提高绳索取芯钻速的主导因素，因此条件允许时，应高转速钻进。由于绳索取芯钻杆柱较粗，所以深孔因钻机的功率所限开高转速会受些影响。至于冲洗液量和泵压，因钻头壁厚，钻进时产生的岩粉多，所以冲洗液量稍比普通双管钻进时大。由于钻杆与孔壁间隙小，泵压比普通小口径钻进时高些。

绳索取芯钻进技术参数与普通金刚石钻进技术参数基本相同，但钻压应增大，深厚覆盖层绳索取芯钻进技术参数可按表3.2-5选取，泵量可比普通金刚石钻进泵量增大10%～30%。

表3.2-5　深厚覆盖层绳索取芯钻进技术参数选取表

钻头类型		钻压/kN	转速/(r/min)	泵量/(L/min)
ϕ59mm	表镶绳取金刚石钻头	6～11	400～700	35～60
	孕镶绳取金刚石钻头	7～12	600～1100	
ϕ75mm	表镶绳取金刚石钻头	8～13	300～600	40～80
	孕镶绳取金刚石钻头	12～15	500～900	
ϕ91mm	表镶绳取金刚石钻头	12～16	200～500	60～90
	孕镶绳取金刚石钻头	14～18	400～800	

2. 泥浆钻进

由于绳索取芯钻进有一系列特点，如钻杆与孔壁之间的环状间隙小、内管要在钻杆柱内下投等，故对泥浆有一些特殊要求，即要求泥浆黏度低、比重小、沉砂快、流动性好且具有防塌能力。

目前，常采用不分散低固相泥浆或无固相冲洗液。前者有聚丙烯酰胺类泥浆、聚物泥浆等，后者有聚丙烯酰胺冲洗液、水玻璃冲洗液等。不分散低固相泥浆的性能指标见表3.2-6。

表3.2-6　不分散低固相泥浆的性能指标

比重G_s	黏度s	失水量/(mL/30min)	静切力/(mgf/cm^3)	泥皮厚/mm
1.01～1.07	17～19	6～8	1～10	≤0.5

当在绳索取芯钻进中使用泥浆时，往往在靠近孔口3～5根钻杆处，钻杆内壁上会形成一层很致密的泥皮，影响内管总成的提上、下放。一般认为：①由于泥浆中固相含量多、含砂量大、地表净化工作差，因此较大的颗粒很容易在管壁结泥皮。②绳索取芯钻杆

的半径大，泥浆中的固相颗粒随钻杆一起旋转，产生的离心力也大，容易甩至管壁。③通过对钻杆内泥浆进行流态分析可知，按常用的泥浆流量和泥浆黏度计算雷诺数时，发现它小于2300，这就说明钻杆内的泥浆流动呈层流状态。而层流对管壁的冲刷能力差，也促使颗粒黏附在管壁上。

从上述原因分析可知，欲使管内不结泥皮的根本性措施，还得从泥浆本身着手，即首先要保证造浆用的黏土的质量，高质量黏土的结泥皮现象就轻微。其次要注意地表泥浆的净化工作，加长泥浆沉淀槽，采用旋涡式除砂器等，使泥浆始终保持低固相状态。此外，稍稍降低转速、加大冲洗液量，有时也能减少泥皮的产生。

进行泥浆钻进时，还需注意使用超规格钻头（即外径比标准钻头外径大的钻头）。超规格钻头能增加环空间隙，从而能减轻回转阻力和减少循环液的压力损失，也有利于泥浆在孔壁形成护壁的泥皮。

3.2.3.4　绳索取芯钻探工艺的优点

（1）大大减少了升降钻具的工序，从而减轻了工人的劳动强度，减少了辅助时间，减少了因提、下钻具造成钻头非正常损坏的概率，进而增加了台班进尺，提高了钻头寿命。

（2）由于钻具级配合理，钻杆和岩芯管的壁比较厚，材质好，强度高，再加上孔壁间隙较小，钻杆不易弯曲，提高了钻具的稳定性，有利于防斜和减震；并可采用较大的钻压和较快的转速进行钻进，充分发挥了金刚石钻头的效能，提高了钻速和钻头寿命。

（3）由于安有扶正环，提高了内管的稳定性和与钻头的同轴度，使岩芯较顺利地进入内管，减少了岩芯堵塞和磨损，提高了岩矿芯采取率和回次进尺。

（4）在复杂地层中钻进适应性较强，提钻次数少，减少了孔壁裸露的时间和概率，相对地增加了孔壁的稳定性。另外，钻杆柱还可起到套管的作用，有利于快速穿过复杂地层。

3.3　冲洗液应用

冲洗液是钻探技术重要组成部分，国内外都十分重视它的品种和性能。钻孔冲洗液通常根据地质要求、岩层特点、钻进方法、设备条件等因素按表3.3-1选取。

表3.3-1　　冲洗液种类选取表

岩层特点	钻进方法	冲洗液种类	备　注
完整、较完整地层	合金	清水	金刚石钻进浅孔也可以使用清水钻进
完整性较差地层	金刚石	乳化冲洗液	
	各种	低固相、无固相、泡沫液	泡沫液用于漏失地层或缺水地层
覆盖层	合金	普通泥浆、低固相泥浆	
	金刚石	无固相泥浆、SM植物胶、KL植物胶	

3.3.1　无固相冲洗液金刚石钻进取样技术

在深厚覆盖层地层钻探中，为防止孔壁坍塌，冲洗液要求有一定的护壁性能。但考虑到减小对渗透试验的影响，以采用无固相冲洗液为好。这方面主要的材料有聚丙烯酰胺和SM、MY－1A胶联液等。这种特制的冲洗液具有较好的润滑减振作用，为金刚石钻头在深厚覆盖层中高转速钻进创造了条件，使呈柱状的砂卵砾石岩芯能较快地进入到钻具内管中，且岩芯表面被特制的冲洗液包裹着，使岩芯在较短时间内不致溃散，从而获得近似原状的原位岩芯。这一技术的成功开发，为研究在深厚覆盖层上筑坝的可能性和坝基基础处理方案设计提供了可靠的依据。

3.3.2 泥浆护壁技术

泥浆以其价格低、使用简单、护壁堵漏性能良好而在覆盖层钻进中被广泛使用。水利水电工程已创造了400m裸孔钻进覆盖层的新纪录，证明了泥浆护壁可以大大提高效率和取芯质量。

泥浆作为钻探的一种冲洗液，除起护壁作用外，还具有携带、悬浮与排除岩粉和冷却钻头、润滑钻具、堵漏等功能。泥浆性能好坏直接影响钻进效率和生产安全。造浆原料为黏土和水。应选择可塑性好、含砂量少的黏土，如高岭土、膨润土、红土、胶泥等。造浆用水不得为具有腐蚀性或受污染的水，pH值不应太小，否则应进行处理。由于黏土的性质和水的性质不同，造成泥浆中的黏土颗粒（粒径小于0.002mm）呈现悬浮或聚沉的不同状态。一般呈悬浮状态表明泥浆性能好，而呈聚沉状态则说明泥浆性能变坏。

对于泥浆会影响抽水试验成果的问题，已有学者进行了专门研究，认为只要掌握泥浆性能并采取适当的破泥皮、换浆液和洗孔措施后，其影响可以减小到允许的范围内。

3.3.3 新型复合胶无黏土冲洗液

近年来，成都勘测设计研究院通过原料筛选和优化配方，对该新型复合胶无黏土冲洗液的性能进行了研究，成功获得了一种用人工种植植物胶和合成高分子聚合物复合交联的新型复合胶产品，该产品材料用量少、成本低。这一新型复合胶无黏土冲洗液的性能与SM植物胶相仿，有效解决了冲洗液的提黏和降失水问题，在冲洗液的黏弹性和成膜作用对岩芯的保护方面与SM植物胶相当，润滑减阻性能好，有利于金刚石钻头高转速钻进。

3.3.4 SM植物胶无固相冲洗液

3.3.4.1 性能和作用

1. SM植物胶无固相冲洗液的基本性能

SM植物胶是一种天然高聚物，在固态时分子链呈卷曲状态，遇水后水分子进入植物胶分子内，分子链上的OH基可与水分子进行氢键吸附产生由溶胀到溶解的过程，增加了分子间的接触面积和内摩擦阻力，显示出较强的黏性。高分子链可吸附多个黏粒形成结构网，使黏粒的絮凝稳定性提高。同时黏液的黏性使滤饼的渗透性降低和泥饼的胶结性变好，故能降低泥浆的漏失量。

SM植物胶在纯碱（Na_2CO_3）或烧碱（NaOH）的助溶作用下，可以任何比例溶解于水，从而制备成无固相冲洗液或低固相泥浆，加量越大黏度越高。一般覆盖层松散、架空、冲洗液漏失量较大时，可采用SM植物胶低固相泥浆护壁，在需要加入加重剂的情况下，应先在SM植物胶浆液中加入土粉，制成低固相泥浆，然后再加入加重剂。

2. SM植物胶无固相冲洗液的流变性

SM植物胶配制的无固相浆液和低固相浆液都是黏弹性流体。所谓黏弹性流体是指在通常情况下既显示黏性也具有弹性特征的流体。其流变性能具有下述特点：

(1) 流性指数均小于0.5，在钻孔中悬浮岩粉的能力很强，剪切稀释作用好。

(2) 动塑比（动切力与塑性黏度之比）均大于0.75，有较好的剪切稀释作用。

(3) 塑性黏度均较低，表现为黏度高，稠度系数也高，说明结构黏度高、稠度大，排除岩粉能力强。实践证明，可以排除粒径5mm以上的砂砾石。

(4) 在浓度高时具有较小的屈服值，当加入的土粉比例增加时静切力增加，护壁和排粉能力均能提高。

3. SM植物胶无固相冲洗液的特殊功能

SM植物胶无固相冲洗液是黏弹性较强的黏弹性液体。在覆盖层钻探中表现出一般泥浆和清水（含乳化液）所没有的特殊功能。其中，较突出功能的是护胶作用、减振作用和减摩阻效应。

(1) 护胶作用。

1) SM植物胶浆液的失水量：失水量与浓度有关。浓度为2%时，失水量为11～14mL/30min；浓度为1%时，失水量为16～18mL/30min，失水量为中等，但具有很好的防塌能力和对岩芯的护胶作用。

2) SM植物胶浆液的坍落度：SM1%和SM2%两种浓度的浆液经多次坍落度试验，保持原样不塌落、不变形的时间最长，具有比其他浆液高数倍的防塌能力，护胶作用好。

护胶作用是在岩芯表面形成一层坚韧的胶膜，使松散、破碎、软弱的岩芯表层被胶结包裹，保护原样免受水力和机械破坏，从而保证了岩芯具有原状结构等。

(2) 减振作用。SM植物胶浆液可降低钻杆与孔壁的摩擦系数，减小钻杆柱回转的阻力，从而达到减振的目的。实践证明，SM植物胶浆液的减振作用比皂化油润滑液强得多。

减振作用对深厚覆盖层金刚石钻进和取样具有以下好处：①能提高钻进效率、避免岩样长时间冲刷，可提高取样质量；②高转速钻进时可避免钻具强烈振动，防止岩芯的机械破坏，减少钻具振动，有利于提高钻头寿命、减轻钻具磨损、降低钻机动力消耗。

(3) 减摩阻效应。SM植物胶浆液的减阻效能十分突出，漏斗黏度6min以上的浓浆液，单动双管钻进时，在几十米深孔内泵压不足0.5MPa，而清水、低固相泥浆都在1MPa以上。在松散、架空等地层钻进时，SM植物胶的减摩阻效应有以下优点：①泵压低、不会在钻头附近和内管形成高压，可防止岩芯破坏；②冲洗液与岩芯之间的摩擦力小，减少岩芯被冲刷摩擦的破坏，内管内壁与岩芯的摩擦力也小，岩芯不易被内管摩擦而破坏；③金刚石钻头和钻具的磨损降低，可延长钻头和钻具的寿命；④泵压小，动力消耗小，可减少泵故障。

(4) SM植物胶作为泥浆处理剂的作用。SM植物胶是一种综合性能较好的低固相泥浆处理剂。将浆液加入低固相泥浆中，可提高黏度、降低失水量、提高泥浆稳定性、改善泥浆流变性，同时仍具有减振和护胶作用。

配制 SM 植物胶低固相泥浆用于钻进砂卵石层时，膨润土的浓度为 2%～3%，SM 植物胶的浓度为 0.2%～0.5%。其漏斗黏度为 85～195s，失水量为 19～15mL/30min，动塑比为 2～1.71，流性指数为 0.415～0.4525。

(5) SM 植物胶浆液的其他性能。SM 植物胶浆液的抗盐性能好：SM 植物胶浆液可加入任何比例的一价盐类而不变质，可配制盐水无固相冲洗液。

SM 植物胶浆液的抗温能力较差：温度升高黏度下降，温度越高黏度下降越大。如浓度为 2%时，常温时黏度可达 7min；在 95℃保温 6min，黏度下降到 39s，冷却后黏度只能回升到 90s。

3.3.4.2 配方

SM 植物胶浆液作为深厚覆盖层钻探的冲洗液，为了采取原状芯样、保护孔壁，必须采用较高浓度的配方才能达到目的。

(1) 基本配方：在覆盖层中钻进和取样时，无固相冲洗液和低固相泥浆的最低黏度不应低于 120s，其配方为

SM 植物胶干粉(质量 kg)：水(体积 L)=2：100

纯碱（Na_2CO_3）加量按 SM 植物胶干粉质量的 5%。如用烧碱（NaOH），则按 SM 植物胶干粉质量的 3%进行加量。

(2) 特殊地层的配方：水敏性较强、易吸水膨胀的黏土、软黏土等易缩径的地层，在 SM 植物胶无固相冲洗液中加入一定比例的高黏度 CMC，降低其失水量，抑制地层水化膨胀，其配方为

SM 植物胶干粉加量为 1%～2%

Na_2CO_3 加量按 SM 植物胶干粉质量的 5%

CMC 加量为 1000～2000ppm

(3) 极松散、渗透性强、有丰富地下水的覆盖层的配方：SM 植物胶加量为 3%，Na_2CO_3 加量不变。

(4) 架空、易坍塌掉块的覆盖层地层的配方：在 SM 植物胶中加入防坍塌效果较好的腐植酸钾（KHm）及 CMC。漏斗黏度应达到 60s 以上。

SM 植物胶干粉加量为 1%～1.5%；Na_2CO_3 加量按 SM 植物胶干粉质量的 5%；KHm 加量为 500～1000ppm。

(5) SM 植物胶与膨润土配制低固相泥浆的配方。SM 植物胶是多功能的泥浆处理剂，与膨润土配合可配制低固相泥浆。其护壁效果比单独的 SM 植物胶或单纯的膨润土低固相泥浆效果好，成本比 SM 植物胶无固相冲洗液低，适用于松散、架空的漏失覆盖层地层。

为了保护岩芯和减少振动，SM 植物胶的加量不应低于 1%；如果为了提黏和降失水，则加量可减少到 0.5%～0.8%。

SM 植物胶与膨润土的配方为：①SM1%＋ $Na_2CO_3$5%＋钠土 3%～5%；②SM1%＋$Na_2CO_3$5%＋钠土 3%＋CMC0.1%；③SM0.5%＋ $Na_2CO_3$5%＋钠土 3%＋CMC0.1%。

以上 Na_2CO_3 的加量均为 SM 植物胶干粉质量的百分比。

3.3.4.3 制备

为保证 SM 植物胶冲洗液的质量，浆液要用搅拌机进行搅拌。首先向立式搅拌机中加

入1/3～1/4桶罐的清水，并向水中一次性加入所需的Na_2CO_3。开始时搅拌机高速搅拌使之溶解，然后将SM植物胶干粉慢慢撒入水溶液中，边搅拌边撒入，防止结团，高速搅拌5min。当SM植物胶全部分散后再将水灌满，继续搅拌几分钟，混合均匀后，即可放入贮浆池中浸泡12h以上。当SM植物胶全部溶胀、黏度明显提高后即可使用。根据青海省洼沿水库、黑泉水库的经验，浸泡时间的原则为：气温低则时间长，气温高则时间短。若使用低浓度的SM植物胶浆液，则可用浸泡过的高浓度浆液加水稀释搅拌而成。

当制备SM植物胶与CMC（或KHm）的复配浆液时，应首先将SM植物胶与碱液搅拌均匀，然后再将CMC水溶液或干粉加入搅拌机中搅拌均匀。

3.3.4.4 应用实例

如大渡河某水电站工地61-3号孔，河床为漂卵石和块碎石层，深度为75.05m，地下水水位在50m以下。采用ϕ94mm单动双管金刚石钻进，SM植物胶浆液浓度为2%。钻进参数为：钻压6～10kN，钻速514～800r/min，泵量47L/min，泵压不大于0.5MPa。

漂卵石、块碎石之间夹砂、夹泥层，多数呈圆柱状取出，基本保持原状结构，砂和夹泥平均取芯率达81%，全孔岩芯采取率达到87%，取得了金刚石钻进砂卵石层的良好技术经济效果。

3.3.5 KL植物胶冲洗液

KL植物胶冲洗液是一种良好的钻探用冲洗液，经过处理的KL植物胶冲洗液，其黏度、防塌性能、润滑性能、减振性能等均与SM植物胶冲洗液相近，可以应用于深厚覆盖层金刚石钻进。KL植物胶由KL、H-PHP和NaOH 3种原料组成，所配制的冲洗液的稠度因3种原料加入顺序以及搅拌方法的不同而不同，通过试验，采用如下两种制浆方法可以得到最佳的钻进冲洗液。

（1）KL植物胶配制方法一。配制1m^3冲洗液的加料顺序为：8‰的KL加入水中搅拌30min形成纯胶液，然后加入400ppm的H-PHP，继续搅拌30min，最后加入4‰的NaOH，再搅拌15min即可。

（2）KL植物胶配制方法二。配制1m^3冲洗液的加料顺序为：8‰的KL和400ppm的H-PHP两种原料同时加入水中混合搅拌，搅拌时间为30min，再加入4‰的NaOH，搅拌15min即可。

按上述两种加料顺序配制的KL植物胶浆液，其主要性能指标见表3.3-2。

表3.3-2 KL植物胶浆液主要性能指标

配方	浆液性能					pH值
	漏斗黏度/s	表观黏度/(mPa·s)	塑性黏度/(mPa·s)	动切力/Pa	动塑比	
8‰KL加入水中形成纯胶液，400ppmH-PHP和4‰NaOH经机器搅拌后溶于纯胶液	330	60	35	25.6	0.73	11
8‰KL和400ppmH-PHP混合后用机器搅拌，溶于水中，最后加入4‰NaOH	340	55	20	35.8	1.79	

3.4 钻进取样和原位测试

深厚覆盖层的钻进取样是一项技术复杂且难度较大的工作。钻进取样方法对覆盖层物质组成、结构以及水文地质条件等地质资料的获取，将最终决定钻探质量的优劣。因此，深厚覆盖层钻进取样和原位测试技术是迫切需要解决的课题之一。

1. 超前靴取砂器

超前靴取砂器是目前国内最先进的采取原状砂（土）样的钻具。其结构特点是：①钻具具有良好的单动性；②内管超前且可以根据不同地层自动调节超前量；③内管内放置纳样管，纳样管的砂（土）样便于开展试验。黄委规划设计研究院（以下简称“黄委院”）已成功地在小浪底、西霞院、南水北调中线穿黄、黄河大堤等多项工程勘察中运用超前靴取砂器并取得良好效果，为工程设计提供了准确的试验资料。

2. 气动标贯器

在小浪底工程国际咨询中，根据美国专家的要求，黄委院自行设计研制出一套完整的气动标贯设备。其工作原理是依靠压缩气体推动活塞运动，实现标贯锤工作，依靠控制阀可以调节活塞运动速度。其主要技术特点是：能自动控制标贯器的落距以及标贯器的冲击频率，有利于标贯参数与国际接轨。

3. 不良夹层钻探取样技术

近年来，覆盖层不良夹层钻探取样技术有了较大的进步，基本上实现了机械化钻进，为研究深厚覆盖层、软基地层结构及物理力学性质提供了条件。较有效的取样机具是黄委院成功研制的真空原状取砂器、薄壁取土器和淤泥取样器等。其技术特点是：①在 XY-2 型钻机上创造性地设置了静卡盘，绝对保证了钻具单动性；②三层管为镀铬半合管；③液压取芯，样品质量高；④合理的钻进参数。

4. 钻孔水文地质测试技术

在钻孔内进行深厚覆盖层抽水、压水渗透试验和地下水观测等水文地质试验，是水利水电工程钻探中的一项十分重要的工作。如成都勘测设计研究院成功研制的 ZS-1000 型钻孔水文地质综合测试仪，可以监测抽水、微水试验和地下水观测试验等的主要参数，而且能定时自动监测记录、数据处理打印和储存数据等。

3.5 钻探新技术应用实例

3.5.1 尼洋河某水电站深厚覆盖层 SM 植物胶钻探应用

1. 工程概况

根据地质要求，尼洋河某水电站深厚覆盖层岩芯采取率应达到 90%以上，钻孔孔深要求深入基岩内 2m，终孔孔径为 75mm。为满足取芯质量要求，在深入分析 SM 植物胶浆液的各种性能变化情况的基础上，收集覆盖层钻探各种数据，不断更新钻孔循环液，改进深厚覆盖层钻探工艺，从而保证了覆盖层钻探质量满足地质要求。

2. 钻探设备

(1) 投入XY-2型钻机2台，口径为75mm，钻进能力为300m，匹配BW-200/40型泥浆泵（2台）、SD型双管单动金刚石钻具以及简易净化系统。净化系统包括加浆兼除砂功能的回浆槽、沉淀池和搅拌机。

(2) 开孔孔径为146mm，终孔孔径为75mm。

(3) 全孔取芯兼作各种水文地质试验的仪器设备。

3. SM植物胶浆液配制

(1) SM植物胶低固相冲洗液的配方：膨润土（土粉）的加量为4%～8%，SM植物胶的加量为0.5%～1%，纯碱加量为土粉和SM植物胶总质量的5%～6%，PHP干粉加量为100～300ppm。

(2) SM植物胶低固相冲洗液的制备：将土粉和SM植物胶粉混合后同时加入纯碱水溶液中进行搅拌。针对粉细砂层，先是将土粉在纯碱中搅均匀后，再加入SM植物胶搅拌20～30min，然后浸泡待稠化后使用。

4. 覆盖层钻进

(1) 在钻进参数选择中，对于深厚覆盖层特别是砂层应遵循低压、中转速、小泵量的原则，以保证比较快的钻进速度。

(2) 在钻进中，应经常清理堵塞在吸水头上的搅散的泥浆团块，以免使吸入孔内的泥浆浓度降低，达不到最佳的护壁效果。

(3) 经常检查单动双管钻具的单动性能，尤其是轴承的灵活性，及时拆卸、清洗加油、更换密封圈，合理调节内、外管间隙。在粉细砂层中，将卡簧座及钻头的间隙增大到8～10mm，以防止水路堵塞；在卵砾石层中则控制在3～5mm为宜。

3.5.2 南桠河某水电站深厚卵砾石层的金刚石钻进

该水电站覆盖层厚度达420m以上，自上而下：第三层为卵砾石与粉质壤土互层，夹数层植物炭化碎屑，埋深达350m，含多层承压水，初见涌水点，水头高出孔口12～30m；第二层为黄色碎块石夹硬质土层，碎块石的成分为闪长岩，埋深及层厚不等，根据钻孔的不同部位，埋深变化范围为300～400m；第一层为卵砾石夹薄层粉质壤土，其下部为块碎石夹黏土层，含高水头承压水，水头高出孔口达40m，涌水量在ϕ89mm管内最高达450L/min。

该覆盖层结构松散，钻进中孔壁稳定性差。若泥浆性能调节不好，则会时有发生坍塌、掉块甚至埋钻等现象；粉质黏土及碎块石夹硬质土层水敏性强、自然造浆严重不足、孔壁缩径频发，且覆盖层深厚，层次结构复杂、变化频繁。为保证钻进顺利，达到较高的取芯质量，必须掌握好钻头选择、钻进参数、冲洗液性能及特殊情况的处理等重要环节。

勘探过程中使用钢粒和合金钻进兼用跟管和PHP低固相泥浆护壁的工艺，满足了地质要求。

1. 设备选择

钻塔采用木质四脚塔，高度为10～12m。钻机根据不同孔深分别使用XU600-3型、SGZ-Ⅲ型、SGZ-Ⅳ型钻机，水泵采用BW-150型变量泵，搅拌机采用NJ-600型或

NJ－300 型立式搅拌机，动力机采用 485Q 型、4105 型柴油机。

2. 冲洗液

SM 植物胶既可单独用作无固相冲洗液，也可作为提黏、降失水及提高润滑减阻作用的泥浆处理剂，在覆盖层钻进中与金刚石双管钻具相配合，在护壁、随钻采取砂卵石层的近似原状样及提高金刚石钻头寿命等方面，取得了明显的经济技术效益。单一的 SM 植物胶无固相冲洗液失水量偏大，不适用于水敏性强的地层。针对坝区卵砾石层吸水性强、水化造浆强烈、缩径严重、孔壁容易垮塌的特点，并进一步完善覆盖层金刚石钻进与取样技术，配合 SM 植物胶无固相冲洗液的复配试验，选用了 SM－KHM 超低固相泥浆。

SM－KHM 超低固相泥浆的流变特性为：泥浆土粉含量低于 4%，既具有无黏土冲洗液的一些特点，又兼有低固相泥浆的优点。SM－KHM 超低固相泥浆配方及性能见表 3.5－1。

表 3.5－1　　SM－KHM 超低固相泥浆配方及性能表

配方			性能								
膨润土 /%	SM 植物胶 /%	KHM 处理剂 /%	失水量 /(mL/min)	ϕ600 /(Pa·s ×10^{-3})	ϕ300 /(Pa·s ×10^{-3})	表观黏度 η_A/(Pa·s ×10^{-3})	塑性黏度 η_P/(Pa·s ×10^{-3})	动切力 τ_d/Pa	动塑比 τ_d/[Pa/(Pa·s)]	流性指数 n_φ	稠度系数 K_φ
4			0.67	7	4	3.5	3	0.50	1.70	0.81	0.13
2	1	0.3	0.27	31	17	16.5	14	0.15	1.10	0.87	0.38
1.5	0.5	0.3	0.47	19	11	9.5	8	0.15	1.89	0.79	0.41
1	0.5	0.3	0.53	20	12	10.0	8	0.20	2.50	0.74	0.62
0.5	1	0.3	0.33	32	22	16.0	10	0.60	6.00	0.54	3.30

从表 3.5－1 中可以看出，加入 SM 植物胶及 KHM 处理剂后，泥浆失水量大幅度降低、黏度明显增加。随着固相含量的减少，黏度变化不大，而失水量略有增加，动塑比则增长较快，说明其触变性良好。由于 SM 植物胶的加入，泥浆的润滑减阻作用良好，能够满足金刚石钻进时开高转速的需要。

SM－KHM 超低固相泥浆的使用效果：在钻进中抑制造浆能力很强、孔壁稳定、钻具一下到底，大大减轻了钻孔缩径，减少了探头石的出现，一径裸孔钻进深度达到 160～180m。

在所有采用金刚石钻进的钻孔中均没有出现过严重的孔内事故，钻进过程中钻具运转平稳，XU－600－3 型钻机在孔深 400m 左右时仍可达到转速 655r/min。泥浆在岩芯表面形成的水化薄膜降低了冲洗液的冲蚀和侵蚀，使覆盖层岩芯采取率大幅度提高；由于其良好的润滑性能，使金刚石钻头的使用寿命达到了较高的水平。

3. SM－KHM 超低固相泥浆的护壁及护芯

KHM 系用 KOH 处理腐殖酸而得。主要分子大小不同，其主要成分为羟基芳香羧酸组成的混合物。分子结构中的－600K－OK 基团水化作用强，与黏土颗粒产生偶极－离子相互作用，吸附在黏土颗粒表面形成水化膜，提高了黏土颗粒的电动电位，增大了颗粒间聚结的机械阻力和静电斥力，改善了护壁和护芯效果。

4. 钻进工艺

（1）钻头选择。根据覆盖层结构复杂、软硬变化大、岩粉颗粒细、金刚石不易自磨出刃的特点，选用了武汉地院长江钻头公司生产的DF高低齿钻头及无锡生产的普通钻头，其结构特性见表3.5-2。

表3.5-2 两种钻头结构特性比较表

钻头类别	胎体硬度/HRC	水口数/个	水口规格(宽×高)/(mm×mm)
DF高低齿钻头	30～35	8	4×(8～12)
普通钻头	35～40	8	4×6

实际工作表明，DF高低齿钻头胎体较软，在粉质黏土、黏土及植物炭化碎屑层中钻进时，金刚石出刃正常，以切削方式破岩且由于水口断面较大、水路畅通，利于岩粉排除，因而钻进效率较高。但在钻进卵砾石层时胎体磨损较快，金刚石聚晶时有崩落，影响钻头寿命。据统计，该类型钻头的使用寿命为30～40m。普通钻头在相同的地层条件下，金刚石自磨出刃不正常、排粉不畅、钻进效率较低，但钻头寿命较高，X_{27}号孔使用两个无锡生产的ϕ94mm加厚孕镶金刚石钻头钻进了170余m，平均使用寿命高达85m以上。

（2）钻孔结构。根据覆盖层的复杂程度和孔深情况，在确定钻孔结构时可采用多级口径和多种钻进方法，即上部可适当增大钻孔直径至130mm，ϕ110mm采用合金钻进，下入必要的护壁套管，然后换用ϕ94mm的金刚石钻头钻进。根据覆盖层稳定情况，或者一径终孔，或者继续下入隔离套管依次换小一级至二级的金刚石钻头钻进，但最小终孔直径不得小于56mm。例如，X_9号孔设计孔深为420m，由于上部地层松散和隔离含水层的需要，孔深240m左右时已下入多层套管，最小直径为73mm，最后使用ϕ56mm的金刚石钻头一径钻到设计孔深；又如，X_{27}号孔设计孔深为250m，上部70m采用合金钻进，下入ϕ127mm、ϕ108mm两层套管，最后使用ϕ94mm的金刚石钻头一径钻至设计孔深。

（3）钻进参数选择。鉴于深厚覆盖层地层复杂，为确保安全顺利钻进并保证取芯质量，确定钻进参数选择应遵循“中速、低压、小泵量”的原则。根据不同的钻头直径采用的转速为300～655r/min、钻压为4～7kN、泵量为25～40L/min。根据孔内情况，正确及时地调整钻压、转速，适当控制给进速度，即在砂、土层中用速度10～12cm/min，在卵砾石层中用速度4～7cm/min，不宜过快。下钻后应用较大泵量冲孔，而后降低泵量钻进。此外，还应掌握好以下几个操作环节：

1）经常检查双管钻具的单动性能，尤其是轴承的灵活性，及时拆洗加油、更换密封圈。合理调节内、外管的间隙，在砂、土层中，将卡簧座与钻头间隙增大到8～10mm，以防止水路堵塞；在卵砾石层中则控制在3～5mm为宜。

2）回次进尺控制在1.2～1.5m，发现堵塞时应立即提钻。

3）降低起下钻速度，特别是在裸孔段，以免钻具产生抽吸压力，影响孔壁稳定。

4）孔口管上设置三通与水泵回水管相连接，起钻时继续开泵进行回灌，以保持泥浆液面稳定，维持孔壁稳定。

5）注意泥浆维护，每班清理循环槽，每周清理沉淀箱及水源箱，并进行换浆。

（4）承压水处理。若孔内遇见承压水则应使用加重泥浆防喷，以维持正常钻进。由于双管钻具间隙太小极易堵塞，在加重泥浆中钻进时，尚只能使用金刚石单管钻具。

（5）加重泥浆比重及重晶石粉加量的确定。加重泥浆比重计算公式为

$$Y'=1+\frac{H}{H_1} \tag{3.5-1}$$

每立方米浆中重晶石粉加量为

$$G=\frac{Y_2(Y'-Y_1)}{Y_2-Y'} \tag{3.5-2}$$

式中：Y'为加重泥浆比重；Y_2 为重晶石粉的干密度，一般为 4～4.2g/cm^3；Y_1 为基浆比重，一般为 1.08 左右；H_1 为初见出水点至孔口的距离；H 为孔口涌水水头压力；G 为每立方米泥浆中重晶石粉的加量。

（6）加重泥浆的配制与维护。配制加重泥浆时，应先搅好基浆，然后逐渐加入所需的重晶石粉。为保证有足够的悬浮能力，基浆内膨润土的加量为 8%～10%，比重为 1.06～1.08。为了改善泥浆的性能还加入了SM植物胶干粉加量为（0.2%～0.3%），共50ppm，但加量不宜过大，否则泥浆会产生絮凝，使性能变差。泥浆的性能应每天测定一次，并根据变化情况及时调节配方。其他维护要求及操作要点与使用低固相泥浆时相同。

找准初见出水点是确定加重泥浆比重的依据，且应注意观测和判断孔口承压水水头、水量、含沙量等的变化情况，如发现泥浆变稀或返出量增加或送浆前孔口返浆，则说明孔内出现涌水。

5. 特大涌水的处理方法

当孔内承压水涌水量较大、流速较高，水泵送入的加重泥浆迅速被稀释并涌出孔外时，无法形成平衡液柱导致止涌失败，在这种情况下应设法控制涌水量，即在孔口设置三通管封闭装置并加装调节阀门，按下列步骤进行：

1）将钻具下入孔中。

2）利用立轴油缸压紧胶塞封闭孔内套管与钻杆间的环状间隙，使承压水通过闸阀泄出。

3）调节闸阀使水量小于 50L/min。

4）泵送加重泥浆，直至返出浓浆。

5）立轴油缸卸荷进行正常钻进。

X_{28}号孔高水头的承压水就是采用这种办法得到控制的，该孔遇到这股承压水出水点在 78m 时，实测涌水量为 450L/min，高出孔口的水头压力为 392.3kPa，未采用此方法前，浪费了重晶石及其他材料数十吨，误工 28d。

第 4 章

深厚覆盖层物探测试

物探是水利水电工程河床深厚覆盖层地质勘察的重要手段之一，具有方法多样、快速轻便、信息量大等特点。

该方法是一种间接勘探方法，是以一定的地质因素与一定的物理现象之间的相关性为前提来解决有关地质问题的间接勘探方法。工程物探探测覆盖层主要是利用覆盖层介质的弹性波差异、电性及电磁性差异，亦即是通过大地的自然物理场及人工物理场对岩土体的表面或内部的电阻率、波速、振动大小、频率等物理特性的变化进行分析评价，从而得到覆盖层密度、力学特性、地下水水位埋深等特征的一种方法。

目前对覆盖层探测主要采用的物探方法有电测深法、波层地震反射波法、浅层地震折射波法、高密度电法、面波探法、探地雷达法、高频大地电磁法、瞬变电磁法、地震层析成像（地震CT）法等，另外还有诸如综合测井等辅助方法。不同的覆盖层堆积物具有不同的物性特点，而不同的物探方法又需要具备不同的物性条件、地形条件和工作场地，因此某一种物探方法的应用存在局限性、条件性和多解性。所以在进行深厚覆盖层探测时，需要充分发挥综合物探的作用，以便通过多种物探方法进行综合分析，克服单一方法的局限性，并消除推断解释中的多解性。另外，在物探成果的解释过程中要充分利用地质和钻探资料，以提高物探成果的精度和效果。

4.1 覆盖层的地球物理特征

对于覆盖层的研究可选用的方法也较多，不同的方法有其不同的适用条件和环境。如电法、电磁法、地震法等均可对覆盖层的厚度、岩性分层、基岩埋深及形状形态等进行勘探；声波（主要是横波）测井法可以通过测定覆盖层波速特性获得相应的力学性质。

4.1.1 波速特征

由于岩土层的弹性性质不同，弹性波在其中的传播速度也有差异。覆盖层的弹性波速特征主要与覆盖层的物质成分、松散程度、厚度及含水程度有关。一般覆盖层的弹性波速变化有以下几个特征（可参见表4.1-1)：

（1）因覆盖层组成物质成分不同，各种覆盖层弹性波速往往有明显差异。

（2）覆盖层从表层松散地表向下逐渐致密，波速逐渐增大，但一般明显低于下伏基岩。

（3）覆盖层表层含水量少或不含水，向下含水量渐增，经常存在一个明显的地下潜水面，同时也是波速界面。

表 4.1-1 覆盖层介质波速主要分布表

覆盖层堆积物	纵波速度/(m/s)	横波速度/(m/s)
干砂、粉质黏土层或黏土层	200～300	80～130
湿砂、密实土层	300～500	130～230
由砂、土、块石、砾石组成的松散堆积层	450～600	200～280
由砂、土、块石、砾石组成的含水松散堆积层	600～900	280～420
密实的砂卵砾石层	900～1500	400～800
胶结好的砂卵砾石层	1600～2200	800～1100
饱水的砂卵砾石层	2100～2400	400～800

4.1.2 电性特征

深厚覆盖层因岩土种类、成分、结构、干湿度和温度等因素的不同，而具有不同的电学性质。电法勘探是以这种电性差异为基础，利用仪器观测天然或人工的电场变化或岩土体电性差异，来解决某些地质问题的物探方法。电法勘探根据其电场性质的不同可分为电阻率法、充电法、自然电场法和激发极化法等。覆盖层的电性特征主要与各沉积层的物质成分及含水程度有关，当颗粒小、含泥多并含水时电阻率低，反之则高，变化幅度较大。在覆盖层中，地下水面通常是一个良好的电性界面。不同岩土的电阻率参考值见表 4.1-2。

表 4.1-2 不同岩土的电阻率参考值

名　称	电阻率 ρ/(Ω·m)	名　称	电阻率 ρ/(Ω·m)
黏土	$1\sim2\times10^2$	亚黏土含砾石	80～240
含水黏土	0.2～10	卵石	$3\times10^2\sim6\times10^3$
亚黏土	$10\sim10^2$	含水卵石	$10^2\sim8\times10^2$
砾石加黏土	$2.2\times10\sim7\times10^3$	地下水	$<10^2$

4.1.3 电磁特征

电磁法是以深厚覆盖层岩土体的导电性和导磁性差异为基础，观测和研究由电磁感应而形成的电磁场的时空分布规律，从而解决有关工程地质问题的一种物探方法。

覆盖层一般为非磁性介质，因而影响其电磁波传播特征的主要是电导率，影响因素包括电磁波的传播能量和传播速度。当介质电导率大时，电磁波的传播能量衰减就快、传播速度就低、被吸收的能量就多；反之则传播能量衰减就慢、传播速度就高、被吸收的能量就少。由于含水介质为高导介质，所以当遇到地下水时，电磁波的传播能量几乎被全部吸收。常见介质的电磁参数见表 4.1-3。

表 4.1-3　　常见介质的电磁参数

介质	电导率 /(S/m)	相对介电常数	电磁波速度 /(m/ns)	衰减系数 /(dB/m)
砂（干）	10^{-7}～10^{-3}	4～6	0.15	0.01
砂（湿）	10^{-4}～10^{-2}	30	0.06	0.03～3
黏土（湿）	10^{-1}～100	8～12	0.06	1～300
土壤	1.4×10^{-1}～5×10^{-2}	2.6～15		20～30
纯水	10^{-4}～3×10^{-2}	81	0.033	0.1
海水	4	81	0.01	1000
空气	0	1	0.3	0

4.2　探测要求

1. *覆盖层物探测试技术基本要求*

要利用物探方法来较准确研究和分析深厚覆盖层特性的问题，就必须遵循有深有浅、深浅结合的勘探手段。既要有较深的勘探钻孔用于物探手段的实施，同时也要有浅的竖井进行直接相关的各种试验和测试工作。利用浅探井所获得的相应工程参数与物探数据进行对比分析，以取得深部地层的分析对比资料；在获得浅部地层的密实度资料后，将物探在深、浅部地层中所获得的相关参数进行对比，从而对深部地层的密实度等有所掌握。探测基本要求如下：

（1）被探测对象与周围介质之间有明显的物理性质差异。

（2）被探测对象具有一定的埋藏深度和规模（厚度）。

（3）探测场地能够满足探测方法的测线布置需要。

（4）探测场地无重大的干扰源，以便能够区分有用信号和干扰信号。

2. *合理选择综合物探方法的基本原则*

深厚覆盖层物探方法多种多样，如何从中选取信息量最大、最可靠的方法和确定其应用顺序，以及如何分配各种方法的工作量以获得最大效果就成为首要的条件。每种方法都有各自的特点、适用条件和应用范围。因此，必须根据覆盖层场地地质条件和物探方法的特点与适用条件，选择相应的物探方法，以充分发挥综合物探技术的作用。

一般情况下，合理选择综合物探方法的严格解析目前是不存在的，然而可以从地球物理勘探的经验提出合理选择综合物探方法的基本原则见表 4.2-1。

表 4.2-1　　合理选择综合物探方法的基本原则

序号	基本原则	说　　明
1	选择适当信息的物探方法	一般情况下，综合物探方法应包括能给出相应种类信息的地球物理方法，即这些方法能测量不同物理场的要素或同一物理场的不同物理量
2	工作顺序的确定	严格遵循以提高研究精度为特征的工作顺序，尽可能地减少工程量，增加信息密度
3	基本方法与详查方法的合理组合	利用一种（或多种）基本方法，按均匀的测网调查全区，其余的方法作为辅助方法，在个别测线上，范围有限区域或有资料的远景区，采用较高详细程度的测试方法。基本方法尽可能简便、费用低、效率高

续表

序号	基本原则	说　　明
4	应用条件的考虑	选择综合物探方法时，除考虑地质、地球物理条件外，还应考虑地形、地貌、干扰和其他因素，如V形河谷条件下，地震法、电法可能受到限制
5	地质、物探、钻探进行配合	在进行物探探测之后，对查明的异常地段用工程地质方法做深入研究。在钻孔及竖井、坑槽中，除测井外还需进行地下水观测。在所取得的资料基础上，对现场物探结果重新解释，加密测网并利用其他方法完成补充物探工作，在有远景的地段布置新的钻孔和探井进行更详细的研究
6	工程-经济效益原则	选择合理的综合物探方法，既要考虑工程效果，又要考虑经济效益，即以工程-经济效益为基础。这样可获得有关各个方法及各种不同方法相配合的效益资料，并且考虑到方法的信息度和资本

3. 探测主要内容和范围

（1）河床、古河道覆盖层厚度探测。

（2）覆盖层分层探测。

（3）基岩顶板形态探测。

（4）覆盖层不同岩组物性参数测试。

（5）使用物探测井方法测定钻孔中覆盖层的密度、电阻率、波速等物理参数，确定各层厚度及深度，配合地面物探了解物性层与地质层的对应关系，提供地面物探定性及定量解释所需的有关资料。

（6）砂土液化判定、场地类别测定、覆盖层坝基加固效果评价等。

（7）通过弹性波测试技术获取覆盖层的波速等力学参数，为覆盖层分层探测提供物性参数资料。

4. 探测需注意的问题

（1）在地面探测覆盖层时，根据物性特征将地层划分为2～4个大的介质层（如细粒土-砂卵砾石-基岩或水-细粒土-砂卵砾石-基岩），一般可取得较理想的效果。如将覆盖层地层根据物性特征划分为4个以上大的层次，探测的复杂性会明显增加。

（2）使用物探方法探测覆盖层直接得到的是岩土体的物性界面。当岩土体的物性界面与地质界面一致时，使用物性界面划分地质界面的效果较为理想。当岩土体的物性界面与地质界面不同时，物性界面不宜作为地质分层的依据。如覆盖层与强风化基岩波速差异较小时，采用地震勘探方法一般将基岩强风化层包含在覆盖层中。

（3）可合理利用钻孔、露头物性资料和孔旁电测深、地震剖面资料分析物性层与地质层的关系，提供地面物探定性及定量解释所需的有关资料。

（4）当地形、地质及地球物理条件复杂时，且没有已知钻孔等资料时，单一物探方法容易出现不确定性或多解性，宜在主要测线或地质条件复杂的地段采用多种物探方法综合探测。

（5）在窄河床、基岩出露的山坡旁、深厚覆盖层的探测工作中，应注意旁侧基岩对靠近岸边的电测深和地震测线的旁侧影响。当覆盖层下探测界面存在局部深槽时，也会出现旁侧影响。因此，对于特殊地表地形或深切河槽，必要时可进行适当的补充探测。

（6）覆盖层探测的每种方法均有其应用范围和局限性，应通过现场试验，选择合理的物探方法。

4.3 探测方法

1. *深厚覆盖层物探测试的主要方法*

采用物探方法对河床深厚覆盖层进行探测和测试，主要是解决覆盖层的厚度和分层问题。

覆盖层厚度探测与分层常采用的物探方法主要有浅层地震法、电法、电磁法、水声法、综合测井法、弹性波CT法等。覆盖层岩土体物性参数测试常采用的物探方法主要有地球物理测井法、地震波CT法、速度检层法等。

覆盖层厚度探测与分层应结合测区物性条件、地质条件和地形特征等综合因素，合理选用一种或几种物探方法，所选择的物探方法应能满足其基本应用条件，以达到较好的检测效果。

通常以电测深做全面探测，以地震剖面做补充探测，地面地震排列方向与电测深布极方向相同。电测深可使用直流电法，在存在高阻电性屏蔽层的测区宜使用电磁测深，电测深布置采用对称四极装置。探测覆盖层厚度、基岩面起伏形态一般使用折射波法，采用多重相遇时距曲线观测系统；在不能使用炸药震源和存在高速屏蔽层或深厚覆盖层的测区，宜采用纵波反射法；进行浅部松散含水地层分层时，宜采用横波反射法或瑞雷波法。浅层反射波法多采用共深度点叠加观测系统；瑞雷波法多采用瞬态面波法，单端或两端激发、多道观测方式。

覆盖层探测常用的物探方法见表4.3-1。

表4.3-1　覆盖层探测常用的物探方法

方法分类	具体方法
浅层地震法	折射波法、反射波法、瞬态瑞雷波法
电法	电测深法、电剖面法、高密度电法
电磁法	探地雷达法、瞬变电磁法、可控源音频大地电磁测深法
水声法	水声勘探
综合测井法	电测井、声波测井、地震测井、自然γ测井、γ-γ测井、钻孔电视录像、超声成像测井、温度测井、电磁波测井、磁化率测井、井中流体测量

2. *覆盖层厚度探测物探方法*

(1) 根据覆盖层厚度选择物探方法。当覆盖层厚度相对较薄时（小于50m），一般可选择地震勘探（折射波法、反射波法、瑞雷波法）、电磁勘探（电测深法、高密度电法）和探地雷达等物探方法；当覆盖层厚度较厚时（50～100m），一般可选择地震反射波法、电磁测深等物探方法；当覆盖层厚度较大时（一般大于100m），一般可选择地震反射波法和高频大地电磁法等物探方法。

(2) 根据河床覆盖层地形条件选择物探方法。当场地相对平坦、开阔、无明显障碍物时，一般可选择地震勘探（折射波法、反射波法、瑞雷波法）和电磁勘探（电测深法、高密度电法、高频大地电磁法）等物探方法；当场地相对狭窄或测区内有居民、农田、果林、建筑物等障碍物时，一般可选择以点测为主的电测深法、瑞雷波法等物探方法。

（3）在水域进行覆盖层厚度探测时，可根据工作条件选择物探方法。在河谷地形、河水面宽度不大于200m、水流较急的江河流域，一般选择地震折射波法和电测深法等物探方法；在库区、湖泊、河水面宽度大于200m、水流平缓的水域，一般选择水声勘探、地震折射波法等物探方法。

（4）根据物性条件选择物探方法。当覆盖层介质与基岩有明显的波速、波阻抗差异时，可选择浅层地震法；当覆盖层介质中存在高速层（大于基岩波速）或波速倒转（小于相邻层波速）时则不适宜采用地震折射波法；当覆盖层介质与基岩有明显的电性差异时可选择电法或电磁法；当布极条件或接地条件较差时可选用电磁法。

（5）对薄层、中厚层、厚层、深厚层覆盖层采用地震波法较理想；进行物性分层时采用地震瑞雷波法较理想，见表4.3-2和表4.3-3。

（6）对于厚层、深厚层、超深厚层、巨厚层覆盖层采用可控源音频大地电磁测深法和高频大地电磁法较为理想，但必须采取电极接地、水域电磁分离测量技术，对覆盖层的物性分层较宏观。

表4.3-2　按覆盖层厚度分级的物探方法选择

分级	分级名称	分级标准/m	探测方法选择
Ⅰ	薄层覆盖层	＜10	地震瑞雷波、地震折射波、地震反射波法。有钻孔时采用综合测井、声波测井、声波或地震波CT法
Ⅱ	中厚层覆盖层	10～20	地震瑞雷波、地震折射波、地震反射波法。有钻孔时采用综合测井、声波测井、声波或地震波CT法
Ⅲ	厚层覆盖层	20～40	地震瑞雷波、地震折射波、地震反射波法。有钻孔时采用综合测井、声波测井、声波或地震波CT法
Ⅳ	深厚层覆盖层	40～100	可控电源电磁探测、地震反射波法。有钻孔时采用综合测井、声波测井、声波或地震波CT法
Ⅴ	超深厚层覆盖层	100～200	可控电源电磁探测、地震反射波、高频大地电磁法。有钻孔时采用综合测井、声波测井、声波或地震波CT法
Ⅵ	巨厚层覆盖层	＞200	可控电源电磁探测、地震反射波、高频大地电磁法。有钻孔时采用综合测井、声波测井、声波或地震波CT法

表4.3-3　按覆盖层结构分类的物探方法选择

分级	分级名称	深度范围/m	探测方法选择
一	冲积结构	＜20	地震瑞雷波、地震折射波、地震反射波法。有钻孔时采用综合测井、声波测井、声波或地震波CT法
二	多重二元韵律结构	20～50	地震瑞雷波、可控电源电磁探测法。有钻孔时采用综合测井、声波测井、声波或地震波CT法
三	厚层漂卵石层结构	50～100	可控电源电磁探测、地震反射波、高频大地电磁法。有钻孔时采用综合测井、声波测井、声波或地震波CT法
四	囊状混杂结构	100～200	可控电源电磁探测、地震反射波、高频大地电磁法。有钻孔时采用综合测井、声波测井、声波或地震波CT法
五	巨厚复合加积结构	＞200	可控电源电磁探测、地震反射波、高频大地电磁法。有钻孔时采用综合测井、声波测井、声波或地震波CT法

3. *覆盖层分层探测物探方法*

(1) 根据覆盖层介质的物性特征选择物探方法。当覆盖层介质呈层状或似层状分布、结构简单、有一定的厚度、各层介质存在明显的波速或波阻抗差异时，一般可选择地震折射波法、地震反射波法、瑞雷波法等，其中瑞雷波法具有较好的分层效果；当覆盖层各层介质存在明显的电性差异时，可选择电测深法；当覆盖层各层介质较薄，存在较明显的电磁差异且探测深度较浅时，可选择探地雷达法。

(2) 根据覆盖层介质饱水程度选择物探方法。地下水水位往往会构成良好的波速、波阻抗和电性界面。当需要对覆盖层饱水介质与不饱水介质分层或探测地下水水位时，一般可选择地震折射波法、地震反射波法和电测深法。但地震折射波法不适用于地下水水位以下的覆盖层介质；瑞雷波法基本不受覆盖层介质饱水程度的影响，当把地下水水位视为覆盖层介质分层的影响因素时可采用瑞雷波法。

(3) 利用钻孔进行覆盖层分层。一般选择综合测井法、地震波 CT 法、速度检层法等。

(4) 探测覆盖层中软弱夹层和砂夹层时，在有条件的情况下可借助钻孔进行跨孔测试或速度检层测试；在无钻孔条件下，对分布范围大且有一定厚度的软弱夹层和砂夹层可采用瑞雷波法。

4. *覆盖层物性参数测试*

(1) 在地面进行覆盖层物性参数测试时，一般采用地震折射波法、反射波法、瑞雷波法进行覆盖层各层介质的纵、横波速度和剪切波速度测试，采用电测深法进行覆盖层各层介质的电阻率测试。

(2) 在地表、断面或人工坑槽处进行覆盖层物性参数测试时，一般可采用地震波法和电测深法对所出露地层进行纵波速度、剪切波速度、电阻率等参数的测试。

(3) 在钻孔内进行覆盖层物性参数测试时，一般采用地球物理测井、速度检层等方法测定钻孔中覆盖层的密度、电阻率、波速等参数，确定各层厚度及深度，配合地面物探了解物性层与地质层的对应关系，提供地面物探定性及定量解释所需的有关资料。

4.4 不同探测方法的适宜性

4.4.1 浅层地震法勘探

4.4.1.1 地震折射波法

地震折射波法是利用地震波的折射原理，在地面沿测线的不同测点上观测折射波的旅行时，根据旅行时与地面各接收点间的位置关系（时距曲线），确定波在介质中的传播速度，探测折射界面的埋深和形态，解决与构造有关的地质问题。

地震折射波法主要用于探测深厚覆盖层厚度及其分层或探测基岩面埋藏深度及其起伏形态、追索埋藏深槽及古河床；探测覆盖层中的地下水水位和确定含水层厚度；测试岩土体纵波速度等。

1. *应用条件*

(1) 一般用于埋深不大于 100m 的覆盖层厚度探测，能较准确地划分出基岩与覆盖层的分界面，适用于陆地和河床覆盖层勘探。

(2) 要求被追踪地层应呈层状或似层状分布，上覆地层的波速应小于下伏地层的波速，各层具有一定的厚度，分布较均匀。

(3) 沿测线方向目标地层的视倾角与折射波临界角之和应小于90°。

(4) 对勘探场地大小有一定的要求，勘探深度越大，要求场地越开阔，测线长度越长。一般要求测线长度是探测深度的3倍以上。

(5) 目标地层界面起伏不大，折射波沿界面滑行时无穿透现象。

(6) 所探测的目标体与周边介质之间存在明显的波速差异，并具有一定的规模。

(7) 所需震源能量较大，一般采用爆炸激发，且所需炸药量较大。

2. 方法优点及局限性

(1) 优点。

1) 初至折射波比较容易识别，时距曲线的定量解译较简便。

2) 探测精度较高，除可提供覆盖层的厚度分布外，还可提供覆盖层速度和下伏层界面速度。

(2) 局限性。

1) 所需激发能量大，一般需使用爆炸震源，不适合在居民区、农田、果林等区域开展工作。爆炸作业会对环境造成较大的噪声污染，并对环境有一定的破坏作用，在爆炸物品的采购、运输、存贮、使用和保管方面，国家和地方政府有着严格的管理要求和规定，由此导致勘探成本增加。

2) 受折射波法勘探的盲区影响，场地的开阔程度对观测系统的选择有较大的制约，特别是在狭窄场地，当覆盖层厚度较大或目的层盲区距离大时，折射波法勘探效果会受到影响。

3) 受折射波法勘探所必须满足的物性条件限制，当覆盖层速度大于基岩速度时，不能进行折射波法勘探；当覆盖层中存在低速夹层或薄夹层时，会出现“漏层”现象。

3. 工作方法

(1) 在地形较平坦、开阔的河床场地，当覆盖层结构较单一时，一般选择相遇时距曲线观测系统；当地层结构较复杂时，一般选择多重相遇时距曲线观测系统。在特殊、狭窄地形条件下，当难以采用相遇时距曲线观测系统时，可选择非纵时距曲线观测系统，并辅以相遇时距曲线观测系统，以为纵时距曲线观测系统提供已知点参数。折射波法勘探测线检波器点距一般为5～10m。

(2) 数据采集一般使用多道工程地震仪，仪器参数的选取应保证有效波完整、连续和易于识别，同时兼顾观测精度。通过现场试验选择频率响应范围与有效波主频相适应的检波器。由于折射波法勘探所需能量较强，一般采用爆炸震源，炸药用量以保证波形记录中的有效波初至清晰为前提，在地形起伏较大的场地，为避免穿透现象，激发点与观测点应尽可能保持在同一平面上。

(3) 由于折射波法勘探存在盲区影响，当目的层埋深一定时，覆盖层与目的层波速差异越大，盲区距离越小，反之则越大。因此，在观测系统设计和工作布置方案的制定时要充分考虑盲区的影响。

4. 数据处理和资料解释

(1) 从波形记录中读取初至时间，经相应的校正后绘制时距曲线，根据时距曲线斜率变化情况进行速度分层，由时距曲线或地震测井资料获取速度参数，依据钻孔地质资料确定速度分层与地质分层的对应关系。

(2) 折射波相遇时资料解释方法主要有“t_0”法、时间场法、延迟时法、共轭点法、广义互换时法等，为保证解释成果的准确性，其解释方法需结合折射面起伏形态和物性特征等实际情况合理选择。

4.4.1.2 地震反射波法

地震反射波法是利用地震波的反射原理，在地面沿测线的不同测点上观测由不同波阻抗界面的反射波返回地面的旅行时，根据旅行时与地面各接收点间的位置关系（时距曲线），确定波在介质中的传播速度，计算反射界面的埋深和形态，解决与构造有关的地质问题。

地震反射波法可用于探测覆盖层厚度及其分层或探测基岩面的埋藏深度及其起伏形态；划分地层层位，探测地下水水位和确定含水层厚度；测试岩土体纵、横波速度等。

1. 应用条件

(1) 一般用于埋深不大于100m的覆盖层厚度探测，能较准确地划分出基岩与覆盖层的分界面，有一定的分层能力，适用于陆地或水上覆盖层勘探。

(2) 要求被追踪地层应呈层状或似层状分布，被探测各层之间有明显的波阻抗差异，各层具有一定厚度，且应大于有效波长的1/4。

(3) 观测系统的排列长度相对较短，一般与勘探深度相近，适于在不很开阔的场地开展工作，但目的层追踪范围受1/2偏移距的限制，且要求地面相对平坦。

(4) 目标地层界面较平坦，入射波能在界面上产生较规则的反射波，无漫反射现象。

(5) 所需震源能量较小，一般采用较小药量爆炸、落锤或人工锤击激发即可满足能量需求。

(6) 该方法不能准确地确定覆盖层速度及基岩速度，往往需借助地震折射波法勘探资料或地震波速度测井资料确定。

2. 方法优点及局限性

(1) 优点。

1) 地震反射波法对场地开阔程度的要求较折射波法低。

2) 地震反射波法激发所用爆炸药量较少，一般采用小炸药量激发，覆盖层较薄场地可采用落锤或大锤锤击激发。

3) 不受地层波速倒转影响。

(2) 局限性。

1) 反射波观测系统受“窗口”选择的限制，当声波、面波、折射波等干扰波较强时，不但会制约观测系统“窗口”长度，而且对反射波同相轴的识别有一定的影响。

2) 不适宜对波阻抗差异较小的地层进行分层或探测。

3) 资料处理较繁琐，解释结果除受外业记录质量影响外，还受处理过程及所选参数的影响，有一定的多解性。

3. 工作方法

（1）浅层地震反射波法一般选择的工作方法主要有展开排列法、共深度叠加法和等偏移距排列法，从识别和运用的有效波不同可分为纵波反射法和横波反射法。在覆盖层较薄地区或水流平缓、水深大于5m、水面相对开阔的水域可采用地震影像法。

（2）共深度叠加（多次覆盖）可以提高有效波的信噪比，提高识别和分层能力，在覆盖层探测中可采用6次覆盖或3次覆盖的经济型勘察。

（3）应用浅层反射波法时应先做好展开排列，根据展开排列确定最佳窗口和反射层位，并与浅层折射层位相对应。

（4）一般应选择100Hz的高频检波器接收信息，采用锤击或小药量爆炸作震源。

4. 资料解释

（1）合理选择处理分析软件，正确辨认反射波及其同相轴，反复对比选择合适的处理参数进行滤波和分析。

（2）地震反射波法资料应进行反射分层解释，依据其他地震或声波资料计算层厚度。

（3）对于覆盖层可分为多层的地震反射波法资料解释，应结合适当的滤波处理，反复多次进行速度分析，或参考其他资料，提出较为合理的有效速度进行解释。

4.4.1.3　瑞雷波法

瑞雷波法是通过研究瑞雷波速度变化（频散现象）规律了解地层的瑞雷波速度和厚度分布情况的一种物探方法。按激振方式不同，瑞雷波法分为稳态瑞雷波法和瞬态瑞雷波法，目前使用瞬态瑞雷波法居多。

瑞雷波法常用于探测浅部覆盖层厚度及其分层和探测不良地质体，也可用于人工地基分层和力学参数测试及评价。

1. 应用条件

（1）瑞雷波法勘探深度取决于排列长度和所激发的瑞雷波波长，一般用于埋深不大于50m的覆盖层厚度探测与分层，当表层介质松散且有一定的厚度，所激发的瑞雷波频率较低时，其勘探深度可较深。

（2）要求被追踪地层应呈层状或似层状分布，被探测各层之间存在一定的波速差异和厚度。

（3）地形无较大起伏，场地开阔程度应能满足观测排列布置要求。

2. 方法优点及局限性

（1）优点。

1）在所激发的地震波中，瑞雷波所分配的能量最大，且传播能量较强、衰减相对较慢、不受地层波速倒转和地层饱水程度的影响，具有较好的分层效果。

2）受地形条件或场地开阔程度影响较小，可用于较详细或场地较狭窄的覆盖层探测。

（2）局限性。

1）勘探深度受激发条件制约。

2）在无钻孔资料或其他已知资料时，资料的解析结果具有一定的多解性。

3. 工作方法

瑞雷波法根据激发方式可分为瞬态瑞雷波法和稳态瑞雷波法，目前多采用瞬态瑞雷波法，其主要工作方法如下：

（1）瞬态瑞雷波法勘探一般采用等道间距观测排列，震源位于排列以外延长线上，一般采用单排列多道观测方式，观测排列长度一般不应小于勘探深度所需波长的1/2。

（2）当地形较平坦、覆盖层厚度变化不大时，一般选择1～2个不同偏移距进行观测；当地形起伏较大或覆盖层厚度变化较大时，一般采用排列两端激发、多偏移距观测方式。

（3）当场地较开阔时，测线上各勘探点的观测排列方向应与测线方向保持一致；当地形条件或场地开阔程度变化较大时，则可根据场地开阔程度灵活布置，但尽可能使各勘探点的观测排列方向保持一致。当场地存在固定噪声源干扰时，观测排列方向应指向噪声源，其激发点位置应选择与噪声源同侧；当场地存在沟坎或建筑物时，观测排列宜垂直于沟坎或建筑物布置。

（4）激振方式应根据勘探深度和地表激发条件进行选择。当覆盖层厚度不大于30m时，一般可采用人工锤击或落锤方式激发；当覆盖层厚度大于30m时，一般可采用小药量爆炸方式激发。当需改变激发频率或激发效果时，可选择不同材质的大锤、落锤或锤击板。

（5）数据采集一般使用多道工程地震仪或瞬态面波勘察仪，仪器放大器的通频带应满足采集瑞雷波频率范围的要求。根据勘探深度和分辨率选择频率响应相适合的检波器，检波器振幅和相位的一致性要符合相关要求。

4. 资料解释

（1）应选择功能满足要求的处理分析软件进行数据处理、分析和解译。

（2）资料解释时，要正确识别基阶波和高阶波，在时间域和频率域中能正确提取瑞雷波，根据实际覆盖层地质资料建立地质层-物性层的数学模型，对频散曲线进行合理的分层和拟合，合理选取各勘探点频散曲线绘制地层影像图。

（3）利用地层影像图进行覆盖层与基岩界面划分时，应在有钻孔地质资料或其他勘探资料的前提下进行，但要注意地层物性不均匀对解释成果的影响。

（4）资料解释成果一般需提供地层划分剖面成果图、地层影像图，并给出各层介质剪切波速度的范围值和平均值。

4.4.2 电法勘探

在电法勘探中一般采用电测深法和高密度电法等，可对覆盖层进行厚度探测与分层。

1. 应用条件

（1）被探测的覆盖层地层呈层状或似层状分布，其电性层结构简单、层数不多，各层之间具有一定的电阻率差异和厚度，各层电性稳定，沿水平方向电阻率变化不大，相邻层电阻率差异应在5～20倍，被探测覆盖层基岩顶板倾角不宜大于20°。

（2）被探测的覆盖层目的层或目标体上方没有极高阻或极低阻的屏蔽层，能够有效测量和追踪到需探测覆盖层的电性特征。

（3）测区内地形较平坦、开阔。

（4）测区内没有工业游散电流或大地电流干扰。

2. 方法优点及局限性

(1) 优点。

1) 适于地形较平坦、开阔的场地，有较好的电性分层效果。

2) 适于查找覆盖层中有一定厚度或规模的软弱夹层、砂层或透镜体和地下水水位。

3) 当测区不具备地震勘探物性条件或工作条件时，电测深法是一个较好的替代方法。

(2) 局限性。

1) 当覆盖层深厚或目的层埋藏较深时，电测深法或高密度电法对场地开阔程度的要求较高。

2) 当接地条件较差时，会影响电测深法和高密度电法勘探成果的准确性。

3) 当覆盖层中存在电阻率相对很低或很高的电性层时，会制约其勘探深度。

4) 高密度电法勘探是一种定性和半定量的直流电法，在定量解释时，以单位深度作为其计量单位，所反映的深度往往不是实际深度，其深度的确定要借助于钻孔资料，当无钻孔资料或没有其他已知资料时，其目的层的埋深难以准确确定。

3. 工作方法

(1) 电法勘探中要注意测量和供电电极距应按要求布置，并满足相应布极误差要求。在接地条件较差地区，要采取相应措施，改善接地条件。

(2) 电测深法的布极方向应考虑地形条件、地面坡度和基岩顶板的倾斜度。当地形坡度小于10°时，可任意选择布极方向；当地形坡度为10°～20°时，视地形地质条件布置测线方向；当地形坡度大于20°时，布极方向顺河床布置，保持与基岩顶板状态走向一致。

(3) 最小供电电极距的选择应使电测深曲线的前段有渐近线，最大供电电极距的选择应使电测深曲线完整地反映出目的层。一般情况下，最大供电电极距 $AB/2$ 应大于5～20倍的目的层埋深。

(4) 要充分利用测区内的覆盖层资料或勘探断面进行中间层的电阻率参数测定，在有钻孔条件下，应对钻孔进行电阻率测井，为电测深曲线的定量解释提供足够准确的电阻率参数。

(5) 高密度电法是电测深法与电剖面法的组合，具有电测深法和电剖面法的双重特点，探测密度高、信息量大、工作效率高，是覆盖层探测的可选方法。为了提高高密度电法勘探效果，应采用多种组合方式进行观测。

4. 资料解释

(1) 电测深法资料的解释分为定性解释和定量解释。其中，定性解释是根据电测深法资料和地质资料分析研究测区内电性剖面的变化情况，确定电性剖面与地质剖面的对应关系；定量解释是对电测深曲线进行定量解译，确定地电断面各层电阻率值和厚度值。

(2) 通过孔旁测深与地质剖面对比，确定电性层与地质层的对应关系。

(3) 正确判别曲线类型，通过探坑或断面电阻率测试或井中电阻率测试确定中间层电阻率参数，采用电测深曲线解释软件或"量板法"定量解释电测深曲线，确定各电性层的电阻率值和厚度值。在解释时应注意等值效应或多解性，避免解释出现偏差。

(4) 高密度电法资料解释主要以定性解释为主，即结合已知地质资料及有关资料，对实测异常剖面进行分析，从而确定目标地层的电性情况、赋存大致空间位置等。在复杂地区可用一种装置进行重复观测或多种装置进行组合观测，分析视电阻率随时间的变化特征或不同装置类型异常的反应，从而提高解释的准确性。总之，高密度电阻率的异常解释应根据当地的地质条件，结合实际工作经验，认真分析各基本装置异常、组合异常的剖面特征，对实测异常剖面进行多参数综合解释，以便取得更好的地质效果。

4.4.3 电磁法勘探

电磁法是以覆盖层岩土体的导电性和导磁性差异为基础，观测与研究由于电磁感应而形成的电磁场的时空分布规律，从而解决有关工程地质问题的一种物探方法。电磁法的种类较多，主要有频率测深法、瞬变电磁法、可控源音频大地电磁测深法、探地雷达法和电磁波 CT 法等。

4.4.3.1 可控源音频大地电磁测深法

可控源音频大地电磁测深法（CSAMT）是在音频大地电磁测深法（AMT）和大地电磁法（MT）的基础上发展起来的一种源频率测探方法。可控源音频大地电磁测深法通过研究剖面视电阻率和阻抗相位分布，了解不同深度的地层视电阻率和地下地层的地电结构，用于探测覆盖层厚度、基岩面起伏形态、地层层面、地下隐伏构造和地下水埋深等。

1. 应用条件

（1）勘探深度范围一般为 20～3000m，适用于超深覆盖层探测。

（2）覆盖层与基岩及覆盖层各层介质间有明显的电性差异，且电性稳定。

（3）测区内无高压输电线路或变电站等可产生电磁干扰的场源。

2. 方法优点及局限性

（1）优点。

1）工作方法较简单，工作效率高。

2）勘探深度范围大，高阻屏蔽作用小，垂向和水平分辨率较高。

3）受地形条件影响小，不受场地开阔程度限制。

（2）局限性。

1）受测量频率范围限制，存在探测盲区，不适用于厚度较薄的覆盖层探测。

2）受场源效应和静态效应影响，会引起测深曲线产生位移。

3）定量解译程度低，定量解释需要借助于钻孔资料或其他已知地质资料。

3. 工作方法

（1）根据探测目的，结合现场物性条件和工作条件选择适合的场源，合理布置测线，测线点距应根据地层厚度变化情况合理选择，一般为 10～30m。

（2）电偶极子和磁偶极子按相关要求进行布置，其方向误差应小于 5°，电偶极子供电电极应布置在覆盖层潮湿处，磁偶极子应布置在平坦、较干燥的地表处。

（3）工作时，应从高频至低频发射和测量，频率范围应满足探测深度要求。当测量曲线出现异常现象时，应及时进行重复观测，测量结果应满足合格要求。

4. 数据处理和资料解释

（1）对测线各测点电磁测深曲线进行分析，对畸变点按要求进行剔除、平滑、插值和校正处理，并根据已知地质资料和原始断面等值线图及地形起伏情况，确定是否进行静态校正。

（2）采用软件进行数据处理和反演计算，结合钻孔资料或其他地质资料对电阻率断面图进行定性和定量解释。

（3）提供的成果图件包括电阻率断面图和物探成果地质解释图。

4.4.3.2　瞬变电磁法

瞬变电磁法（TEM）为时间域电磁法，是利用不接地回线通以脉冲电流向地下发射一次脉冲磁场，使地下低阻介质在此脉冲磁场激励下产生感应涡流，感应涡流产生二次磁场，利用接收仪器及接收线圈观测断电后的二次磁场，通过研究二次磁场的特征及分布，可获得地下地质体的分布特征。

瞬变电磁法主要用于探测不同深度的覆盖层地层视电阻率和地下地层的地电结构，解决与深度有关的地质问题，如探测覆盖层厚度、不同岩土地层层面、地下水水位等。

1. 应用条件

（1）探测深度取决于线圈尺寸和组合方式，适用于深厚覆盖层探测。

（2）覆盖层与基岩及覆盖层各层介质间有明显的电性差异，且电性稳定。

（3）测区地形起伏不大，线圈安置无障碍物，且无强电磁干扰。

2. 方法优点及局限性

（1）优点。

1）不存在一次场的干扰，不受静态效应影响。

2）能穿透高阻层，探测深度较深。

3）不受布极条件限制。

（2）局限性。

1）不能在有金属管线、输变电线等可产生二次磁场干扰的地方开展布置工作。

2）在低阻覆盖层测区，采用重叠回线多通道观测时易受地形条件影响。

3）定量解释需借助钻孔资料，受测试覆盖层地层物性条件和测试条件的影响，有时在测试成果中存在假异常。

3. 工作方法

（1）通过现场试验确定时间窗口的范围，合理选择线圈尺寸和组合方式。

（2）根据探测目的与要求布置测线。采用大定源回线装置时，点距一般为10～20m；采用偶极装置时，点距一般为20～40m，偶极距一般为点距的2～4倍。

（3）敷设线圈时应避开金属物体，并对线圈进行漏电检查，剩余导线应呈S形铺于地面。

（4）测试期间应随时对测试数据和曲线进行检查观测，异常部位应加密测点。当曲线衰变慢时应扩大时间范围重复测试。检查观测和重复观测应满足误差要求。

4. 数据处理和资料解释

（1）应对原始数据进行滤波处理，并对发送电流切断时间进行校正处理，换算出视电阻率、视深度、视时间常数和视纵向电导率等参数。

（2）根据处理后的数据绘制综合剖面图，并结合钻孔资料、地质资料或物探资料进行定性、半定量和定量解释。

4.4.3.3 探地雷达法

探地雷达法是利用高频电磁脉冲波以宽频带短脉冲形式，由地面通过发射天线 T 送入地下，经地下地层或目标体反射后返回地面，被接收天线 R 所接收，根据接收到的反射波来分析判断反射界面或目标体，适用于浅层覆盖层分层。

1. 应用条件

(1) 覆盖层与基岩及覆盖层各层介质间有明显的电性差异或介电常数差异，且电性稳定。

(2) 各层介质应有一定的厚度和规模，其目的层的厚度应大于探测时所用电磁波在相邻层中有效波长的 1/4，以满足对目的层探测分辨率的要求，探测深度一般不大于 20m。

(3) 不能探测极高电导屏蔽层（如淤泥、湿性黏土、钢筋网等）下的目标体或地层。

(4) 测区内无高压输电线路、变电站、无线电射频源等外来较强的电磁场干扰，测线附近无大规模型金属构件等，被探测目的层上伏介质中不存在地下水面屏蔽作用。

(5) 孔内或孔间探测时，钻孔应无金属套管。

(6) 相对天线尺寸而言，测线所通过处的地表应平坦、无障碍物。

2. 方法优点及局限性

(1) 优点。

1) 对场地范围的大小和起伏程度要求不高，工作简便、效率较高。

2) 探测方向性好，分辨率较高，可划分厚度较薄的地层。

(2) 局限性。

1) 探测深度浅，不能探测高电导屏蔽层下的目的体。

2) 在电磁场干扰较强的场地难以开展工作。

3. 工作方法

(1) 探地雷达法的工作方法可根据所使用的天线组合形式来选择。当使用单体天线时，采用剖面法测量方式；当使用分体天线时，既可采用剖面法测量方式，也可采用宽角法或共中心点法测量方式。

(2) 通过现场试验工作，初步了解测区覆盖层和基岩的电性特征，以确定工作方法，进行工作布置，选定仪器参数。

(3) 一般采用连续测量或点测量方式。当使用单体天线进行点测时，点距一般为 0.2～1.0m；当使用分体天线进行点测时，可选取临界角的 2 倍作为接收天线与发射天线相对探测目的层的张角，或选取探测对象最大深度的 1/5 作为天线间距。调整天线间距大小以获取目的层的反射信号最强为原则。

(4) 采用连续测量方式时，天线的移动速度一般宜为 0.5～1.0m/s，天线移动速度应均匀，并与仪器的扫描率相匹配。

(5) 现场测量时要清除或避开测线附近的金属物。

(6) 可通过宽角法、共中心点法和穿透法测定覆盖层电磁波速度，也可由已知深度反推地层电磁波速度。

4. 数据处理和资料解释

(1) 处理内容和处理步骤应根据原始记录的数据质量和探测对象的特性等选择。为了提高同相轴的连续性，针对探测覆盖层厚度及分层，可选用水平比例归一化和空间滤波等处理方式。

（2）反射波时间剖面图的解释，是依据雷达反射波振幅的变化、波形特征（规则或凌乱）及同相轴的连续性等判断地下介质在水平和垂直方向上的分布。

（3）通常情况下，覆盖层和基岩之间存在明显的介电常数差异，基岩顶板为强反射界面，基岩顶板反射波为强反射波。根据经验，基岩顶板常可作为标准层，基岩顶板反射波的形态可反映基岩顶板的起伏形态。

（4）若基岩顶板反射波同相轴连续性好、振幅强、波形稳定，反射波持续时间较短，则可判定基岩完整性较好。反之，若同相轴出现小错断、振幅和波形发生变化，且反射波组同相轴数目增加，反射波持续时间增长、波形凌乱等，则可定性为异常带。

4.4.4 水声勘探

1．应用条件

（1）适用于水流平缓、水面较宽阔、水深大于2m的水域下新近淤积和沉积的淤泥、砂层等覆盖层地层的探测和水下地形的探测。

（2）水下被探测覆盖层地层与相邻地层之间具有明显的波阻抗差异，地层结构简单，层数不多于3层，各层介质均匀、有一定的厚度、波速稳定。

（3）水下被探测目的层以上无致密强反射层、卵砾石层或卵砾石呈零星分布的地层。

2．方法优点及局限性

（1）优点。

1）针对河床覆盖层探测，与其他物探方法相比，其工作效率较高。

2）有较好的方向性和较高的分辨率。

（2）局限性。

1）由于声呐能量较小，其穿透能力较弱，水下可探测深度较浅，一般适用于卵砾石层等致密强反射层以下的目的层的探测。

2）不适于在水流较急或水面狭窄或水深很浅的水域进行探测。

3．工作方法

（1）所使用的仪器设备应满足测试目的和现场工作条件，发射和接收探头或拖鱼式探头的安置应尽可能避开船在行驶时所产生的气泡和机器噪声，GPS定位天线应安置在接收与发射器的中心位置。

（2）在河道和水库进行探测时，水下地形有一定起伏时，测线应垂直水下地形布置或沿横河向布置；当水下地形较平坦时，测线可沿水流方向布置。测线间距应根据探测目的与要求进行控制，一般不大于50m。

（3）在保证观测精度的前提下合理选择仪器参数，测量误差应满足相关要求。

4．资料解释

（1）对测试资料进行校正处理后，绘制测线航迹图、测线原始记录映像图、反射剖面波形图、水下地形图、水声一地质剖面解释成果图等。

（2）资料处理时要注意对各种干扰的识别，正确判定目的层的反射信息，结合地质资料认真分析水声测试成果，合理解释物性-地质现象。

4.4.5 综合测井

通过测量与研究钻孔中地层的电化学特性、导电特性、声学特性、放射性、磁性以及密度、孔隙度、渗透性等地球物理特性，解决钻孔中地质或工程问题的物探方法，简称为测井。因测量方法与参数众多，故称为综合测井。

1. 应用条件

(1) 在应用声波测井、地震测井、电阻率测井、井径测井、钻孔电视成像、钻孔全景数字成像、钻孔弹模（变模）等方法时，孔内应无套管。

(2) 在应用声波测井、地震测井、电阻率测井等方法时，孔内应有水或井液。

(3) 在应用钻孔电视成像、钻孔全景数字成像方法时，井壁应无泥浆护壁，井中水质或井液应保持清澈透明。

2. 方法优点及局限性

(1) 优点。

1) 可直接进行覆盖层地层原位物性参数的测定。

2) 利用孔内介质的物性差异进行覆盖层分层。

(2) 局限性。

1) 各种测试方法对孔内测试条件有不同的要求，当不满足测试条件时部分测井工作不能进行。

2) 部分测井仪器设备受孔径和孔深的限制而无法使用或难以取得满意的效果。

3) 通过测试曲线变化和孔内观察难以探测到薄夹层、不良软弱夹层或透镜体等。

3. 工作方法

(1) 综合测井在覆盖层探测与物性参数测试方面采用的方法主要有声波测井、地震测井、电阻率测井、自然 γ 测井、$\gamma-\gamma$ 测井、井径测井、井温测井、钻孔电视成像、钻孔全景数字成像、钻孔弹模（变模）等。主要用于覆盖层分层、软弱夹层或透镜体探测、纵波或横波速度测试、井中岩土体变形模量或弹性模量试验、地层电阻率测定、地层密度测定、井中温度测量等。实际工作中可根据测试内容、目的与要求选择相应的测试方法。

(2) 使用的仪器应满足测试精度要求。工作前后所使用的仪器设备需进行校验或标定。

(3) 一般采用连续观测和逐点观测两种方式。其中，连续观测时应注意探头升降速度不应大于相关要求，并保持恒定速度；逐点观测时应注意观测点距的合理选取。

(4) 测试前，应对钻孔进行检查、清理、通孔，保证孔内畅通无阻；测试时，应保证探头贴壁良好或耦合良好。

(5) 工作期间应对测试深度与电缆深度标记进行核对和检查。对于孔深较深的直孔或斜孔，当孔斜较大时应进行孔斜测量，并按铅直深度修正或提供测试数据。

(6) 为配合地面勘探工作可进行孔旁测深。通过对钻孔地质资料与测井资料进行分析对比，建立地层与物性参数的对应关系，以直接为地面物探方法提供所需参数。

（7）工作期间要随时对测试记录进行监视和检查，对有异常的测试数据或曲线应及时进行重复检查观测，并根据现行规范对所观测的数据按一定比例进行检查观测，检查结果应满足误差要求。

4. 资料整理

（1）对测井曲线或数据进行分析和整理，对不合理的数据应进行剔除，保证所使用的原始记录的质量满足合格记录的要求。

（2）把同一孔中的各种方法测井曲线和钻孔柱状图及地质描述绘制在同一张图上，制成综合测井成果图。

（3）综合测井曲线应依据波速、电阻率、密度等物性差异对实测资料进行分层解释，确定各层介质层厚度及各层物性参数，并结合钻孔地质资料，对综合测井曲线进行分析，给出物探-地质解释。

4.4.6　资料解释基本要求

（1）在物探资料解释工作中，应充分收集有关覆盖层地质资料和已有的物探资料，为物探资料分析和解释提供依据。

（2）在掌握各种覆盖层探测资料、解释方法适用性的前提下，选择最合理的物探资料解释方法。遵循“从已知到未知、先易后难、从点到面、点面结合”的解释原则。

（3）依据物性测试资料，正确计算出基岩和覆盖层的电阻率、波速等物性参数，通过统计分析合理选择物性参数进行资料解释，确定覆盖层与基岩的物性参数在垂直方向上的变化规律和物性层与地质层的对应关系。对不同地段进行的试验，应对比分析测区基岩和覆盖层的物性参数在水平方向的变化情况。

（4）在窄河谷、深切沟、基岩深槽等部位，物探成果会受到旁侧影响。一般情况下，旁侧影响会导致物探解释成果偏浅。因此，物探资料应借助于地质钻探资料进行综合分析和解释，必要时可进行适当的补充物探工作。

（5）覆盖层、基岩的波速、电阻率等物性参数对资料解释的正确性有直接影响，应力求准确；当物性参数在水平方向变化时，宜分段解释和计算。

（6）可合理利用钻孔、探坑物性资料和孔旁电测深、地震剖面资料分析物性层与地质层的关系；当物性层与地质层不一致时，应在成果报告中加以说明。

（7）采用综合方法探测的地段，应对各方法的解释成果进行对比和综合分析。

（8）物探资料解释的覆盖层深度、厚度是测点至探测界面的法线深度和厚度，当地面、界面倾斜时，应换算成铅直深度和厚度。向用户提供的覆盖层深度和厚度应是铅直深度和厚度。

（9）在进行地震勘探资料解释时，当覆盖层等效速度大于强风化基岩速度时，应说明覆盖层解释厚度是否包含了强风化基岩。

（10）覆盖层探测成果资料的准确与否，可用一定数量的钻孔或已知点对比验证。

（11）在进行资料解释时，应及时提出覆盖层探测过程中存在的问题。若外业工作布置不合理，导致资料解释结果达不到探测要求，则应建议开展补充勘探。若采用的物探方法难以达到勘探目的，则应建议使用综合物探方法或其他方法进行探测。

4.5 物探应用工程实例

4.5.1 开都河某工程坝基深厚覆盖层多道瞬态瑞雷波法勘探

1. 工作面布置

开都河某工程坝基深厚覆盖层现场勘察的工作区域为坝址区左岸高漫滩覆盖层。为了能较全面地了解坝址区深厚覆盖层坝基的情况，根据研究的目的并结合已有的地质、钻探资料，在测区内顺水流方向由岸边到山脚布置了3个剖面：XJ-23剖面通过ZK38钻孔，XJ-18剖面通过ZK37钻孔，XJ-22剖面通过ZK36钻孔。这3个剖面平行于图4.5-1所示的河流纵剖面。

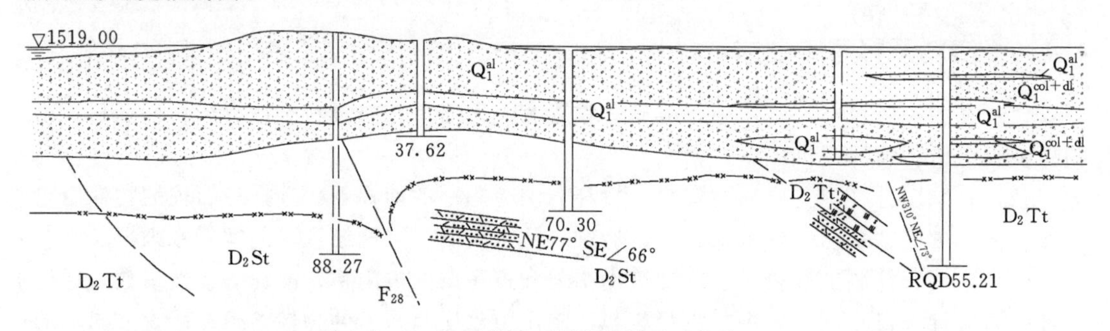

图4.5-1 钻探剖面（河流纵剖面，单位：m）

2. 观测系统参数、激发与接收

测点采用多道（24道）排列固定偏移距的观测系统。采集道数为24道，采用全通滤波方式，采样间隔为1ms，采样点数为1024个。道间距为3m，偏移距为10m。测线一侧用炸药震源激振（每孔药量150g），采用4Hz检波器接收信息。

3. 单点瞬态瑞雷波法勘探资料的分析处理

对原始资料进行整理，使用瞬态瑞雷波数据处理软件CCSWS对各测点瞬态瑞雷波记录进行频散曲线计算，然后对频散曲线进行正、反演拟合，得出各层的厚度及剪切波速度。

图4.5-2给出了XJ-18剖面测点1对应地层的分层情况及各层剪切波速度V_s沿深度Z的分层分布情况（图中深蓝色散点线为频散曲线，浅蓝色散点线为拟合曲线，深蓝色折线为地层结构分层及各层剪切波速度。左下角数字第一列为层号，沿深度递增；第二列为各层厚度；第三列为各层剪切波速度；Fitness为拟合率。）

由剖面XJ-18上各个测点的坝基分层情况可以看出，该剖面各测点处坝基基本上可以分成上、中、下3个部分。上部又详细划分为多个小层，各小层的剪切波速度由上至下呈增势。中部为一相对软弱层，其剪切波速度较上、下相邻层小，数值为200～300m/s。

图4.5-3给出了XJ-22剖面测点1对应地层的分层情况及各层剪切波速度沿深度的分层分布情况。

由剖面XJ-22上各个测点的坝基分层情况可以看出，该剖面坝基的分层与XJ-18剖

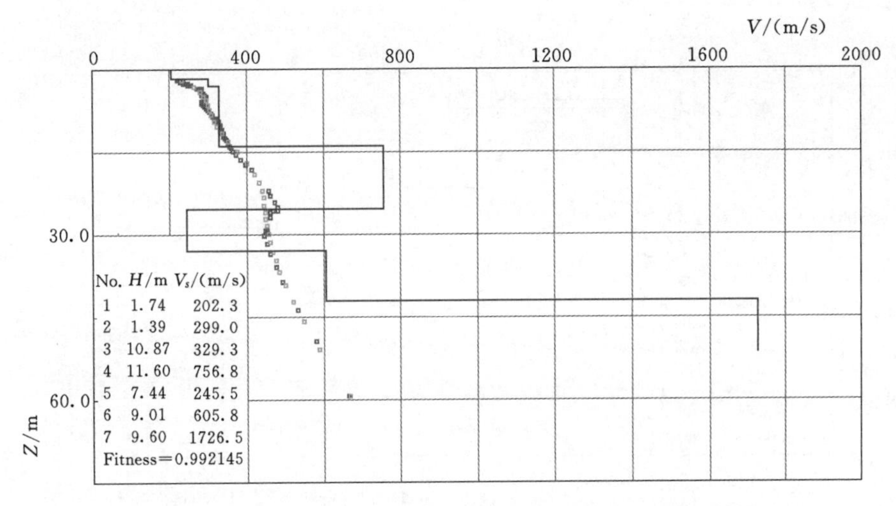

图 4.5-2　XJ-18 剖面测点 1（钻孔 ZK37 处）坝基分层情况

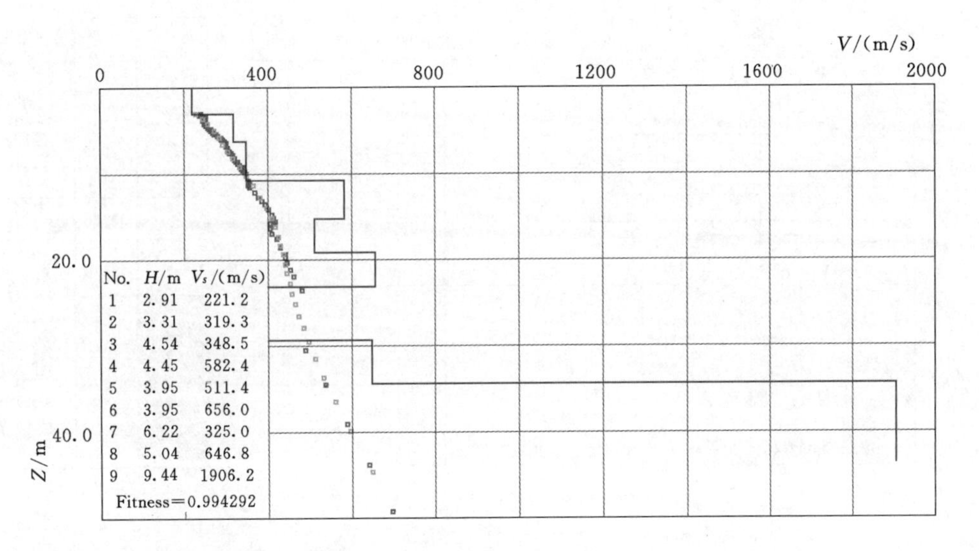

图 4.5-3　XJ-22 剖面测点 1（钻孔 ZK36 处）坝基分层情况

面坝基的分层相对应，规律基本一致。

对于 XJ-23 剖面，共布置了 12 个测点，图 4.5-4 给出了 XJ-23 剖面测点 1 对应地层的分层情况及各层剪切波速度沿深度的分层分布情况，它们可以基本说明该剖面对应坝基的分层规律。

4. 瞬态瑞雷波法勘探结果准确性的验证

为了检验瞬态瑞雷波法勘探结果的可信度，将面波分析结果与钻孔资料进行了对比。钻孔 ZK36、ZK37 的钻孔资料见表 4.5-1 和表 4.5-2，是在现场相应位置通过瑞雷波测试所得的坝基分层结果。图 4.5-5 和图 4.5-6 给出了相应两钻孔位置的面波分层与钻孔柱状图的对比情况。可以看出，ZK36、ZK37 钻孔位置的瞬态瑞雷波法勘探资料与钻孔资料吻合较好，但瞬态瑞雷波勘探资料提供的信息更为丰富，在上部漂石、砂卵砾石层中面

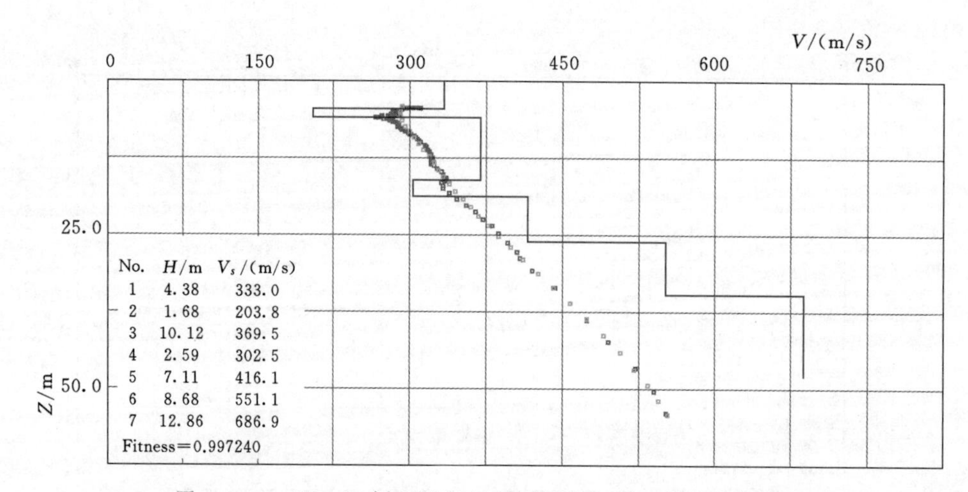

图 4.5-4　XJ-23 剖面测点 1（钻孔 ZK38 处）坝基分层情况

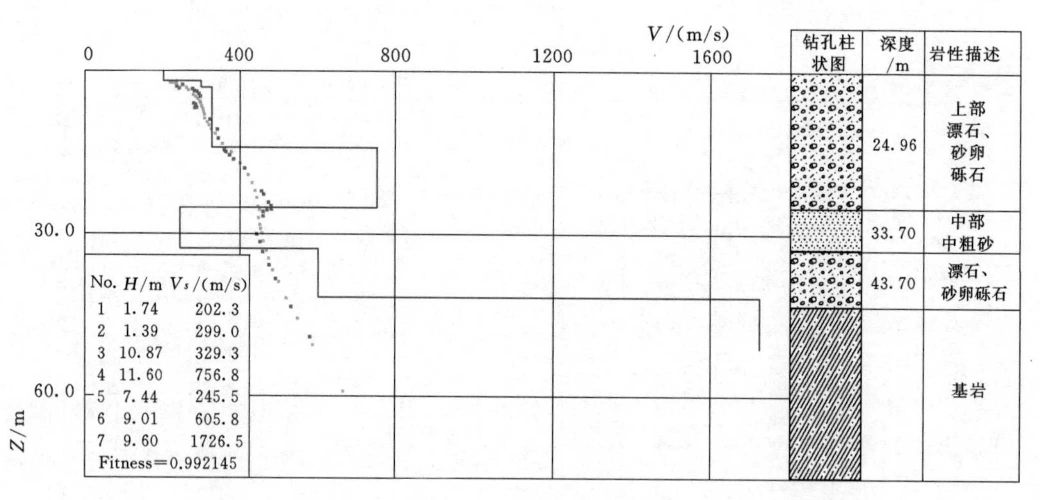

图 4.5-5　XJ-5 剖面测点 1 坝基分层与钻孔 ZK37 柱状图的对比

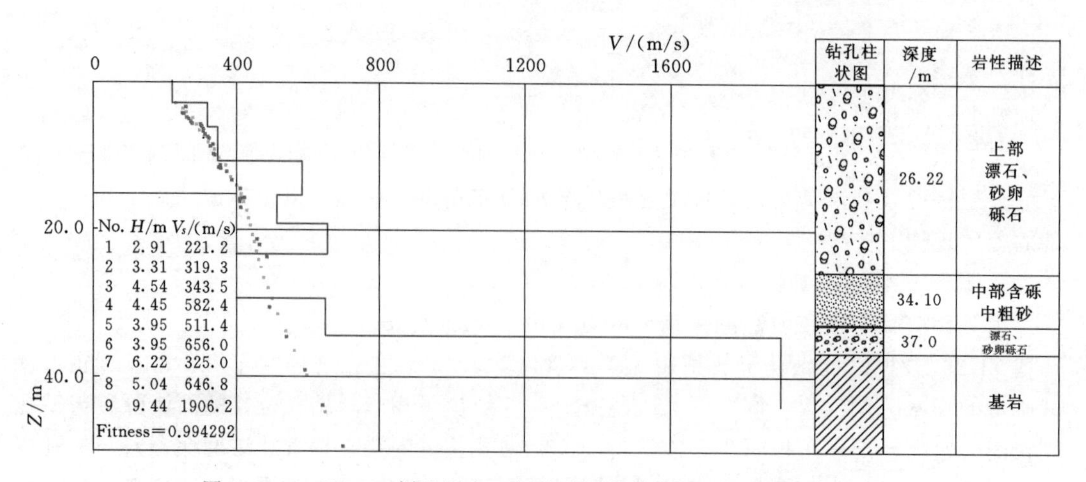

图 4.5-6　XJ-22 剖面测点 1 坝基分层与钻孔 ZK36 柱状图的对比

波解释结果将其进行了详细划分；面波资料所提供的剪切波速度信息与钻孔勘探提供的单孔、跨孔剪切波速度信息也出入不大。

表 4.5-1　　钻探及波速资料

测试方法	孔号	上部漂石、砂卵砾石层			中部含砾中粗砂层			下部漂石、砂卵砾石层		
		钻孔勘测厚度/m	测试深度/m	剪切波速度/(m/s)	钻孔勘测厚度/m	测试深度/m	剪切波速度/(m/s)	钻孔勘测厚度/m	测试深度/m	剪切波速/(m/s)
单孔法	ZK36	26.22	11～26	560	7.88	26～34	190	2.9	34～36	510
	ZK37	24.96	10～25	550	8.74	25～34	210	10.0	34～42	610
跨孔法	ZK36	26.22	8.3～25	560～580	7.88	27.3～33	330～440	2.9	34.2～36	620
	ZK37	24.96			8.74			10.0		

表 4.5-2　　瞬态瑞雷波法勘探资料

测试方法	孔号	上部漂石、砂卵砾石							加权平均	中部含砾中粗砂	下部漂石、砂卵砾石
面波法	ZK36	厚度/m	2.91	3.31	4.54	4.45	3.95	3.95		6.22	5.04
		深度/m	2.91	6.22	10.76	15.21	19.16	23.11		29.33	34.37
		剪切波速度/(m/s)	221.2	319.3	348.5	582.4	511.4	656.0	453.7	325.0	646.8
	ZK37	厚度/m	1.74	1.39	10.87	11.60				7.44	9.01
		深度/m	1.74	3.13	14.0	25.6				33.04	42.05
		剪切波速度/(m/s)	202.3	299.0	329.3	756.8			512.7	245.5	605.8

5. 瞬态瑞雷波等速度剖面图

使用瞬态瑞雷波等速度剖面分析软件 CCMAP，利用各剖面诸测点的频散曲线资料，通过编辑处理，结合拟合后的分层资料，参照地层速度参数，在彩色剖面图上进行取值、分层，并利用高程校正形成地形文件，可绘制出覆盖层等速度地质剖面图。

瞬态瑞雷波等速度剖面分析软件 CCMAP 可以给出两种形式的等速度剖面：一种是直接由测点频散曲线形成的映象（如图 4.5-7 中的浅蓝色线条所示）；另一种是由测点拟

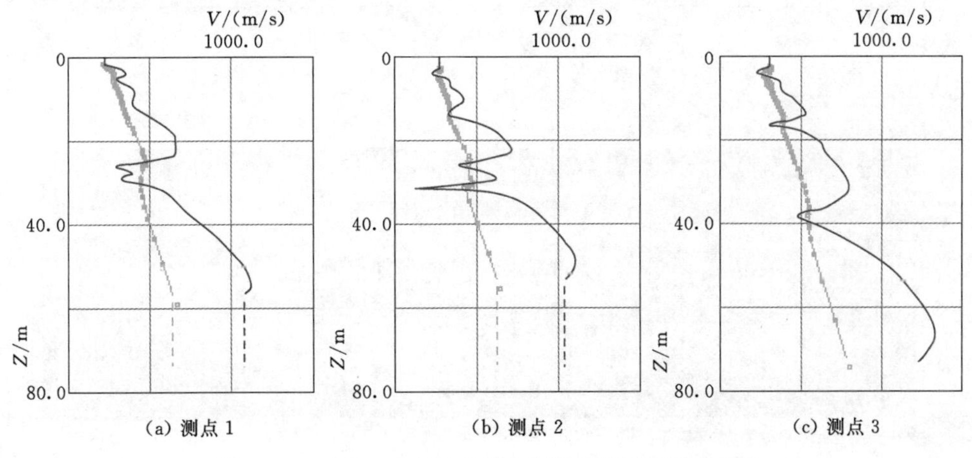

(a) 测点 1　　(b) 测点 2　　(c) 测点 3

图 4.5-7　XJ-18 剖面各测点频散曲线及拟速度曲线

速度（将频散数据中的波速 V_r 按周期做了一种提高峰度的计算而得到的速度）曲线形成的映象（如图 4.5－7 中的浅蓝色线条所示）。常见地层面波频散数据的试验表明，这种拟速度映象的总体轮廓相当接近于频散数据一维反演得到的波速分层，同时还突出了地层分层在频散数据中引起的“扭曲”特征。

XJ－18 剖面：图 4.5－7 给出了 XJ－18 剖面各测点的频散曲线及拟速度曲线，图 4.5－8 给出了 XJ－18 剖面的地形等速度图。

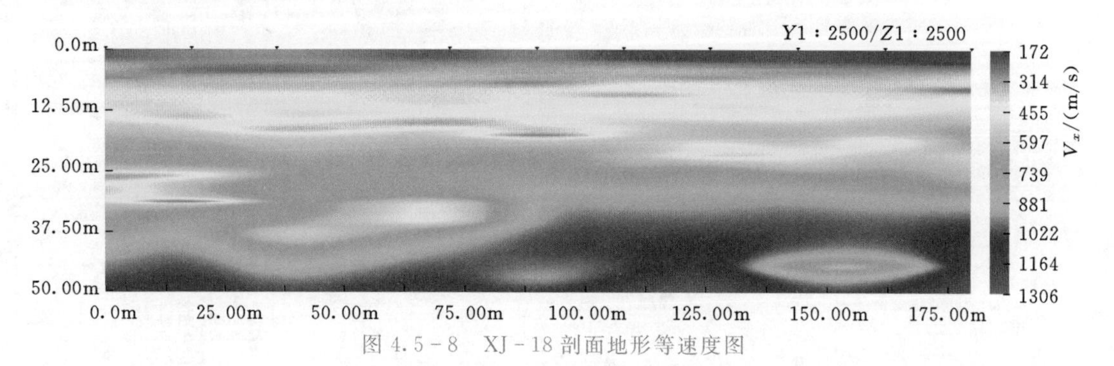

图 4.5－8　XJ－18 剖面地形等速度图

XJ－22 剖面：图 4.5－9 给出了 XJ－22 剖面各测点的频散曲线及拟速度曲线，图 4.5－10 给出了 XJ－22 剖面的地形等速度图。

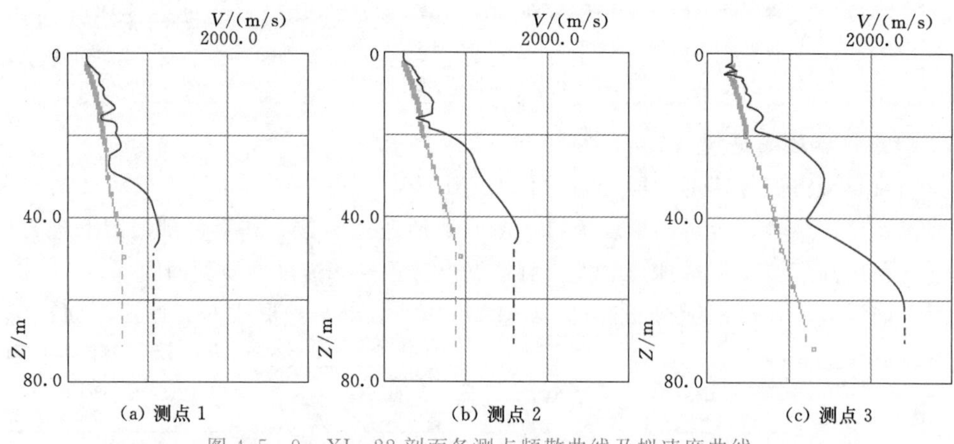

图 4.5－9　XJ－22 剖面各测点频散曲线及拟速度曲线

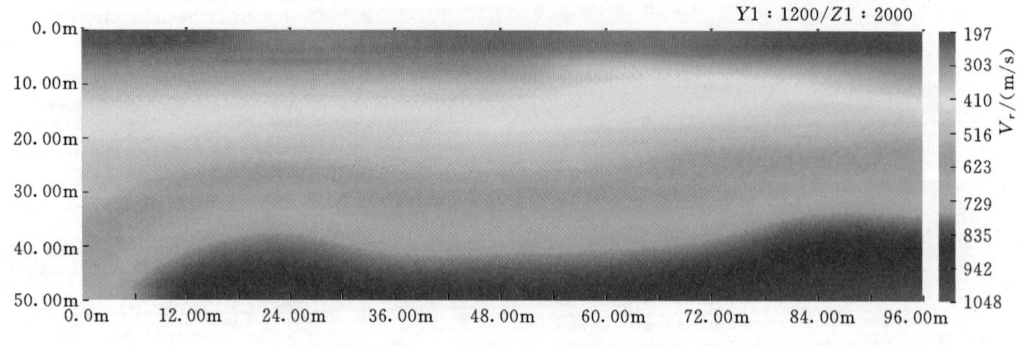

图 4.5－10　XJ－22 剖面地形等速度图

XJ－23剖面：图4.5－11给出了XJ－23剖面各测点的频散曲线及拟速度曲线，图4.5－12给出了XJ－23剖面的地形等速度图。

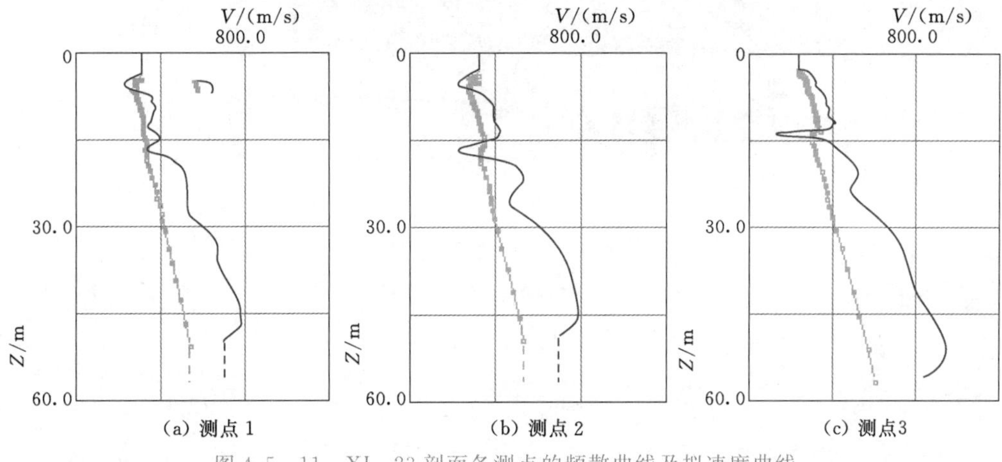

图4.5－11　XJ－23剖面各测点的频散曲线及拟速度曲线

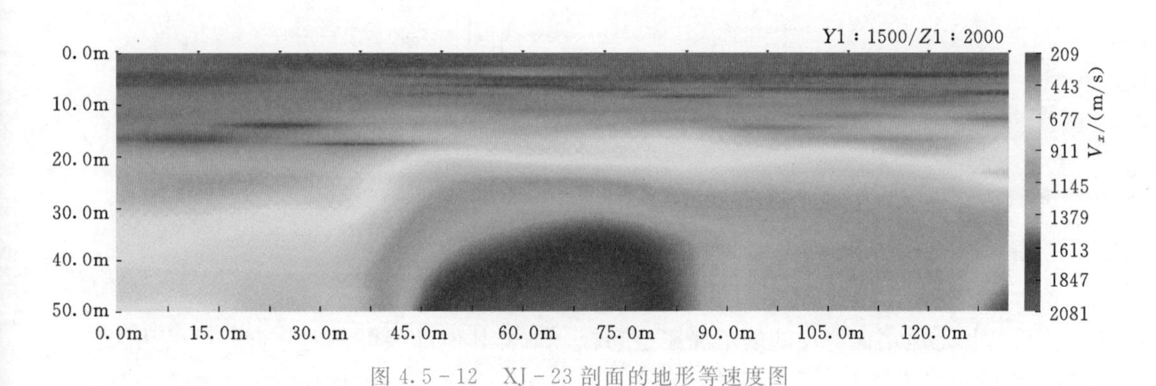

图4.5－12　XJ－23剖面的地形等速度图

瑞雷波资料所生成的等速度剖面与钻探剖面的对比：图4.5－13和图4.5－14给出了由所选3个剖面上钻孔位置附近的3个测点的瞬态瑞雷波法勘探资料生成的等速度剖面图，图4.5－15为相应位置的钻探地质剖面。

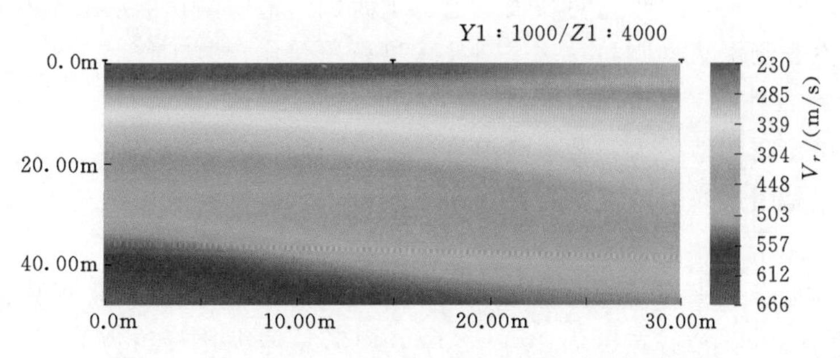

图4.5－13　ZK36、ZK37、ZK38钻孔剖面等速度图

图4.5－13和图4.5－14是沿钻探地质剖面根据面波生成的等速度剖面图，从图中可见地层沿这一剖面的分布。在图4.5－14中可见测深25m左右出现很明显的夹层，与图

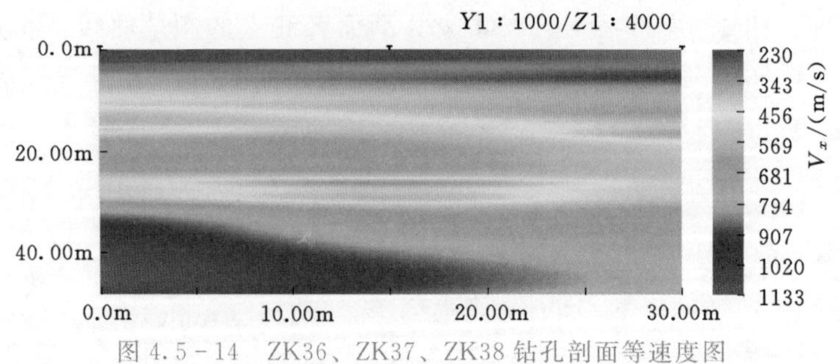

图 4.5-14　ZK36、ZK37、ZK38 钻孔剖面等速度图

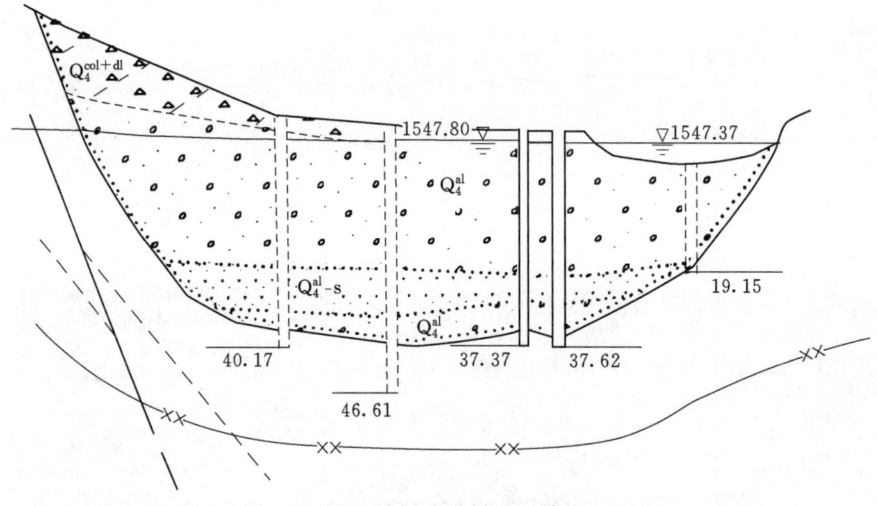

图 4.5-15　钻探地质剖面（单位：m）

4.5-15 钻探地质剖面所反映的情况完全吻合，结合其他勘探资料的分析，可以认为该层即为中粗砂夹层，其上、下为漂石、砂卵砾石层，地表为碎石及砂层。

4.5.2　青海察汗乌苏河某水库大地电磁法地球物理探测

该水库位于都兰县东南部热水乡境内的察汗乌苏河中游段。为了查明深厚覆盖层的厚度及基岩顶板展布形态，同时查明坝轴线上、下游侧河道中隐伏断层的赋存位置，采用可控源音频大地电磁测深法（EH4）这一新技术进行覆盖层探测工作。

1. 基本地质条件

坝址区两岸出露的地层为三叠系喷出岩（α_5^1）与印支期侵入岩（γ_5^1），三叠系喷出岩岩性为安山岩，是组成库岸的主要岩性，印支期侵入岩岩性为灰白色花岗岩，分布于上游库区左岸。

坝址区河谷形态呈 U 形，沿 NW274°方向展布，河谷平坦开阔，现代河床在枯水期水面宽度为 10～20m，河谷宽度为 400m。库区河床总体纵比降约为 7.7‰，两岸发育有Ⅰ级、Ⅱ级阶地，阶地宽度为 20～150m，高出当地河水面 4～20m，阶地均呈二元结构。

根据钻孔资料可知，坝基深厚覆盖层主要为冰水堆积物，自上而下分为①、②、③层，如图 4.5-16 所示。

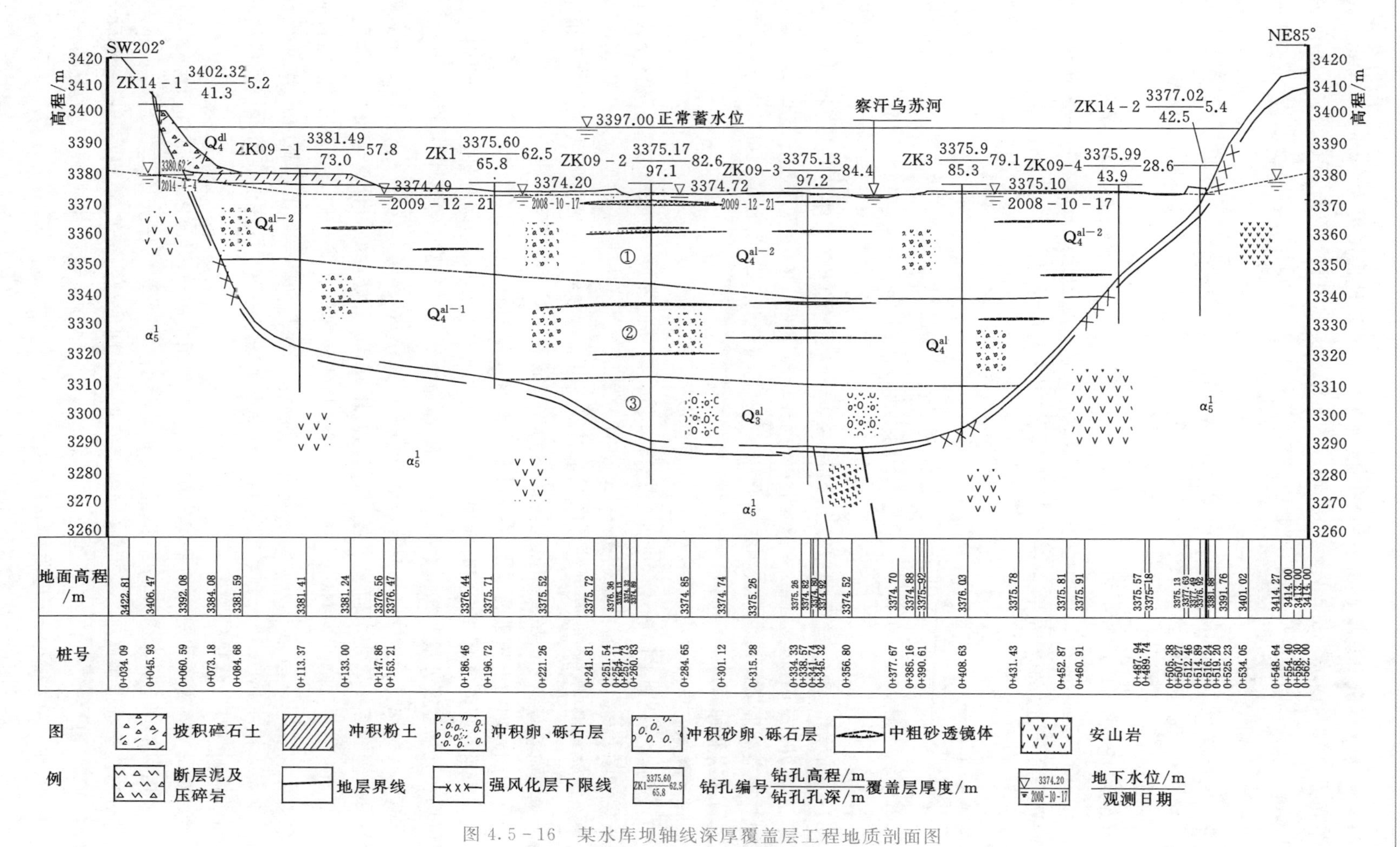

图4.5－16　某水库坝轴线深厚覆盖层工程地质剖面图

第①层：分布于坝基堆积物上部，厚度为25～35m，地面高程为3375～3381m，底部分布高程为3341～3353m，岩性为砂砾石，夹有不连续中粗砂含砾石透镜体，厚度为10～20cm。卵砾石磨圆多呈次圆～圆状，一般粒径为3～6cm，最大粒径为20cm，其成分以安山岩、花岗岩为主。

第②层：分布于堆积物中部，岩性为砂砾石，厚度为30～35m，底部分布高程为3310～3313m，夹中粗砂含砾石透镜体，透镜体厚度为10～20cm，砾石呈次棱角～次圆状。

第③层：分布于堆积物底部，只在ZK09－2、ZK09－3、ZK3钻孔中揭露，厚度为15～25m，分布宽度为201m，为晚更新世冰积成因，岩性为含卵石砾石层，颗粒较上层粗，卵石含量可达20%左右，夹粗砂透镜体，夹层厚度为10～20m，最大粒径大于40cm。

2. 物探工作布置

对深厚覆盖层冰水堆积物进行物探工作布置，主要在坝轴线下游从左至右布设EH4大地电磁测线，测点点距为10m。物探工作布置共完成剖面1条，剖面长度395m，EH4大地电磁测点41个。

EH4大地电磁测深选取的最优电极距为25m，三频段全采集。一频组：10Hz～1kHz；二频组：500Hz～3kHz；三频组：750Hz～100kHz。在数据采集过程中，对3个频组的数据全部采集，且每个频组采集叠加次数不少于8次，根据现场测试结果，对部分频组进行多次叠加。

3. 资料处理

EH4的数据处理多以测线（断面）进行，测量得到的深度-电阻率数据、频率-视电阻率数据和频率-相位数据都是通过IMAGEM软件的二维分析模块输出。对于输出的数据，单个测点可通过二维曲线进行成图，单条剖面可通过二维等值线进行成图，对于相邻多条剖面则需要对整个区域范围内测点的不同频率或不同深度的电阻率进行描述，通常使用多条剖面图叠加的办法进行成图。EH4数据处理流程如图4.5－17所示。

（1）采用在野外实时获得的时间序列H_y、E_x、H_x、E_y电磁场分量进行FFT变换，获得电场和磁场虚实分量及相位数据φ_{H_y}、φ_{E_x}、φ_{H_x}、φ_{E_y}，读取@文件（该文件将文件号、点线号、电偶极子长度等信息建立起一一对应关系），读取Z文件（该文件是一个功率谱文件，包含频率、视电阻率、相位）。通过ROBUST处理等，计算出每个频率点相对应的平均电阻率（ρ）与相位差（φ_{EH}），根据趋肤深度的计算公式，将频率-波阻抗曲线转换成深度-视电阻率曲线并进行可视化编辑；在一维反演的基础上，利用EH4系统自带的二维成像软件IMAGEM进行快速自动二维电磁成像，根据区域地质情况进行数据的反复筛查，对病坏数据进行编辑，必要时进行剔除。

（2）对每个频率点相对应的平均电阻率（ρ）与相位差（φ_{EH}）数据进行初步处理分析后，采用成都理工大学研发的MTsoft2D大地电磁专业处理软件进行二维处理。对测线数据进行总览后进行预处理，之后执行静态校正和空间滤波；分别以BOSTIC一维反演结果和OCCAM一维反演结果建立初始模型，进行带地形二维非线性共轭梯度法（NLCG）反演，获得深度-视电阻率数据。

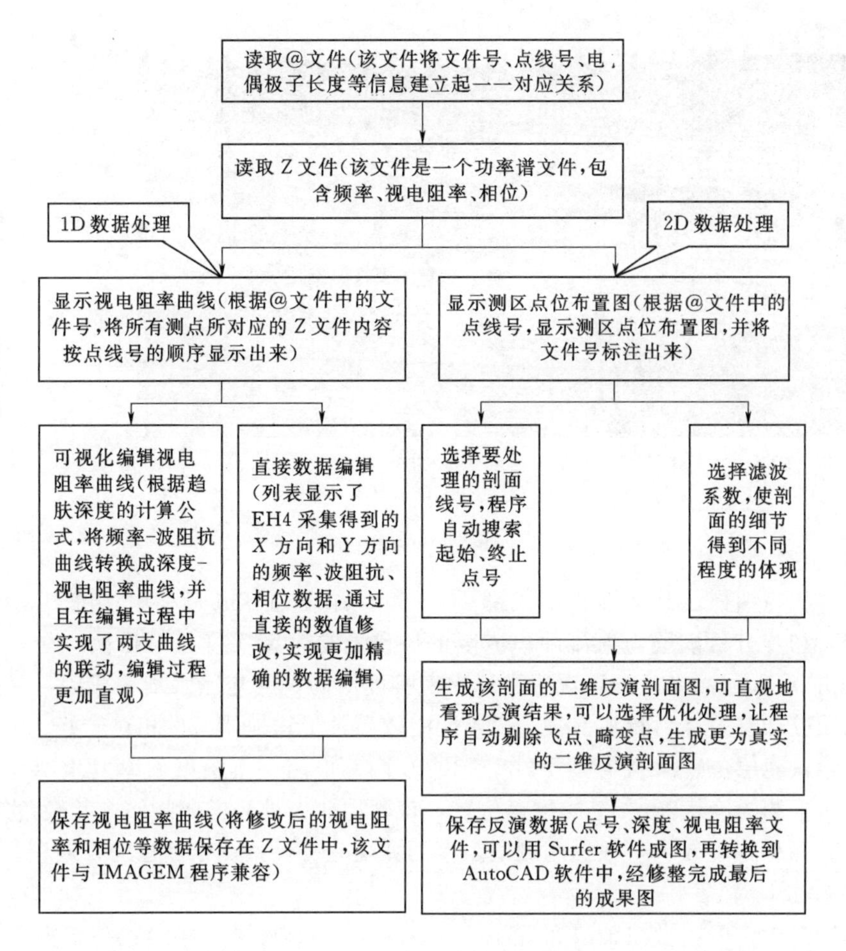

图4.5-17　EH4数据处理流程

(3) 对深度-视电阻率数据进行网格化，绘制频率-视电阻率等值线图，综合地质资料及现场调查的情况，在等值线图上划出异常区，作出初步的地质推断。然后根据原始的电阻率单支曲线的类型并结合已知地质资料确定地层划分标准，确定测深点的深度，绘制视电阻率等值线图，结合相关地质资料和现场调查结果进行综合解释和推断。

4. 成果解译

根据数据处理成果，对坝址深厚覆盖层的厚度及物质结构和区域隐伏断裂进行解译。图4.5-18为坝轴线下游EH4测线成果剖面图。

(1) 覆盖层厚度。由图4.5-18可知，测线桩号0～395m段，沿深度增大方向，电阻率由10Ω·m增大至约2000Ω·m，电阻率沿深度方向存在明显的分层现象，结合现场钻孔揭示信息，将电阻率值700Ω·m定量为堆积物与弱风化岩体的分界线，电阻率小于700Ω·m时为冰水堆积物，电阻率大于700Ω·m时为基岩的弱风化层。

根据上述分析可知，覆盖层最大厚度为85.8m左右，基岩顶板形态呈不对称的、左缓右陡的“锅底状”，最低点位于近右岸1/3位置，在断层破碎带出露部位。

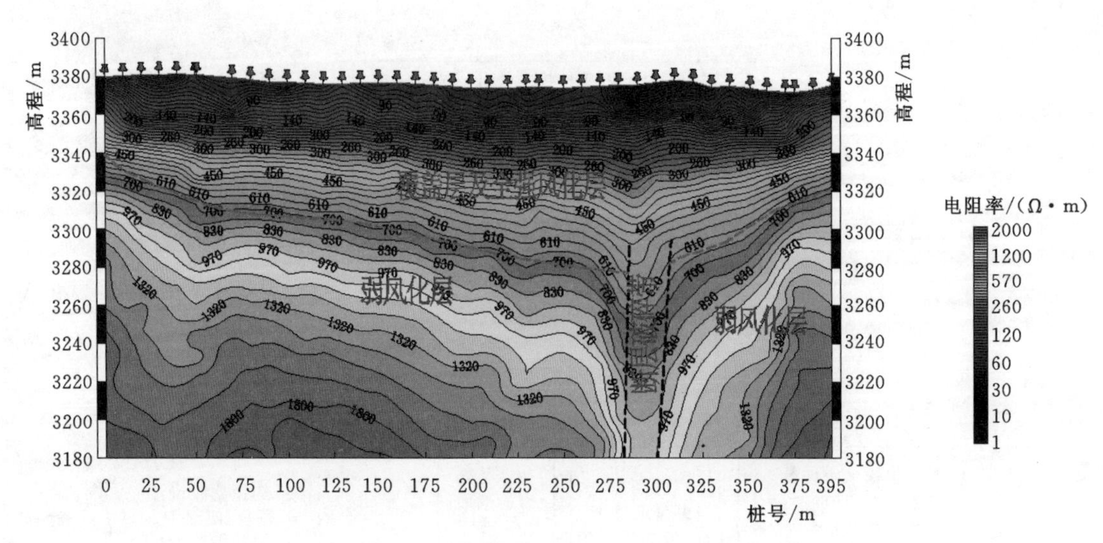

图 4.5-18　坝轴线下游 EH4 测线成果剖面图

（2）堆积物结构性状。堆积物浅部 20～35m 深度内，电阻率由 10Ω·m 增大至约 300Ω·m，初步分析该层为河流冲积成因的砂砾石层，密实度相对松散。往下电阻率由 300Ω·m 增大至约 700Ω·m，说明堆积物密实度增高，或与冰水堆积成因，且与堆积物具有弱泥质胶结有关。判断其承载、变形性能较高，工程地质条件相对较好。

（3）隐伏断层位置。测线桩号 282～300m 两侧电阻率等值线斜率发生明显变化，呈低阻状态，推测为隐伏断层 F_1 的赋存位置，该断层向大桩号方向陡倾，其倾角约 86°，宽度约 18m，延伸深度较大，根据两侧电阻率的变化趋势，推测该断层为正断层。

5. 钻孔验证

前期勘探工作中，沿坝轴线布置了 5 个钻孔，由于断层呈高陡状态，推测有断层存在，但钻孔内均未发现断层组成物质。施工过程中，根据物探资料在推断的位置重新布孔，在 EH4 探测的位置、深度一带，钻孔揭示了该断层。

综上所述，EH4 技术在断层位置探测、深厚覆盖层堆积物深度和性状探测等方面有着良好的效果，资料处理方法是合适的，成果可靠。

4.5.3　老挝某水电站坝址区河床覆盖层厚度地震折射波法探测

老挝某水电站采用物探方法进行了河床覆盖层探测。坝址区河水面宽度约 350m，水深约 6m，水流平缓。测区基岩岩性为变质砂岩夹板岩。

物探工作采用地震折射波法相遇时距曲线观测系统，测线顺河向布置，测线间距一般为 30～40m，观测点点距为 5～10m。工作中使用 24 道工程地震仪和水上漂浮电缆。

根据地震折射波法勘探资料，河床覆盖层地层主要有 3 层：第一层为河水，纵波速度为 1500m/s；第二层为冲积砂卵砾石层，纵波速度为 1800～2100m/s；第三层为基岩，纵波速度为 3500～3900m/s。

根据坝址区地震折射波法勘探成果，河床覆盖层厚度变化范围为 1.6～8.8m。根据各测线地震折射波法勘探成果绘制坝址区河床基岩顶板等值线图（见图 4.5-19），该图反映出坝址区河床基岩顶板形态略有起伏。经与地质钻探资料对比，地震折射波法勘探相对误差为0.4%～9.3%，均方相对误差为5.1%。

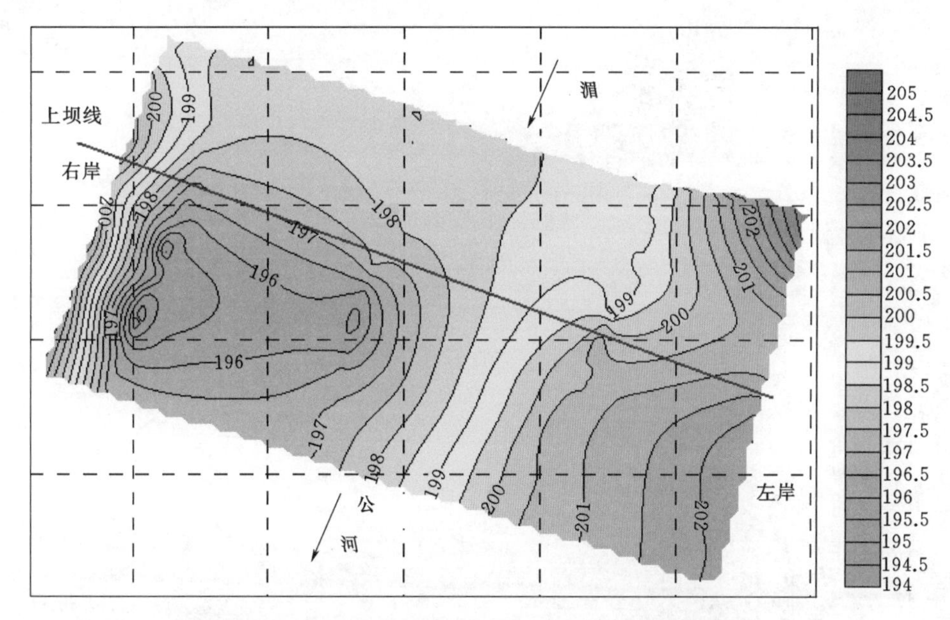

图4.5-19　坝址区河床基岩顶板等值线图（单位：m）

4.5.4　某抽水蓄能电站覆盖层厚度瞬态瑞雷波法探测

在该抽水蓄能电站选点规划中，初步选定了A、B、C 3个站址，受现场工作条件和勘探期限的限制，勘探工作以地面物探和地质测绘工作为主，其中物探工作主要是对3个站址进行覆盖层厚度探测，现以B站址为例。

B站址上库位于一条小河左岸的一岔沟内，为沟谷深切的V形谷，两岸山体高陡，沟底宽10～35m，覆盖层为洪积块碎石土；下库位于该条小河上，坝址区河道较顺直，两岸冲沟发育，岸坡弯曲，坝址谷底宽110～150m，覆盖层主要为冲积漂卵砾石。上、下库基岩主要为石炭系地层。

根据现场地形、地质和物性条件，物探工作采用瞬态瑞雷波法进行覆盖层厚度探测。在该站址的上库布置了1条顺沟向测线和2条横切沟向测线；在下库布置了2条顺河向测线。工作中采用多道多偏移距的观测方式，观测排列点距一般为2m，偏移距为5m和10m，测线勘探点距一般为12m，采用大锤激发方式。

根据瞬态瑞雷波法勘探解释成果，上、下库地层介质按剪切波速度变化可划分为三层或四层结构。图4.5-20和图4.5-21为B站址上、下库部分测线瞬态瑞雷波法勘探地层映像图。从图中可以看出，上、下库覆盖层各层介质分布连续、层位清晰，基岩顶板形态有一定的起伏。

上库地层介质有3层：第一层为较松散块碎石土层，剪切波速度变化范围为220～380m/s，厚度变化范围为2.5～3.8m；第二层为较密实块碎石土层，剪切波速度变化范围为460～580m/s，厚度变化范围为9.6～13.0m；第三层为基岩层，剪切波速度变化范围为1500～1550m/s，厚度变化范围为12.0～16.5m。

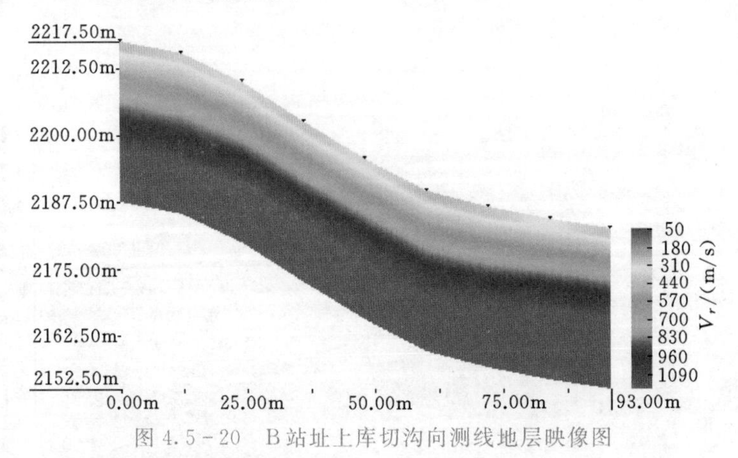

图4.5-20　B站址上库切沟向测线地层映像图

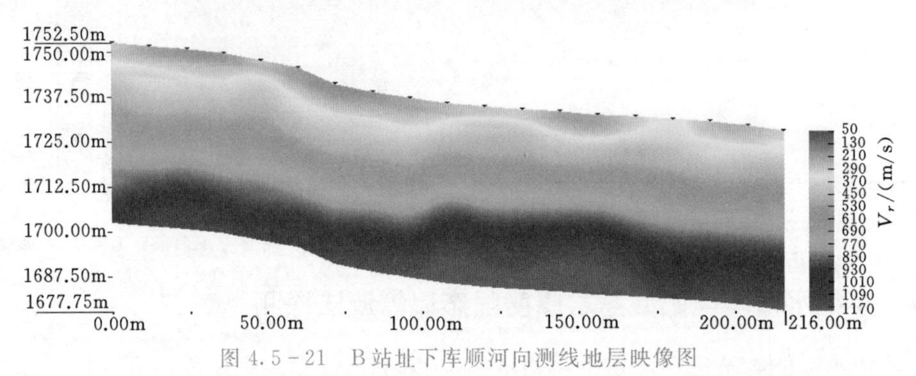

图4.5-21　B站址下库顺河向测线地层映像图

下库地层介质呈四层结构：第一层主要为较松散碎石土层，剪切波速度变化范围为210～320m/s，厚度变化范围为2.4～3.8m；第二层为较密实砂卵砾石层，剪切波速度变化范围为430～540m/s，厚度变化范围为5.6～9.0m；第三层为密实砂卵砾石层，剪切波速度变化范围为570～680m/s，厚度变化范围为14.9～20.1m；第四层为基岩层，剪切波速度变化范围为2100～2300m/s，厚度变化范围为23.2～33.1m。

4.5.5　某水电站覆盖层厚度电测深法探测

根据设计和地质勘探工作的要求，需采用物探手段查明上、下坝区，厂房区和泄水闸等部位覆盖层厚度。

坝址区地形较开阔，其中左岸多为河滩地和Ⅰ级阶地，地表为农耕地；右岸大部分为Ⅱ级阶地和河滩地，少量残留Ⅰ级阶地，地面分布较多的居民区。坝址区基岩主要是第三系红色泥岩、泥质砂岩和砂岩，第四系覆盖层表部主要为含砾的粉土、粉质黏土层，下部多为冲积砂卵砾石层。

结合测区地形、地质、物性条件和现场工作条件，物探工作采用地震折射波法、瞬态瑞雷波法和电测深法。其中，电测深法主要用于泄水闸等部位覆盖层厚度探测。现以引水渠线电测深法勘探工作为例。

初拟设计方案中，泄水闸布置于右岸，经过河滩地、Ⅰ级阶地和Ⅱ级阶地。在该测区内，沿泄水闸轴线方向布置2条测线，其中1条测线位于河滩地处；在泄水闸中部，垂直于泄水闸轴线方向布置1条测线，该测线位于河滩地和Ⅱ级阶地处。在部分坑槽和地层断面出露处进行了中间层电性参数测定。

工作中采用对称四极电测深法，最大供电极距 $AB/2$ 为 250m，测线点距一般为 10m。工作期间，对该测区 5%的电测深点进行了重复检测，其均方误差为 1.95%，满足规范的有关要求。

根据泄水闸电测深法解释成果，测试范围内地层介质呈二层或三层电性层结构。其中，Ⅱ级阶地处以三层电性层结构为主，河滩地处以二层电性层结构为主。第一层为含砾壤土层，河滩地处基本无此层，视电阻率 ρ_s 变化范围为 40～160Ω·m，厚度变化范围为 0～2.0m；第二层为冲积砂卵砾石层，视电阻率 ρ_s 变化范围为 200～600Ω·m，厚度变化范围为 4.6～16.8m；第三层为基岩层，视电阻率 ρ_s 变化范围为 10～20Ω·m，厚度变化范围为 4.6～18.5m。

图 4.5-22 和图 4.5-23 为沿引水渠轴线方向和垂直于引水渠轴线方向的电测深电性-地质剖面图。经与钻孔资料比对，电测深法勘探成果相对误差为 0.8%～6.7%。

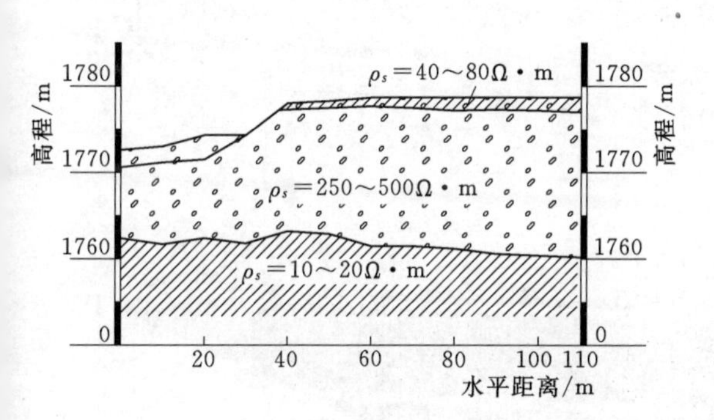

图 4.5-22　泄水闸纵向测线电测深电性-地质剖面图

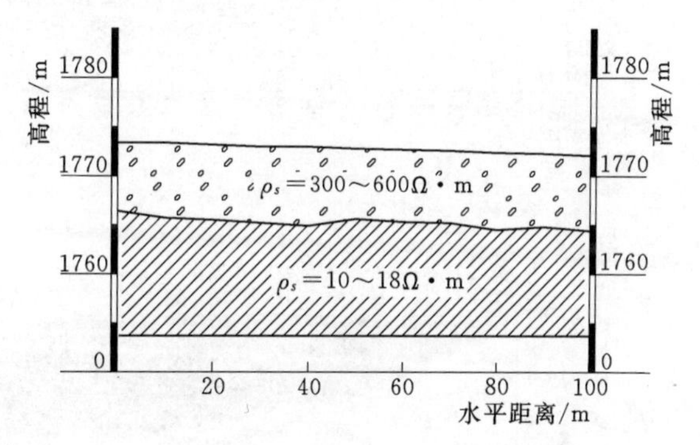

图 4.5-23　泄水闸横向测线电测深电性-地质剖面图

4.5.6　某水电站库区覆盖层厚度高密度电法探测

该水电站建成后库区第四系地层出现了不稳定现象，为了确保该水电站蓄水后库区两岸居民区的安全，要求对库区两岸居民区进行覆盖层探测。

物探工作主要在库区右岸进行。该岸多为居民区和耕地，地表较平坦开阔。根据地质资料，第四系地层主要由粉质黏土层和砂卵砾石层组成，基岩为绢英千枚岩。

根据现场工作条件，覆盖层探测采用高密度电法。测区内布置2条测线，编号分别为 D1 和 D2。其中，D1 为纵向测线，长度为 640m，采用 120 道电极，滚动采集两次，道间距为 4m；D2 为横向测线，长度为 318m，采用 107 道电极，道间距为 3m。各测线采用 α、β 两种装置进行观测。

高密度电法勘探资料采用二维高密度电法软件进行处理，从处理结果来看，α 和 β 装置的反演成果较吻合。结合钻孔资料，对高密度电法反演结果进行解释。各测线 α 装置反演成果和电性-地质解释成果如图 4.5-24～图 4.5-27 所示。

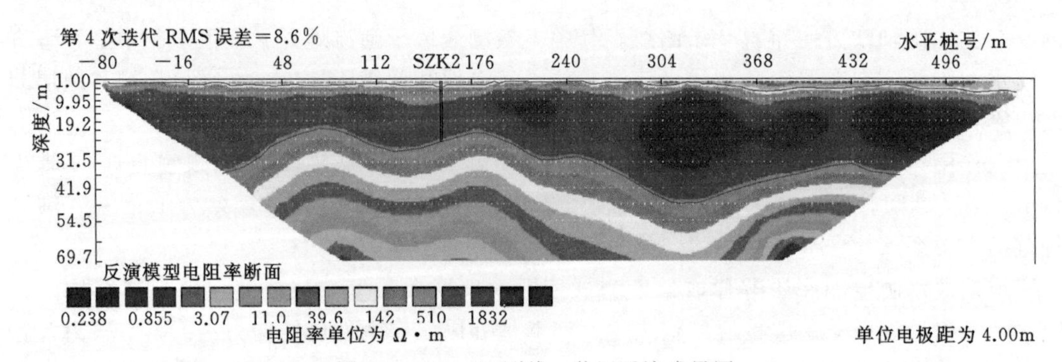

图 4.5-24　D1 测线 α 装置反演成果图

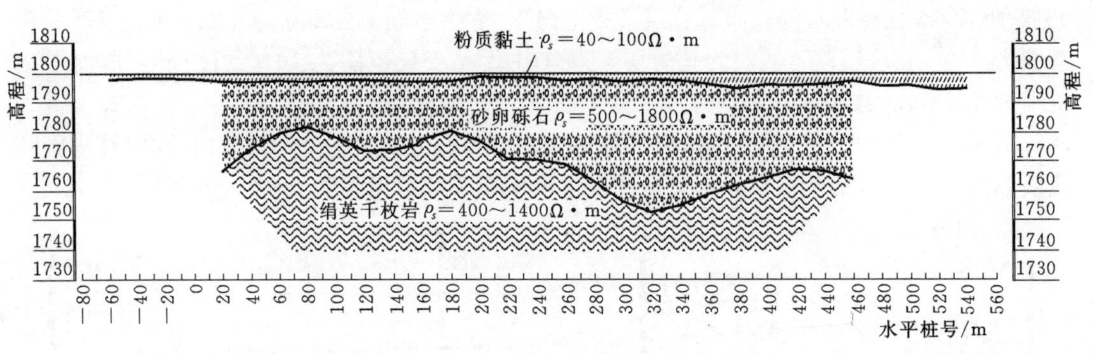

图 4.5-25　D1 测线电性-地质解释成果图

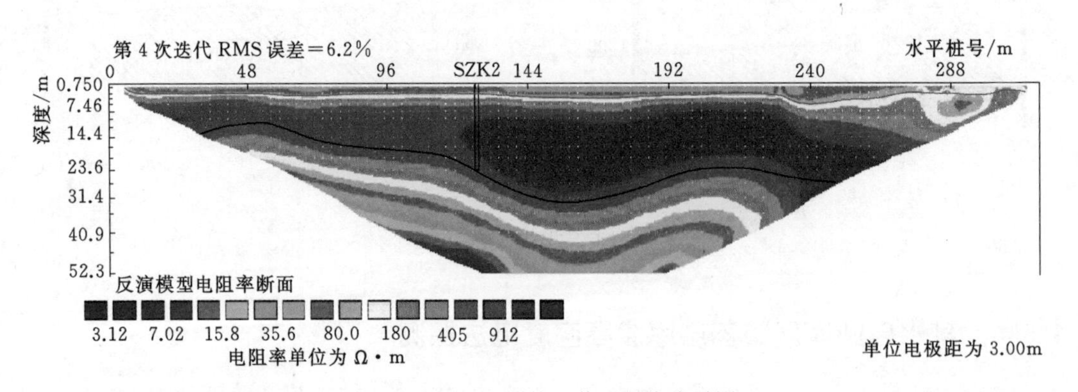

图 4.5-26　D2 测线 α 装置反演成果图

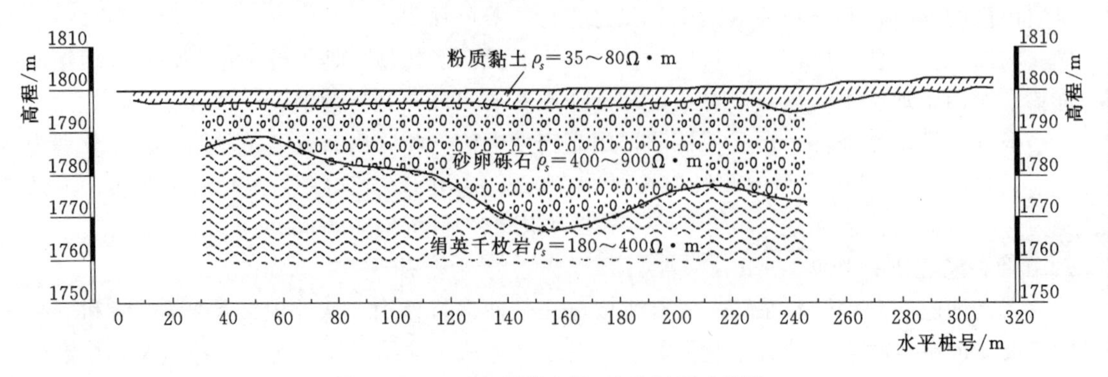

图 4.5-27　D2 测线电性-地质解释成果图

根据解释结果，覆盖层厚度变化范围为10.7～47.3m，测区地层划分为3层，各电性层电性差异较明显，第一电性层和第二电性层为第四系覆盖层，第三电性层为基岩层。其中，第一电性层为粉质黏土层，厚度变化范围为1.5～5.4m，视电阻率ρ_s变化范围为35～100Ω·m；第二层为冲积砂卵砾石层，厚度变化范围为7.7～45.0m，视电阻率ρ_s变化范围为400～1800Ω·m；第三层为绢英千枚岩层，视电阻率ρ_s变化范围为140～400Ω·m。

从各测线视电阻率断面图可以看出，覆盖层介质以高阻的砂卵砾石层为主，该层分布较均匀，近河边处基岩顶板倾向岸内，由此推断，正常蓄水位线以上的覆盖层为较稳定地层。

4.5.7　某水电站坝址区覆盖层厚度可控源音频大地电磁测深法探测

某水电站大部分枢纽建筑物是建在软基上，由于枢纽区地质条件复杂、覆盖层深厚，地勘工作难度较大，有部分钻孔没有钻穿覆盖层。因此，提出采用物探手段查明坝线等部位覆盖层厚度，并确定基岩顶板形态与埋深。

坝址区基岩岩性为变质石英砂岩，中厚层结构，单斜构造，岩石致密坚硬。第四系地层主要由冰水堆积和冲积、洪积、残积等堆积物组成，主要为砂卵砾石、碎块石层等，结构密实，地表为松散的碎石土层。

根据测区地形、地质、物性条件及工作条件，覆盖层厚度与分层探测采用地震折射波法、瞬态瑞雷波法和可控源音频大地电磁测深法等多种物探方法。

可控源音频大地电磁测深工作主要在坝址区进行，在左岸台地处沿坝轴线布置1条物探测线，测线长度为900m，点距为20～30m。工作中使用EH4电导率成像仪，选择天然场或人工场与天然场相结合的场源，各测点分别进行电场E_x分量和磁场H_y分量的观测，电场E_x测量极距为20m。

根据可控源音频大地电磁测深法资料，测线处地层介质视电阻率变化范围为10～3000Ω·m，结合部分钻孔资料，推断出基岩与覆盖层的分界面。由解释成果可知，测线处覆盖层厚度变化范围为49.3～174.9m，视电阻率变化范围为10～1200Ω·m，基岩视电阻率变化范围为1200～3000Ω·m。图4.5-28为经过处理后得出的该测线视电阻率层析图，从图中可以看出，测线中部有两处明显的凹槽，基岩顶板形态有明显的起伏，覆盖层厚度变化较大。经与后期地质钻探资料对比可知，物探成果与地质勘探成果吻合较好。

4.5.8　黄河上游某坝址瞬变电磁法工程勘察

该坝址位于黄河上游某水利工程，地表均被第四系地层覆盖，无基岩出露；覆盖层为黄土层、砂砾石层或粉砂黏土层；基岩一般为第三系砂岩、砂质黏土岩或黏土质粉砂岩，岩性质地较软，胶结程度较差。测区范围较广，最大高差为150m。

根据电法勘探资料，测区地层基本上可分为3个电性层：表层为黄土层、砂质黏土层，是低阻层；第二层为砂砾石层，是高阻层；第三层为粉砂岩、细砂岩、砂质黏土岩、黏土岩层，是低阻层。根据已有的电法勘探资料及电阻率曲线反演结果，该区各地层视电

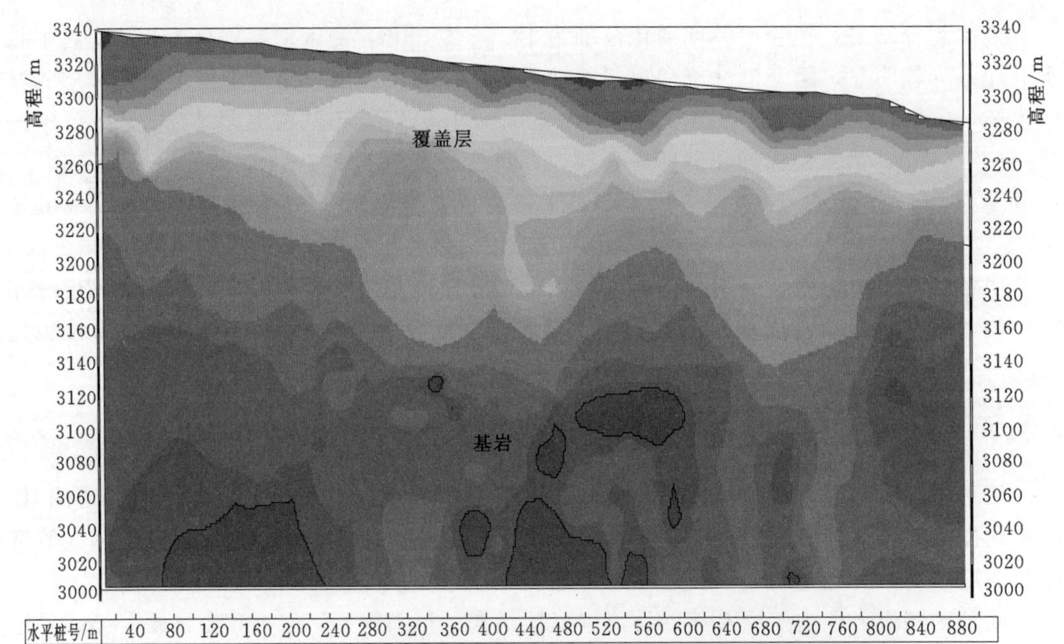

图 4.5-28　坝轴线可控源音频大地电磁测深法视电阻率层析图

阻率参数见表 4.5-3。

表 4.5-3　各地层视电阻率参数表

地　层　名　称	视电阻率范围/(Ω·m)
黄土层、砂质黏土层	25～80
砂砾石层	150～500
粉砂岩、细砂岩、砂质黏土岩、黏土岩层	10～25

砂砾石层与地表层及基岩层有明显的电性差异，具备开展瞬变电磁法（TEM）测深的条件。图 4.5-29、图 4.5-30 和图 4.5-31 为部分孔旁实测深度-磁场值（$S_\tau-H_\tau$）断面图与钻孔地质剖面图。

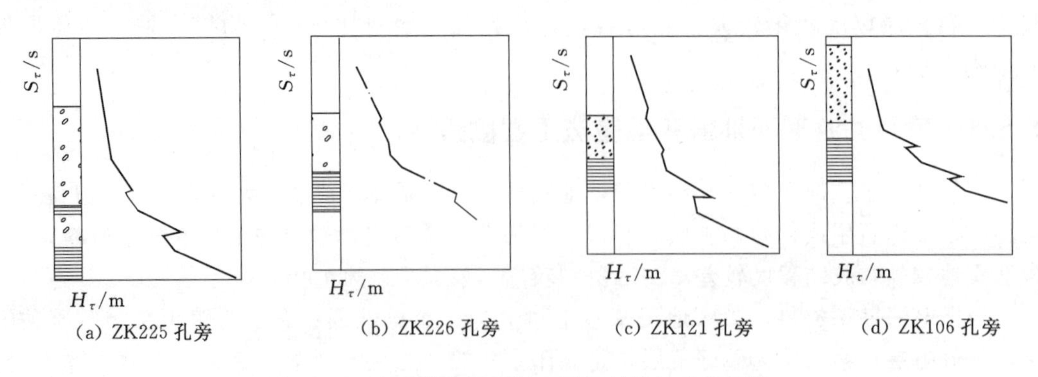

图 4.5-29　孔旁实测拟断面图与钻孔地质剖面图

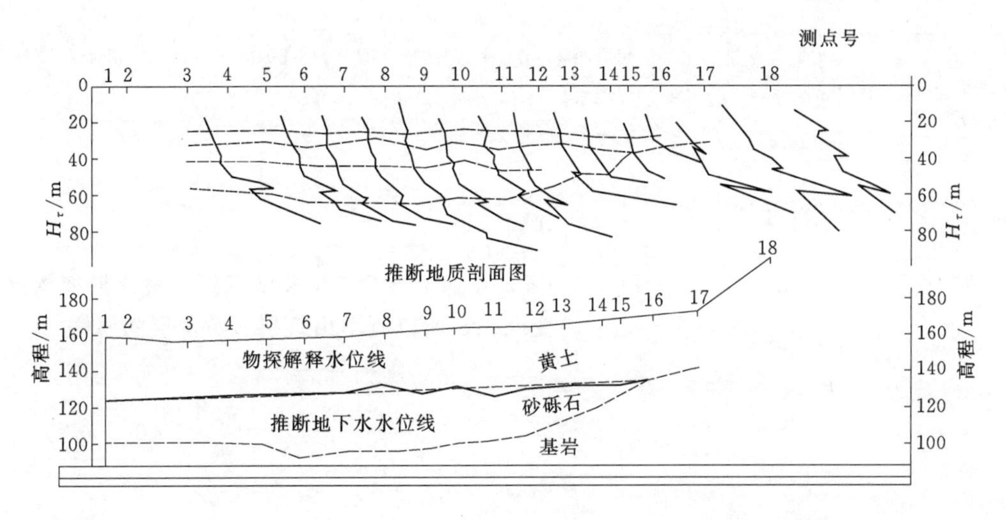

图4.5-30　某坝址TEM地下水水位探测剖面 $S_\tau-H_\tau$ 拟断面图与推断地质剖面图

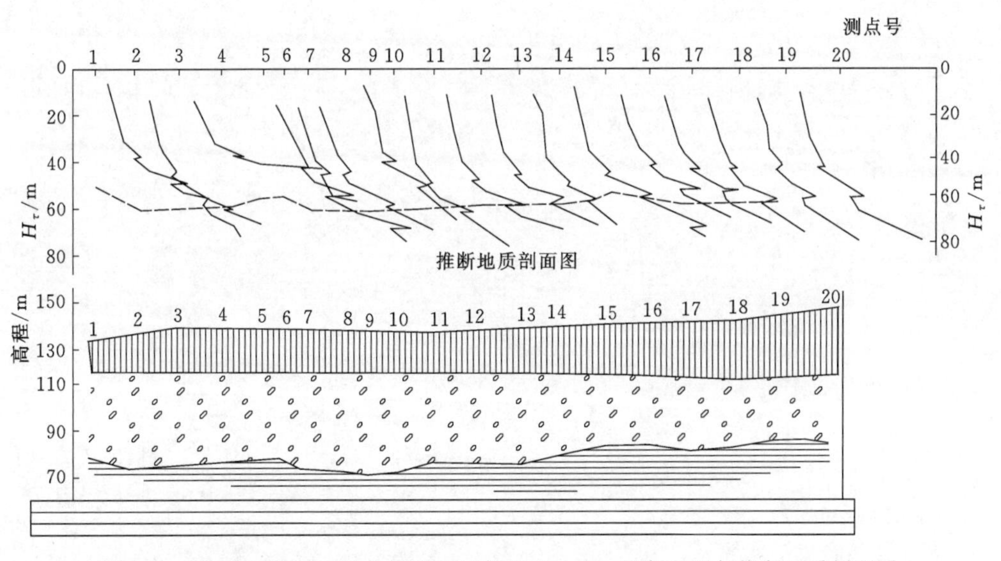

图4.5-31　某坝址TEM古河道探测剖面 $S_\tau-H_\tau$ 拟断面图与推断地质剖面图

利用瞬变电磁法探测成果在该坝址划分的地层结构，与钻孔资料进行对比（见表4.5-4），平均探测误差小于5%。

表4.5-4　钻孔地质分层与TEM分层对照表

钻孔号	地层名称	层底埋深/m	TEM分层埋深/m	相对误差/%
ZK121	黄土	29.7	30	1
	砂砾石	45	43	4.4
ZK106	黄土	3	—	—
	砂砾石	32	34	6.25

续表

钻孔号	地层名称	层底埋深/m	TEM分层埋深/m	相对误差/%
ZK225	黄土	23.6	25	5.9
	砂砾石	72.08	73	1.2
ZK226	黄土	25.3	28	9.8
	砂砾石	47.3	45	4.9

采用高频段，50m×50m重叠回线装置，发送电流为5A的情况下，最大勘探深度可达80余m，由于该方法存在早期道的畸变问题，所以测不出表层、黄土层的厚度。

第 5 章

覆盖层物理力学性质试验

对覆盖层岩土体进行试验的目的是了解覆盖层的物理力学性质，研究在外部荷载与内部应力重分布条件下覆盖层的变形过程和破坏机制，为工程地质条件和问题评价提供基础资料，为水工建筑物设计提供覆盖层土体物理力学参数。

5.1 常规试验项目

目前覆盖层试验大致可分为两大类：模拟试验和标准试验。模拟试验控制的主要条件（边界条件、排水条件、加荷条件）与原型基本相似，要满足此要求有时相当困难，或费用太昂贵，有时甚至技术上也难以实现，这样不得不开展标准试验。标准试验是根据试验要解决的问题所建立的、经过简化和标准化的方法，能够保证试验成果的稳定性和可比性。

覆盖层试验方法类型繁多，试验内容错综复杂，各项试验相互交错、互相补充。选择模拟条件最佳、误差最小、代表性最好、最经济的试验方案不是一件容易的事。因此，如何能以最简捷有效的方式和方法进行试验以获取最大的技术经济效益，是覆盖层试验所必须考虑的问题。

1. 现场试验

覆盖层现场试验主要有物理性质试验和力学性质试验等。覆盖层现场物理性质试验主要内容见表5.1-1。覆盖层现场力学性质试验主要有现场直接剪切试验和平板载荷试验，试验主要内容见表5.1-2和表5.1-3，现场直接剪切试验采用应力控制平推法，可用于测定混凝土与土接触面的抗剪强度，平板载荷试验的反力常用堆载法或锚拉桩法等方法提供。在覆盖层钻孔中也可以开展一系列现场力学性质试验，主要内容见表5.1-4。

2. 室内试验

（1）物理性质试验。覆盖层室内物理性质试验主要有：基本物理性质试验（含水率、比重、密度，以及由基本物理性质试验成果计算得到的其他基本物理性质指标）、黏性土的界限含水率试验、颗粒分析试验、相对密度试验等，试验主要内容见表5.1-5～表5.1-9。

表5.1-1 覆盖层现场物理性质试验主要内容

试验名称	试验方法	试验得出指标			指标的应用
		名称	单位	符号	
含水率试验	酒精燃烧法、炒干法	含水率	%	ω	计算干密度、饱和度等其他指标
密度试验	灌砂法、灌水法	（湿）密度	g/cm^3	ρ	1. 计算干密度、孔隙比等其他指标； 2. 评价土的紧密程度； 3. 计算土压力、应力应变及土的稳定性
颗粒分析试验	筛分法	各粒组质量			各粒组质量占总质量的百分数

表 5.1-2 覆盖层现场直接剪切试验主要内容

试验方法	试验得出指标			指标的应用
	名称	单位	符号	
现场直接剪切试验	内摩擦角	(°)	φ	1. 评价土的抗剪能力； 2. 计算土的稳定性、土压力、变形及承载能力
	凝聚力	MPa	c	

表 5.1-3 覆盖层平板载荷试验主要内容

试验方法	试验得出指标			指标的应用
	名称	单位	符号	
平板载荷试验	承载力	MPa	f_0	计算土的稳定性、土压力、变形及承载能力
	变形模量	MPa	E_0	

表 5.1-4 覆盖层钻孔现场力学性质试验适用范围及结果应用

试验名称	适用范围及结果应用
十字板剪切试验	一般用于测定饱和软黏土的不排水抗剪强度 c_u 和灵敏度 S_t，用于计算土的稳定性、土压力、变形及承载能力
标准贯入试验	适用于不含砾石的细粒类土和砂类土，测得标贯器贯入土中所需的击数，用于：①计算砂类土的内摩擦角 φ、黏性土的不排水抗剪强度 c_u；②黏性土的无侧限抗压强度 q_u；③评价砂类土的紧密程度和黏性土的稠度状态；④评定土的承载力和变形模量；⑤判定土液化的可能性
静力触探试验	适用于不含砾石的细粒类土和砂类土，试验时通过施加压力将贯入器探头在一定速率下匀速贯入土中，同时测定贯入阻力和孔隙水压力，计算锥头阻力、孔隙水压力、固结系数等指标，用于：①土的分类；②估算黏性土的不排水抗剪强度 c_u；③评定土的固结程度；④判定土液化的可能性；⑤计算土的沉降量
动力触探试验	试验分为轻型、重型和超重型3种，分别适用于细粒类土、砂类土和砾类土、砾类土和卵石类土。试验时测定探头锤击进入一定深度土层所需的击数，用于：①确定土的承载力和变形模量；②评定土的紧密程度；③判定土液化的可能性
旁压试验	旁压试验的仪器分为预钻式和自钻式两种。试验时将旁压器放入土中，施加压力后测定土在水平向的应力应变关系，试验结果除可得出土的承载力基本值 f_0、旁压模量 E_m、不排水抗剪强度 c_u、静止土压力系数 K_0 外，还可用于估算土的变形模量 E_0 和沉降量，以及评价土的稠度状态和紧密程度
波速试验	波速试验分为单孔法、跨孔法和面波法。通过测定压缩波、剪切波及瑞利波在土中的传播速度，计算得出土的动剪切模量 G_d、动弹性模量 E_d、动泊松比 μ_d 等动力特性参数，用于场地类别划分和土动力分析等

表 5.1-5 覆盖层基本物理性质试验主要内容

试验名称	试验方法	试验得出指标			指标的应用
		名称	单位	符号	
含水率试验	烘干法、酒精燃烧法	含水率	%	ω	计算干密度、饱和度等其他指标
密度试验	环刀法、蜡封法	(湿) 密度	g/cm^3	ρ	1. 计算干密度、孔隙比等其他指标； 2. 评价土的紧密程度； 3. 计算土压力、应力应变及土的稳定性
比重试验	比重瓶法、虹吸筒法、浮称法	(土粒) 比重		G	计算孔隙比等其他指标

表 5.1-6　由基本物理性质试验成果计算得到的其他基本物理性质指标

指标名称	单位	符号	指标的应用
干密度	g/cm^3	ρ_d	1. 计算孔隙比等其他指标； 2. 评价土的紧密程度； 3. 计算土压力、应力应变及土的稳定性
饱和密度		ρ_{sr}	
浮密度		ρ'	
孔隙比		e	1. 评价土的紧密程度； 2. 计算土的浮密度、无黏性土的相对密度； 3. 计算土的压缩性指标； 4. 评价土的渗透性、承载能力等
孔隙率	%	n	
饱和度	%	S_r	评价土的含水状态等

表 5.1-7　覆盖层黏性土的界限含水率试验主要内容

试验方法	试验得出指标			指标的应用
	名称	单位	符号	
液限塑限联合试验	液限	%	ω_L	1. 计算土的塑性指数 I_P、液性指数 I_L、含水比 u、活动度 A 等指标； 2. 对细粒类土进行分类定名、判别土的状态； 3. 估算土的力学性质参数； 4. 评价土的承载能力
	塑限		ω_P	
碟式仪液限试验	液限		ω_L	
搓滚法塑限试验	塑限		ω_P	

表 5.1-8　覆盖层颗粒分析试验主要内容

试验方法	试验得出指标	指标的应用
筛分法	各粒组质量占总质量的百分数	1. 绘制土的颗粒级配曲线，从曲线上可查得土的限制粒径 d_{60}、平均粒径 d_{50}、中间粒径 d_{30}、有效粒径 d_{10}，计算土的不均匀系数 C_u、曲率系数 C_c； 2. 确定土中各粒组分布状况，对土进行分类定名； 3. 估算土的力学性质参数，进行反滤层设计计算； 4. 评价砂土和细粒类土的液化可能性
密度计法		

表 5.1-9　覆盖层相对密度试验主要内容

试验方法	试验得出指标			指标的应用
	名称	单位	符号	
相对密度仪法	最小干密度、最大干密度	g/cm^3	$\rho_{d\min}$、$\rho_{d\max}$	1. 计算无黏性土的相对密度 D_r； 2. 评价无黏性土的紧密程度； 3. 评价砂土和粉土的液化可能性； 4. 控制填筑标准及施工质量
振动台法				

（2）力学性质试验。覆盖层室内力学性质试验主要有压缩特性试验、抗剪强度及应力应变参数试验、动力特性试验，试验主要内容见表 5.1-10～表 5.1-12。

（3）水质分析试验。覆盖层地下水及河水的水质分析试验主要项目见表 5.1-13。

（4）土化学试验。覆盖层土化学分析试验主要项目见表 5.1-14。

表 5.1-10 覆盖层压缩特性试验主要内容

试验方法	试验得出指标			指标的应用
	名称	单位	符号	
标准固结试验	压缩系数	MPa^{-1}	a_v	1. 计算土层的压缩或沉降变形； 2. 评价坝基的承载能力； 3. 计算土层的固结时间和固结程度； 4. 判断土的固结状态
	压缩模量	MPa	E_s	
	体积压缩系数	MPa^{-1}	m_v	
	压缩或回弹指数		C_c 或 C_s	
	固结系数		C_v	
	先期固结压力	MPa	p_c	

表 5.1-11 覆盖层抗剪强度及应力应变参数试验主要内容

试验名称	试验方法	试验得出指标			指标的应用
		名称	单位	符号	
直接剪切试验	快剪 固结快剪 慢剪 反复剪	内摩擦角	(°)	φ	1. 评价土的抗剪能力； 2. 计算土的稳定性、土压力、变形及承载能力
		凝聚力	MPa	c	
三轴试验	不固结不排水剪 固结不排水剪 固结排水剪	内摩擦角	(°)	φ	
		凝聚力	MPa	c	
	孔隙水压力消散试验	孔隙水压力系数		B	1. 计算及研究土的应力与孔隙水压力关系； 2. 计算、评价土的固结及沉降状态
		孔压消散度	%	D_c	
		孔压消散系数	cm^2/s	C'_v	
	无侧限抗压强度试验	无侧限抗压强度	MPa	q_u	估计土的抗剪强度及承载能力

表 5.1-12 覆盖层动力特性试验主要内容

试验方法	试验得出指标			指标的应用
	名称	单位	符号	
动三轴试验	动强度	MPa	c_d	1. 评价土的抗动荷载能力； 2. 判定砂土、粉土及少黏性土的液化可能性
		(°)	φ_d	
	液化应力比		τ_d/σ'_0	
	动弹性模量	MPa	E_d	计算、分析土在动荷载作用下的应力应变关系及稳定性
	动剪切模量	MPa	G_d	
	阻尼比		λ_d	
共振柱试验	动弹性模量	MPa	E_d	
	动剪切模量	MPa	G_d	
	阻尼比		λ_d	

表 5.1-13　水质分析试验主要项目

试验名称	试验项目	试验或样品要求及结果应用
简分析	宜包括外观、嗅味、透明度、悬浮物、沉淀物（以上项目无特殊要求时，仅作定性描述）、硫化氢（定性检定）、pH值、电导率、游离二氧化碳、侵蚀性二氧化碳、碱度（包括HCO_3^-、CO_3^{2-}、OH^-离子）、氯离子、硫酸根离子、钙离子、镁离子、硬度（总硬度、碳酸盐硬度、非碳酸盐硬度或负硬度）、钠和钾（计算值）、矿化度（计算值）	试验样品需要两瓶，其中大瓶不少于1000mL，小瓶不少于250mL（瓶内加入大理石粉）。 试验结果用于对水化学类型做一般了解，评价水对混凝土的侵蚀性
全分析	除简分析项目外，视需要增加：铁（Fe^{2+}、Fe^{3+}）、锰、铵离子、亚硝酸根离子、硝酸根离子、有机氮（或总氮）、磷酸盐、高锰酸盐指数、溶解氧、硫化物、可溶性二氧化硅、总蒸发残渣、溶解性蒸发残渣、钾、钠	试验样品需要两瓶，其中大瓶不少于3000mL，小瓶不少于250mL（瓶内加入大理石粉）。需现场预处理的样品应另外采集。 试验结果用于对水的物理性质和化学性质进行全面了解及评价
特殊试验	铜、铅、锌、镉、铬、汞、氰化物、氟化物、砷、阴离子合成洗涤剂、挥发性酚类、化学需氧量、生物化学需氧量等	用于全面了解水受污染程度及评价饮用、灌溉、水产养殖等用水的可能性

表 5.1-14　土化学分析试验主要项目

项目	方法	目　的	适用范围
酸碱度试验	电测法	评定岩土的酸碱性	各类岩石和土
易溶盐试验	易溶盐总量测定	测定土中氯化盐类、易溶的硫酸盐和碳酸盐类等易溶盐总的含量	含易溶盐土
	不同易溶盐类测定	分别测定土中不同易溶盐的含量。包含碳酸根和重碳酸根的测定；氯根的测定；硫酸根的测定；钙、镁离子的测定；钾、钠离子的测定	
中溶盐试验		测定岩土中石膏的含量。评价其受水溶滤性和对混凝土的侵蚀性等	含石膏岩土
难溶盐试验		测定土中碳酸钙的含量	含钙、镁的碳酸盐土
有机质试验		测定土中有机质的含量	含有机质土
化学成分试验		对岩石、土及黏土矿物中的硅、铁、铝、钙、镁、钾、钠的氧化物含量及烧失量含量进行测定	各类岩石和土
黏土矿物组成试验	阳离子交换量法	通过对粒径小于2μm粒组的阳离子交换量的测定，可大致反映土中黏粒含量和黏土矿物成分	黏土
	比表面积法	测定粒径小于2μm粒组的比表面积，并按其大小和特点来确定主要的黏土矿物类型	粒径小于2μm粒组试样的各类岩石和土
	X-射线、差热分析、电镜扫描	对粒径小于2μm粒组的黏土矿物进行鉴定，定性或半定量判断土的矿物组成	

5.2　物理性质试验

金沙江下游某坝址河床覆盖层岩组根据其物质颗粒粒度特征，可以划分为粗粒土和细粒土两类。其中，Ⅰ岩组（Q_3^{al}-Ⅰ）为含卵砾中细砂土层，Ⅱ岩组（Q_3^{al}-Ⅱ）为含漂块石卵砾碎石土层，Ⅳ岩组的 Q_3^{al} -Ⅳ$_1$ 为漂块石碎石土层，Ⅴ岩组（Q_4^{al} -Ⅴ）为漂块石碎石土夹砂卵砾石层，以上岩组均为粗粒土。Ⅲ岩组（Q_3^{al} -Ⅲ）为粉砂质黏土层，Ⅳ岩组的 Q_3^{al} -Ⅳ$_2$为粉砂质黏土层，均为细粒土。

5.2.1 粗粒土的物理性质试验

1. 颗粒级配分析

覆盖层通常由固体颗粒、液体水和气体3个部分组成。固体颗粒构成覆盖层土体的骨架，其大小和形状、矿物成分及其组成是决定岩土的工程性质的重要因素。粗粒土的颗粒级配分析是通过颗分试验及颗粒级配累积曲线来研究土粒的均匀性与级配特征，通过对不同层位覆盖层土体的土粒粒度分析，不仅可以确定土的名称，分析研究土的粒度组成特征，还可以判别土的渗透变形类型。

（1）粗粒土颗粒分析试验。在不同位置的河床钻孔、不同深度中取了多组覆盖层粗粒土试样进行颗粒分析试验。粗粒土岩组颗粒分析试验结果统计汇总见表5.2-1。从颗粒分析试验成果可以看出，其颗粒粒度主要具有以下特征：

1）试验结果中没有漂石或块石颗粒（粒径＞200mm），且巨粒（粒径＞60mm）含量普遍较低。主要原因是受钻探孔径影响所致，在钻孔中不能获取漂石或块石颗粒（粒径＞200mm）或难以获取巨粒（粒径＞60mm），从而造成颗粒分析试验的试样缺乏漂石或块石颗粒（粒径＞200mm）或巨粒（粒径＞60mm）含量偏低。

2）受钻孔取样条件的影响，粗粒与细粒含量偏高，特别是粗粒含量明显偏高。因此，根据颗粒分析试验结果所确定的土的名称主要为砂类土与砾类土，而巨粒混合土［漂石混合土（SIB）和卵石混合土（SIC_b）］很少。

表5.2-1　粗粒土岩组颗粒分析试验结果统计汇总表

岩组	颗粒组成/%									土样定名
	＞200mm	200～60mm	60～20mm	20～5mm	5～2mm	2～0.5mm	0.5～0.25mm	0.25～0.075mm	≤0.075mm	
Ⅴ	0.0	3.4	15.0	20.9	16.1	12.1	6.9	11.4	14.2	GF含细粒土砾
	0.0	10.6	19.3	18.7	8.9	10.6	6.8	14.6	10.5	SF含细粒土砂
	0.0	0.0	3.5	11.1	17.6	20.1	12.0	18.6	17.1	SC黏土质砂
	0.0	0.0	1.5	8.3	14.2	26.0	10.8	21.8	17.4	SC黏土质砂
	0.0	38.1	19.2	4.2	3.6	12.0	8.1	11.8	3.0	SIC_b卵石混合土
	0.0	24.5	12.0	10.9	8.3	11.7	3.5	13.5	15.6	SIC_b卵石混合土
Ⅳ-1	0.0	0.0	6.5	11.8	14.0	26.8	7.6	15.3	18.0	SC黏土质砂
	0.0	2.5	0.8	7.0	11.1	21.4	12.2	25.8	19.2	SC黏土质砂
Ⅱ	0.0	7.4	21.2	10.2	9.3	18.7	5.6	13.6	14.0	SF含细粒土砂
	0.0	22.6	19.7	6.3	3.0	7.8	7.6	22.9	10.1	SIC_b卵石混合土
	0.0	19.0	16.4	16.8	8.3	11.2	4.4	10.0	13.9	SIC_b碎石混合土
	0.0	20.1	12.6	16.0	7.6	8.5	6.1	15.4	13.7	SIC_b卵石混合土

续表

岩组	颗粒组成/%									土样定名
	>200mm	200～60mm	60～20mm	20～5mm	5～2mm	2～0.5mm	0.5～0.25mm	0.25～0.075mm	≤0.075mm	
Ⅰ	0.0	5.4	1.4	2.7	5.0	21.1	15.8	27.6	21.0	SC 黏土质砂
	0.0	3.6	1.5	2.2	4.8	37.5	7.1	18.4	24.9	SM 粉土质砂
	0.0	0.0	10.0	6.0	5.7	12.2	13.5	39.5	13.1	SF 含细粒土砂
	0.0	0.0	0.0	1.0	5.5	53.1	9.7	12.6	18.1	SM 粉土质砂
	0.0	0.0	0.0	0.9	8.2	50.1	6.0	10.5	24.3	SM 粉土质砂

3）大部分试样各粒组的含量差异较小，说明组成覆盖层粗粒土岩组的物质颗粒是不均匀的，级配较好。

4）根据颗粒分析试验结果所确定的土的名称与各岩组土的名称不一致，主要原因有两方面：一方面是受取样条件的影响，在取样时有时仅取了某一岩组某一段的试验样品；另一方面是同一岩组并不是一个均匀的土层，而是由几种土体组成的，中间有不同类型土的夹层或透镜体存在。

（2）颗粒级配累积曲线分析。累积曲线法是比较全面和通用的一种图解法，累积曲线是分析粗粒土颗粒级配特征或粒度成分的重要曲线，其特点是可简单获得系列定量指标，特别适用于几种粗粒土级配优劣的对比。

根据颗粒级配累积曲线可以对土的颗粒组成进行分析：一方面可以大致判断土粒的均匀程度或级配是否良好；另一方面可以简单地确定土粒级配的定量指标。

反映土粒级配的主要定量指标一般包括 d_{10}（有效粒径）、d_{30}（中值粒径）和 d_{60}（限制粒径），通过 d_{10}（有效粒径）、d_{30}（中值粒径）和 d_{60}（限制粒径）可以获得土粒级配的两个重要的定量指标，即不均匀系数 C_u 和曲率系数 C_c。C_u 和 C_c 的计算采用式（5.2-1）和式（5.2-2）：

$$C_u = d_{60}/d_{10} \tag{5.2-1}$$

$$C_c = d_{30}^2/(d_{10} \times d_{60}) \tag{5.2-2}$$

C_u 反映不同粒组的分布情况，即粒度的均匀程度，不均匀系数 C_u 越大表示粒度的分布范围越大，土粒越不均匀，级配越良好。C_c 可描述颗粒级配累积曲线的整体形态，表示某粒组是否缺失，反映了限制粒径 d_{60} 与有效粒径 d_{10} 之间各粒组含量的分布情况。

一般情况下，工程上常把 $C_u \leqslant 5$ 的土称为匀粒土；反之 $C_u > 5$ 的土则称为非匀粒土。C_c 反映粒径分布曲线的整体形状及细粒含量。研究指出，$C_c < 1.0$ 的土往往级配不连续，细粒含量大于 30%；$C_c > 3$ 的土级配也是不连续的，细粒含量小于 30%。故 $C_c = 1 \sim 3$ 时土粒大小级配的连续性较好。因此，良好级配的土多数累积曲线呈回面朝上的形式，坡度较缓，粒径级配连续，粒径曲线分布范围表现为平滑，同时满足 $C_u > 5$ 及 $C_c = 1 \sim 3$ 的条件。不良级配的土颗粒较均匀，曲线陡，分布范围狭窄，不能同时满足 $C_u > 5$ 及 $C_c = 1 \sim 3$ 的条件。

对于级配连续的土，采用单一指标 C_u 即可达到比较满意的判别结果。但缺乏中间粒径（d_{60} 与 d_{10} 之间的某粒组）的土，即级配不连续、累积曲线呈台阶状，此时采用单一指

标 C_u 难以有效判定土的级配优劣。当砾类土或砂类土同时满足 $C_u>5$ 和 $C_c=1\sim3$ 两个条件时，则为良好级配砾或良好级配砂；如不能同时满足，则为级配不良。

根据覆盖层粗粒土的颗粒级配累积曲线获得的覆盖层粗粒土级配特征或粒度成分的相关指标见表5.2-2。

表5.2-2　粗粒土颗粒级配的定量指标统计表

岩组	d_{10}/mm	d_{30}/mm	d_{60}/mm	不均匀系数 C_u	曲率系数 C_c	级配特征
Ⅴ	0.003	0.4	4.8	1600.0	11.1	不良
	0.055	0.4	9.7	176.4	0.3	不良
	0.001	0.21	1.3	1300.0	33.9	不良
	0.0007	0.19	0.85	1214.3	60.7	不良
	0.19	1.1	55.6	292.6	0.1	不良
	0.002	0.28	13.8	6900.0	2.8	良好
Ⅳ-1	0.0005	0.22	1.4	2800.0	69.1	不良
Ⅱ	0.005	0.35	4.3	860.0	5.7	不良
	0.06	0.24	24	400.0	0.1	不良
	0.004	0.63	15	3750.0	6.6	不良
	0.004	0.27	11.5	2875.0	1.6	良好
Ⅰ	0.0004	0.25	0.83	2075.0	188.3	不良
	0.00003	0.17	0.84	28000.0	1146.8	不良
	0.002	0.16	0.4	200.0	32.0	不良
	0.00003	0.15	0.71	23666.7	1056.3	不良
	0.02	0.19	0.34	17.0	5.3	不良

根据覆盖层岩组划分结果，通过对粗粒土颗粒分析试验结果的分析统计，可获得坝址区覆盖层粗粒土各岩组颗粒分析结果，见表5.2-3。

表5.2-3　粗粒土各岩组颗粒分析结果统计表

岩组	值别	颗粒组成/%								
		>200mm	200～60mm	60～20mm	20～5mm	5～2mm	2.0～0.5mm	0.5～0.25mm	0.25～0.005mm	≤0.005mm
Ⅴ	均值	0	12.8	11.7	12.5	10.0	15.6	8.8	15.3	13.3
Ⅳ-1	均值	0	1.3	3.7	9.4	12.6	24.1	9.7	20.6	18.6
Ⅱ	均值	0	12.3	12.4	12.3	7.1	11.5	6.0	10.5	22.9
Ⅰ	均值	0	1.8	2.6	2.6	5.8	34.8	10.4	21.7	20.3

从表5.2-3可以看出，粗粒土各岩组的土粒粒度具有以下特征：

1）各岩组的颗粒分析试验结果中都没有漂石或块石颗粒（粒径>200mm），且巨粒（粒径>60mm）含量较低。

2）受钻孔取样条件的影响，粗粒与细粒含量偏高，特别是粗粒含量偏高。

3）覆盖层粗粒土颗粒不均匀，级配不良。

根据表5.2-3绘制的颗粒级配累积曲线如图5.2-1所示。

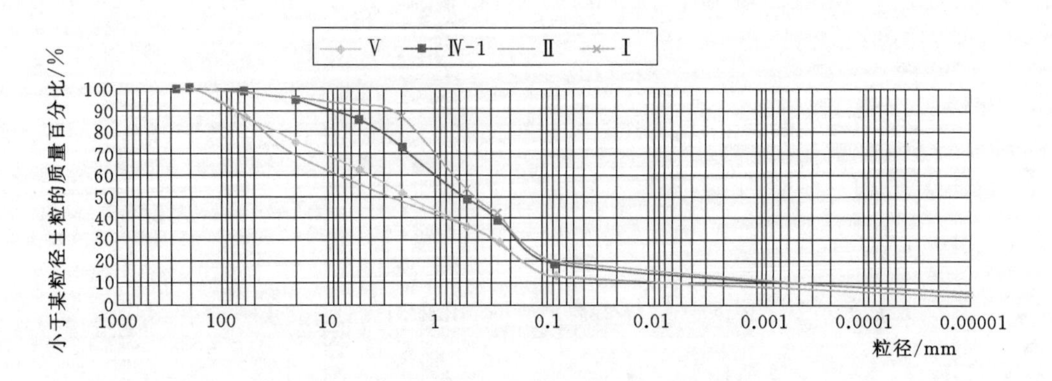

图5.2-1　粗粒土岩组的颗粒级配累积曲线

从图5.2-1可以看出：粗粒土岩组的颗粒级配累积曲线主要为瀑布式和直线式，无阶梯式曲线类型，其中Ⅰ岩组为直线式曲线，Ⅱ、Ⅳ、Ⅴ岩组为瀑布式曲线。说明覆盖层粗粒土的Ⅰ岩组最可能发生流砂（或称流土），粗粒土的Ⅱ、Ⅳ、Ⅴ岩组最可能发生管涌式破坏。通过图5.2-1获得的粗粒土各岩组的级配特征或粒度成分的相关指标见表5.2-4。

表5.2-4　　粗粒土各岩组颗粒级配定量指标统计表

岩组	值别	有效粒径 d_{10}/mm	中值粒径 d_{30}/mm	限制粒径 d_{60}/mm	不均匀系数 C_u	曲率系数 C_c	级配特征
Ⅴ	均值	0.004	0.3	4	1000.0	5.6	不良
Ⅳ-1	均值	0.002	0.18	0.99	495.0	16.4	不良
Ⅱ	均值	0.004	0.26	8	2000.0	2.1	良好
Ⅰ	均值	0.002	0.16	0.69	345.0	18.6	不良

根据颗粒分析试验结果，应用 C_u 和 C_c 两个指标对土的均匀性进行判别，结果表明除Ⅱ岩组外，其余粗粒土岩组均为颗粒级配不良。

2. 粗粒土物理性质指标

（1）物理性质试验。表征覆盖层土的物理性质指标很多，其中最基本的指标有3个，即土粒比重（土粒相对密度）G_s、土的含水量 ω 和土的密度 ρ，这3个基本指标可以由室内土工试验直接测定，其余物理指标可通过这3个基本指标换算获得。

1）室内土工试验。在河床钻孔中取样进行物理性质室内土工试验，通过对试验结果整理分析，获得的粗粒土物理性质室内土工试验成果见表5.2-5。

2）粗粒土各岩组物理性质指标。根据物理性质室内土工试验成果，结合覆盖层粗粒土各岩组划分资料，获取的粗粒土各岩组的物理性质指标统计见表5.2-6。

表 5.2-5　　粗粒土的物理性质室内土工试验成果表

岩组	比重 G_s	含水量 /%	密度 /(g/cm³)	干密度 /(g/cm³)	孔隙比 e	饱和度 /%
Ⅴ	2.73	6.6	1.97	1.84	0.48	37.5
	2.72	6.2	2.19	2.06	0.32	52.7
	2.73	7.4	2.10	1.96	0.39	51.8
	2.72	5.9	2.14	2.02	0.35	45.9
	2.82	3.4	2.21	2.14	0.32	30.0
	2.75	3.5	2.03	1.96	0.40	24.1
Ⅳ-1	2.72	7.4	2.00	1.86	0.46	43.8
	2.72	6.4	2.03	1.91	0.42	41.4
Ⅱ	2.78	5.9	2.26	2.13	0.31	52.9
	2.81	6.8	2.20	2.06	0.36	53.1
	2.80	3.9	2.30	2.21	0.27	40.4
	2.82	4.2	2.23	2.14	0.31	38.2
Ⅰ	2.83	6.8	2.17	2.03	0.39	49.3
	2.83	7.2	2.20	2.05	0.38	53.6
	2.82	7.2	2.08	1.94	0.45	45.1
	2.78	3.8	1.96	1.89	0.47	22.5

表 5.2-6　　粗粒土各岩组的物理性质指标统计表

岩组	值别	比重 G_s	含水量 /%	密度 /(g/cm³)	干密度 /(g/cm³)	孔隙比 e	饱和度 /%
Ⅴ	平均值	2.75	5.5	2.11	2.00	0.38	40.3
Ⅳ-1	平均值	2.72	6.9	2.02	1.89	0.44	42.6
Ⅱ	平均值	2.80	5.2	2.25	2.14	0.31	46.2
Ⅰ	平均值	2.80	6.4	2.10	1.99	0.42	43.2

（2）粗粒土密实度分析。粗粒土的密实程度是粗粒土物理性质研究的一项重要内容。通过对粗粒土的密实程度的研究不仅可以了解其物理状态，而且能够初步判定其工程地质特性，如粗粒土呈密实状态时强度较大，反之强度较低。

砂土密实度在一定程度上可以根据天然孔隙比 e 来评定，但对于级配相差较大的不同类粗粒土，根据大然孔隙比 e 难以有效判定密实度的相对高低。

为了合理判定砂土的密实度状态，引用了相对密度 D_r 指标。从理论上讲，相对密度 D_r 的理论比较完善，也是国际上通用的划分砂类土密实度的方法，但测定相关指标的试验方法存在一些问题。为了使砂土密实度评判更简便，同时与相对密度 D_r 的划分标准相对应，有学者建立了砂土相对密度 D_r 与天然孔隙比 e 的关系，得出了依据天然孔隙比 e 确定砂土密实度的标准，见表 5.2-7。

表 5.2-7　按天然孔隙比 e 划分砂土密实度

土的名称＼密实度	密实	中密	稍密	松散
砾砂土、粗砂土、中砂土	$e<0.60$	$0.60\leqslant e<0.75$	$0.75\leqslant e<0.85$	$e\geqslant 0.85$
细砂土、粉砂土	$e<0.70$	$0.70\leqslant e<0.85$	$0.85\leqslant e<0.95$	$e\geqslant 0.95$

对于粗粒土的密实度可按重型动力触探试验锤击数 $N_{63.5}$ 划分，但对于大颗粒含量较多的粗粒土，其密实度很难通过试验判定。在有条件的情况下，可以通过野外鉴别的方法进行划分。

根据粗粒土各岩组的颗粒特征，结合已有试验资料，对粗粒土各岩组的密实度采用物理指标法、原位测试法或二者结合进行分析研究。

1）物理指标法分析密实度。根据粗粒土的密度、干密度和孔隙比等室内试验成果，可以评判其密实度，见表 5.2-8。

表 5.2-8　粗粒土各岩组的密实度分析成果表

岩组	值别	密度/(g/cm³)	干密度/(g/cm³)	孔隙比 e	密实程度
Ⅴ	平均值	2.11	2.00	0.38	密实
Ⅳ-1	平均值	2.02	1.89	0.44	密实
Ⅱ	平均值	2.25	2.14	0.31	密实
Ⅰ	平均值	2.10	1.99	0.42	密实

2）原位测试法分析密实度。原机械部第二勘察院将探井实测孔隙比与重型圆锥动力触探击数相对比，得出重型圆锥动力触探击数确定粗粒土的孔隙比和密实度的标准，见表 5.2-9 和表 5.2-10。

表 5.2-9　触探击数 $N_{63.5}$ 与孔隙比 e 的关系

$N_{63.5}$		3	4	5	6	7	8	9	10	12	15
孔隙比 e	中砂	1.14	0.97	0.88	0.81	0.76	0.73				
	粗砂	1.05	0.90	0.80	0.73	0.68	0.64	0.62			
	砾砂	0.90	0.75	0.65	0.58	0.53	0.50	0.47	0.45		
	圆砾	0.73	0.62	0.55	0.50	0.46	0.43	0.41	0.39	0.36	
	卵石	0.66	0.56	0.50	0.45	0.41	0.39	0.36	0.35	0.32	0.29

注　表中触探击数为校正后的击数。

表 5.2-10　触探击数 $N_{63.5}$ 与砂土密实度的关系

土的分类	$N_{63.5}$	砂土密度	孔隙比 e
砾砂	<5	松散	>0.65
	5～8	稍密	0.65～0.50
	8～10	中密	0.50～0.45
	>10	密实	<0.45

续表

土的分类	$N_{63.5}$	砂土密度	孔隙比 e
粗砂	＜5	松散	＞0.80
	5～6.5	稍密	0.80～0.70
	6.5～9.5	中密	0.70～0.60
	＞9.5	密实	＜0.60
中砂	＜5	松散	＞0.90
	5～6	稍密	0.90～0.80
	6～9	中密	0.80～0.70
	＞9	密实	＜0.70

根据表5.2-9和表5.2-10，采用重型动力触探试验获得了粗粒土相应的物理指标与密实状态。所有粗粒土地层的校正 $N_{63.5}$ 均大于10次，根据规范判断，粗粒土各岩组均为密实状态。

根据粗粒土各岩组的重型动力触探试验结果获得的粗粒土各岩组密实度判别结果见表5.2-11。

表5.2-11　　粗粒土岩组重型动力触探试验密实度统计表

岩组	Ⅴ	Ⅳ-1	Ⅱ	Ⅰ
指标	校正击数	校正击数	校正击数	校正击数
$N_{63.5}$	13.3	14.8	15.6	18.5
孔隙比	0.30	0.29	0.28	＜0.45
密实程度	密实	密实	密实	密实

从表5.2-11的试验成果可以看出，覆盖层的Ⅴ、Ⅳ-1、Ⅱ和Ⅰ各粗粒土类岩组的重型动力触探杆长校正击数（$N_{63.5}$）为13.3～18.5，孔隙比均小于0.45，因此Ⅴ、Ⅳ-1、Ⅱ和Ⅰ粗粒土类岩组在天然状态下均呈密实状态。

3）粗粒土密实度对比分析。从河床覆盖层的Ⅰ、Ⅱ、Ⅳ-1、Ⅴ岩组的形成年代来看，除Ⅴ岩组为 Q_4 时期外，其余的Ⅰ、Ⅱ、Ⅳ岩组粗粒土全部为 Q_3 时期；从密度、干密度以及孔隙比来看，各岩组的密度和干密度均大于2.0g/cm^3，孔隙比均小于0.45。因此，判定河床覆盖层粗粒土Ⅰ、Ⅱ、Ⅳ-1和Ⅴ岩组天然状态为密实状态是合理的。

5.2.2　细粒土的物理性质试验

根据金沙江下游某坝址河床覆盖层堆积物的岩组划分，覆盖层Ⅲ、Ⅳ-2岩组为细粒土岩组。

1. 细粒土物理性质指标分析

细粒土的物理性质指标可以根据室内土工试验确定。物理性质指标主要包括颗粒比重、密度、含水量、液限、塑限等。

室内试验表明，试样比重值比较接近，均值为2.76，说明土体的矿物成分及矿物含量近似；天然状态下含水量均值为33.6%，大于塑限；天然密度均值为1.89g/cm³，土体呈可塑状态。饱和度平均为95.7%，土体接近饱和状态；液限均值为47.5%，塑限均值为21.5%，塑性指数均值为25.9%，液限指数均值为47%。黏粒含量均值为71.0%。依据土样颗粒组成和液、塑限图，将土样分别定名为黏土和粉质黏土。

2. 岩组颗粒级配分析

通过细粒土的颗粒分析试验获得的细粒土各岩组的颗粒分析结果见表5.2-12。

表5.2-12　细粒土各岩组颗粒分析结果统计表

岩组	值别	颗粒组成/%				
		0.25～0.075mm	0.075～0.05mm	0.05～0.01mm	0.01～0.005mm	<0.005mm
Ⅳ-2	均值	1.89	3.83	22.33	20.67	51.28
Ⅲ	均值	0.31	1.15	10.15	12.85	75.54

从表5.2-12可以看出，细粒土的Ⅳ-2和Ⅲ岩组以0.05～0.01mm、0.01～0.005mm和<0.005mm粒组为主，这3个粒组总含量分别达94.28%和98.54%。

根据表5.2-12绘制的细粒土的Ⅳ-2和Ⅲ岩组的颗粒级配累积曲线如图5.2-2所示，Ⅳ-2、Ⅲ岩组的颗粒级配累积曲线形状相同，颗粒粒度特征类似。

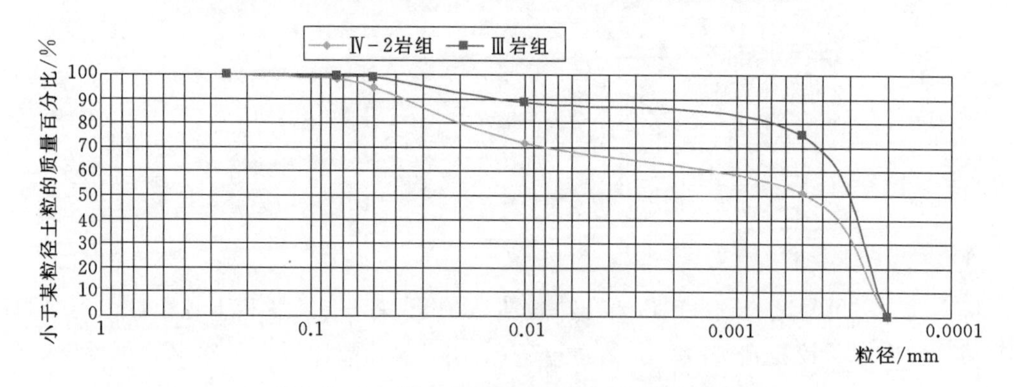

图5.2-2　细粒土各岩组的颗粒级配累积曲线

3. 细粒土可塑性分析

细粒土的可塑性（状态）一般是根据土工试验确定的液性指数和原位测试（标准贯入试验）来分析，即指标法和原位测试法。

（1）指标法。根据液性指数划分细粒土（黏性土）的可塑状态，不同行业的规范有所差异，一般根据《建筑地基基础设计规范》（GB 50007）中的划分标准（见表5.2-13）划分细粒土的软硬状态（可塑性）。

表5.2-13　黏性土的状态

状态	坚硬	硬塑	可塑	软塑	流塑
液性指数	$I_L \leqslant 0$	$0 < I_L \leqslant 0.25$	$0.25 < I_L \leqslant 0.75$	$0.75 < I_L \leqslant 1.00$	$I_L > 1.00$

（2）原位测试法。标准贯入测试是确定细粒土物理力学性质常用的一种原位测试方法。根据标准贯入测试结果确定细粒土的可塑性的标准较多，如冶金部武汉勘察公司采用

标准贯入击数 N 值划分黏性土的状态，见表 5.2-14。

表 5.2-14　　液性指数 I_L 与 N 的关系

N	<2	2～4	4～7	7～18	18～35	>35
I_L	>1	1～0.75	0.75～0.50	0.50～0.25	0.25～0	<0
土的状态	流塑	软塑	软可塑	硬可塑	硬塑	坚塑

上海市标准《岩土工程勘察规范》建议按表 5.2-15 划分土的状态。

表 5.2-15　　土的稠度状态划分表

N	<2	2～3	4～7	8～15	16～30	>30
土的状态	流塑	软塑	软可塑	硬可塑	硬塑	坚塑

《铁路工程地质原位测试规程》（TB 10018）中黏性土的塑性状态按表 5.2-16 划分。

表 5.2-16　　黏性土的塑性状态划分

N/(击/30cm)	$N\leqslant2$	$2<N\leqslant8$	$8<N\leqslant32$	$N>32$
液性指数 I_L	>1	1～0.75	0.25～0	<0
塑性状态	流塑	软塑	硬塑	坚塑

根据覆盖层细粒土的标准贯入测试结果，采用冶金部武汉勘察公司的标准，对覆盖层细粒土的可塑性进行分析，结果见表 5.2-17。

表 5.2-17　　根据标贯试验对细粒土岩组的可塑性分析结果表

指标	Ⅳ-2	Ⅲ
校正后击数 N	11.36	22.525
土的状态	硬可塑（可塑）	硬塑

从表 5.2-17 可以看出，不同测试钻孔获得的同一岩组的杆长校正标准贯入击数 N 差异较大。如第Ⅲ岩组的 ZK44 钻孔的 54.65m 处的标准贯入击数 N 仅为 9.88，而 ZK06 钻孔的 27.25m 处的标准贯入击数 N 仅为 41.155。说明同一岩组不同位置的性状差异很大，在实际应用测试结果判断土的可塑性时，应将测试结果不合理的数值予以剔除。覆盖层细粒土Ⅳ-2 岩组为硬可塑（可塑）状态，Ⅲ岩组为硬塑状态，与室内试验结果比较发现，室内试验确定的土的可塑性比原位测试确定的可塑性要高，其主要原因是：①室内试验改变了土的赋存环境及天然结构与状态，提高了土的可塑性；②钻探过程中，由于采用开水钻进方式，使得岩芯样品含水量增高。室内试验确定的可塑性难以反映土的天然结构与状态，而原位测试的可塑性结果比较可靠，可作为评价覆盖层细粒土的可塑性的主要依据，即细粒土Ⅳ-2 岩组为硬可塑（可塑）状态，Ⅲ岩组为硬塑状态。

5.3　力学性质试验

5.3.1　粗粒土力学性质试验

粗粒土力学性质试验是覆盖层工程地质特性研究的主要内容之一，主要包括压缩性、抗剪强度、坝基承载力、渗透性、动荷载特性等方面。

1. 室内常规试验

在钻孔中取粗粒土样，进行了室内常规试验。通过对试验成果的分析总结，结合粗粒土各岩组特征，获得的粗粒土各岩组的力学性质指标见表5.3-1。

表5.3-1　　粗粒土各岩组力学性质试验成果表

岩组	值别	压缩系数 $a_{v(0.1-0.2)}$ /MPa^{-1}	压缩模量 $E_{S(0.1-0.2)}$ /MPa	抗剪强度(直剪)		渗透性指标		
				凝聚力 c /kPa	摩擦角 φ/(°)	临界坡降	破坏坡降	渗透系数 K_{20}
Ⅴ	平均值	0.14	13.92	30.3	33.14	0.44	1.1	2.7×10^{-4}
Ⅳ-1	平均值	0.12	12.25	45	31.38	0.46	1.025	1.645×10^{-4}
Ⅱ	平均值	0.09	17.46	18.5	34.19	0.41	1.15	6.356×10^{-5}
Ⅰ	平均值	0.07	18.22	8.5	35.47	—	—	8.6127×10^{-5}

注　求平均值时剔除了最大与最小值。

从表5.3-1可以看出，粗粒土各岩组的力学性质差异大，具体表现在以下几个方面：

(1) 压缩性差异大。根据压缩系数的大小，Ⅴ、Ⅳ-1（亚）岩组为中压缩性土，Ⅱ、Ⅰ岩组为低压缩性土。

(2) 抗剪强度有差异，但差异较小。粗粒土各岩组的摩擦角 φ 为31.38°～35.47°，最大的为Ⅰ岩组，最小的为Ⅳ-1岩组。

(3) 渗透性有差异。Ⅴ、Ⅳ-1岩组的渗透系数为 10^{-4} 数量级，属于中等透水；Ⅱ、Ⅰ岩组的渗透系数为 10^{-5} 数量级，属于弱透水。

2. 动力触探试验

根据重型动力触探的杆长校正击数，采用相关规范的规定确定粗粒土的承载力和变形模量。不同行业与规范关于采用重型动力触探击数确定粗粒土的承载力和变形模量的规定有所不同。原机械部第二勘察院采用圆锥动力触探确定地基承载力特征值的相关关系，见表5.3-2。

表5.3-2　　重型动力触探试验击数 $N_{63.5}$ 与承载力标准值 f_{ak} 关系表

$N_{63.5}$		3	4	5	6	8	10	12
f_{ak} /kPa	砂土	120	150	200	240	320	400	—
	碎石土	140	170	200	240	320	400	480

《铁路工程地质原位测试规程》(TB 10018) 用 $N_{63.5}$ 的平均值评价冲积、洪积成因的中砂、砾砂和碎石土地基的基本承载力，见表5.3-3和表5.3-4。

地基变形模量 E_0 与 $N_{63.5}$ 的相关关系见表5.3-4。

表5.3-3　　中砂～砾砂地基承载力基本值 f_0 的确定表

$N_{63.5}$	3	4	5	6	7	8	9	10
f_0/kPa	120	150	180	220	260	300	340	380

表 5.3-4 碎石土地基承载力基本值 f_0 及变形模量 E_0 的确定表

$N_{63.5}$	3	4	5	6	8	10	12	14	16
f_0/kPa	140	170	200	240	320	400	480	540	600
E_0/MPa	9.9	11.8	13.7	16.2	21.3	26.4	31.4	35.2	39.0
$N_{63.5}$	18	20	22	24	26	28	30	35	40
f_0/kPa	660	720	780	830	870	900	930	970	1000
E_0/MPa	42.8	46.6	50.4	53.6	56.1	58.0	59.9	62.4	64.3

金沙江某坝址覆盖层粗粒土各岩组校正后的圆锥动力触探试验成果见表 5.3-5，依据表 5.3-4 动力触探击数与坝基承载力基本值和变形模量的相关关系，确定粗粒土各岩组的承载力和变形模量，结果见表 5.3-5。

表 5.3-5 碎石土圆锥动力触探试验成果汇总表

岩组	Ⅴ	Ⅳ-1	Ⅱ	Ⅰ
指标	校正击数	校正击数	校正击数	校正击数
$N_{63.5}$	13.3	14.8	15.6	18.5
f_0/kPa	518	550	600	660
E_0/MPa	33	37	38	44

从表 5.3-5 的试验成果可以看出，覆盖层粗粒土Ⅴ、Ⅳ-1、Ⅱ岩组的 $N_{63.5}$ 为 13.3～15.6 击，承载力基本值 f_0 均大于 500kPa；Ⅰ岩组的 $N_{63.5}$ 为 18.5 击，承载力基本值 f_0 约 660kPa。

工程经验表明，根据动力触探试验确定的覆盖层粗粒土岩组的变形模量与载荷试验和旁压试验所得的结果差异较大，而用动力触探试验确定的粗粒土各岩组的变形模量 E_0 较载荷试验确定的变形模量 E_0 小许多。所以载荷试验的结果较为可靠，在有载荷试验资料的情况下应以载荷试验结果为主。

3. *原位抗剪强度试验*

受钻探工艺和取样技术限制，粗粒土很难获取原状样。同时室内剪切试验受环刀尺寸的限制，必须剔除大粒径颗粒，只能测试出细粒土的力学参数。国内众多学者和工程技术人员开展了覆盖层现场原位剪切试验，经工程实践，试验结果适用性强、可靠度高。

为查明深厚覆盖层粗粒土抗剪强度特性，开展了 5 组混凝土/粗粒土抗剪试验，其中坝址河心滩 3 组，试验成果见表 5.3-6 和表 5.3-7。

表 5.3-6 混凝土/粗粒土抗剪试验成果表

试验编号	岩性	试验位置	抗剪强度指标		
			项目	强度指标	
				f'	c'/MPa
ZJ1	砂卵砾石	左岸漫滩	峰值	0.84	0.15
			直线段	0.45	0.10
			屈服值	0.75	0.12

续表

试验编号	岩性	试验位置	抗剪强度指标		
			项目	强度指标	
				f'	c'/MPa
ZJ2	砂卵砾石	左岸漫滩	峰值	0.50	0.13
			直线段	0.28	0.09
			屈服值	0.42	0.11
ZJ3	中粗砂、卵砾石	河心滩	峰值	0.53	0.11
			直线段	0.34	0.06
			屈服值	0.46	0.08
ZJ4	砂质砾石、卵砾石	河心滩	峰值	0.62	0.17
			直线段	0.36	0.08
			屈服值	0.42	0.16
ZJ5	砂卵砾石	河心滩	峰值	0.72	0.14
			直线段	0.54	0.07
			屈服值	0.69	0.11

表 5.3-7　混凝土/粗粒土抗剪试验成果分析表

项　目	直　线　段		屈　服　值		峰　值	
	f'	c'/MPa	f'	c'/MPa	f'	c'/MPa
ZJ1	0.45	0.10	0.75	0.12	0.84	0.15
ZJ2	0.28	0.09	0.42	0.11	0.50	0.13
ZJ3	0.34	0.06	0.46	0.08	0.53	0.11
ZJ4	0.36	0.08	0.42	0.16	0.62	0.17
ZJ5	0.54	0.07	0.69	0.11	0.72	0.14
最大值	0.54	0.10	0.75	0.16	0.84	0.17
最小值	0.28	0.06	0.42	0.08	0.50	0.11
平均值	0.39	0.08	0.55	0.12	0.64	0.14

根据现场试验原始记录，分别计算出各级荷载下剪切面上的正应力和剪应力及相应的变形，绘制不同正应力下剪应力与剪切变形 $\tau-\varepsilon$ 关系曲线，同时根据 $\tau-\varepsilon$ 关系曲线，确定出峰值强度及各剪切阶段特征值。用图解法绘制各剪切阶段正应力和剪应力（$\tau-\sigma$）关系曲线，按库仑公式计算出相应的 f 值和 c 值。典型曲线如图 5.3-1～图 5.3-3 所示。

从 $\tau-\varepsilon$ 关系曲线特征来看，其破坏形式属塑性破坏。在剪应力初期，试体与底部砂砾石层面具有一定的咬合能力，但随着剪应力的增加，其底部砂砾被进一步挤压后致使原有结构产生相对错动，缓慢地进入屈服阶段而渐渐出现裂缝，剪切位移随着剪应力的增加而增大，直至破坏。从剪断面来看，多数试件底部的砂砾石均被上部混凝土体黏起 3～10cm，有部分试件并非是沿其接触面剪切破坏的，而是沿砂砾石本身剪断的。此类曲线的直线段、屈服值并不明显，而剪应力值略有偏低。

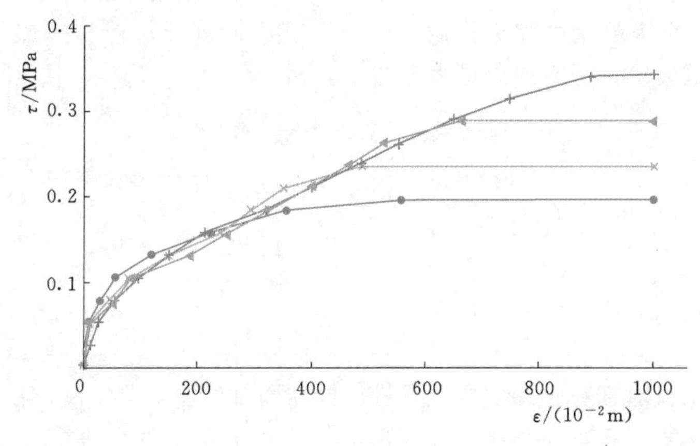

图 5.3-1　ZJ5 抗剪试验 τ-ε 曲线

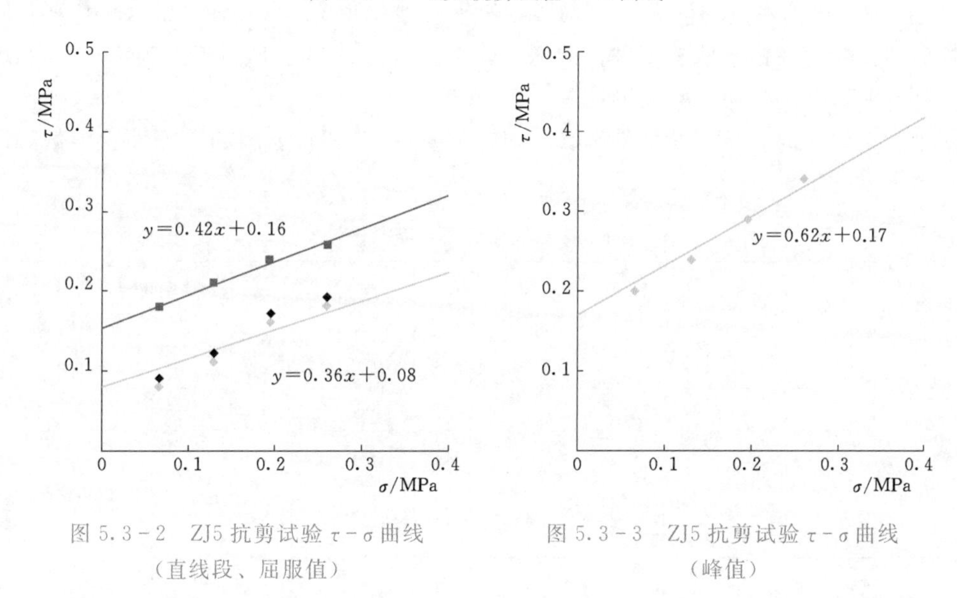

图 5.3-2　ZJ5 抗剪试验 τ-σ 曲线（直线段、屈服值）

图 5.3-3　ZJ5 抗剪试验 τ-σ 曲线（峰值）

从绘制的 τ-σ 关系曲线和抗剪（断）试验成果表可知：各点的相关性较好，其中直线段凝聚力为 0.06～0.10MPa，内摩擦系数为 0.28～0.54；屈服值凝聚力为 0.08～0.16MPa，内摩擦系数为 0.42～0.75；峰值凝聚力为 0.11～0.17MPa，内摩擦系数为 0.50～0.84。与其他同类工程相比，其强度指标基本相近。

5.3.2　细粒土的力学性质试验

1. 室内常规试验

为了解细粒土的力学性质，进行了直接剪切试验、三轴剪切试验、压缩试验、固结试验和渗透试验等系列试验和测试，获得了细粒土的压缩系数、固结系数、压缩模量、抗剪强度指标（凝聚力和摩擦角）、渗透性指标（临界坡降、破坏坡降和渗透系数）。

直接剪切试验是测定土的抗剪强度的一种常用方法，采用电动三速应变控制式直剪仪对黏土层试样进行固结快剪（CQ）试验，获取的细粒土抗剪强度参数有内摩擦角 φ 和凝聚力 c。三轴剪切试验采用三轴仪进行，试验按饱和状态进行固结排水剪（CD），试样直径为39.1mm。依据天然干密度进行制样，分别在不同围压下严格按照相关要求进行试验。细粒土室内试验统计分析成果见表5.3-8。

表5.3-8 细粒土室内试验统计分析成果表

岩组	值别	压缩系数/MPa^{-1}				压缩模量 $E_{s(0.1-0.2)}$/MPa	内摩擦角 φ/(°)	凝聚力 c/MPa
		0.0～0.1	0.1～0.2	0.2～0.3	0.3～0.4			
Ⅳ-2	平均值	0.23	0.19	0.12	0.10	11.31	17.75	23.66
Ⅲ	平均值	0.35	0.17	0.08	0.09	11.20	19.33	24.67

采用高压固结仪对细粒土黏土层试样进行饱和固结试验，测定试样在侧限与轴向排水条件下的变形与压力，孔隙比与压力及变形与时间的关系，垂直荷重从0.0～0.4MPa分4个级别施加。压缩模量均值为11.2MPa，压缩系数均值为0.18MPa^{-1}，属中压缩性土。原状样剪切试验是在饱水状态下进行的固结快剪，内摩擦角φ值接近，为23.9°～28.4°，c值为18～80MPa。剪切试验成果见表5.3-9。

从细粒土岩组的力学试验结果来看，细粒土的Ⅳ-2和Ⅲ岩组的压缩性为中偏低压缩性，抗剪强度适中。

表5.3-9 黏土样直接剪切试验成果表

岩组	试验状态	抗剪强度参数（$\tau=c+\sigma\tan\varphi$）	
		c/MPa	φ/(°)
Ⅳ-2	CQ	80.2	23.9
	CQ	17.9	25.3
Ⅲ	CQ	44.4	28.4
	CQ	19.4	27.4
	CQ	22.6	26.7

2. 三轴剪切试验

三轴剪切试验具有能严格控制试样排水条件及测定孔隙水压力的变化，剪切面不固定，应力状态比较明确等优点，可有效解决直剪试验剪切面上应力分布不均匀、不能严格控制排水条件、无法测试剪切过程中的孔隙水压力变化等缺点。为此，对覆盖层黏土层土样开展三轴剪切试验，按饱和状态进行固结排水剪（CD），试样直径为39.1mm。试验成果见表5.3-10。

表5.3-10 细粒土岩组抗剪强度参数试验成果表

岩组	试验状态	抗剪强度参数			
		$\tau=c+\sigma\tan\varphi$		$\varphi=\varphi_0-\Delta\varphi\lg(\sigma_3/P_a)$	
		c/MPa	φ/(°)	φ_0/(°)	$\Delta\varphi$/(°)
Ⅳ-2	CD	17	27.3	36.8	6.96
Ⅲ	CD	62	27.5	36.2	5.91
	CD	62	28.5	37.1	5.93

结合直接剪切试验和三轴剪切试验成果进行的综合分析表明：两种方法获得的细粒土岩组的抗剪强度参数 c、φ 有差异，直接剪切试验获取的内摩擦角 φ 为 17.75°～28.4°，三轴剪切试验获得的内摩擦角 φ 为 27.3°～28.5°，考虑到三轴剪切试验属于有围压状态的试验，基本符合覆盖层的赋存实际状况，其结果可靠性高。

3. 固结试验

坝基细粒土的压缩、建筑物的沉降及稳定性均与时间有关。细粒土在水工建筑物载荷作用下内部含水缓慢渗出，体积逐渐减小，这一现象称为土的固结。随着土的固结，土体的压缩变形和强度逐渐增长。反映土体固结特性的指标是固结系数 C_v，其与土体的渗透性、压缩性等因素有关，与孔隙比、渗透系数成正比，与压缩系数成反比。孔隙比大、透水性好的土体的固结在很短时间内就完成，因此土体固结问题是渗透性小的黏性土的固结问题。

为了研究覆盖层中黏土层的固结问题，常采用高压固结仪对细粒土的黏土层试样进行固结试验，测定黏土层在侧限与轴向排水条件下的变形与压力、孔隙比与压力及变形与时间的关系。典型黏土层固结试验成果见表 5.3-11～表 5.3-14。

表 5.3-11　典型黏土层固结试验成果表

土样编号	比重 G_s	含水率 ω/%	干密度 ρ_d /(g/cm³)	孔隙比 e	孔隙率 n/%	饱和度 S_r/%	液限 W_L /%	塑限 W_P /%	塑性指数 I_P	先期固结压力 P_c /MPa	密度 ρ /(g/cm³)	取土深度 /m
ZK44-1	2.74	22.8	1.64	0.671	40.1	93.1	38	20.4	17.6	840	1.68	44.5
ZK44-2	2.74	25.7	1.52	0.803	44.5	87.7	42	23.8	18.2	800	1.58	49.4
SYH-1	2.74	36.9	1.36	1.015	50.3	99.6	55	25.8	29.2	660	1.40	—
ZK06-1	2.74	28.6	1.52	0.803	44.5	97.6	46.6	24.2	22.4	760	1.61	36.3

表 5.3-12　ZK06-1 固结试验 C_v 成果表

垂直压力/MPa	12.5	25	50	100	200	400	800	1600	3200
相应孔隙比 e	0.793	0.789	0.781	0.769	0.751	0.729	0.700	0.660	0.605
C_v/(cm²/s)	2.08×10^{-3}	1.98×10^{-3}	1.96×10^{-3}	1.87×10^{-3}	1.64×10^{-3}	8.81×10^{-4}	5.68×10^{-4}	4.79×10^{-4}	2.00×10^{-4}

表 5.3-13　固结试验压缩指标成果表

土样编号	压缩性指标									
	压缩系数/MPa⁻¹					压缩模量/MPa				
	$a_{v0.1-0.2}$	$a_{v0.2-0.4}$	$a_{v0.4-0.8}$	$a_{v0.8-1.6}$	$a_{v1.6-3.2}$	$E_{s0.1-0.2}$	$E_{s0.2-0.4}$	$E_{s0.4-0.8}$	$E_{s0.8-1.6}$	$E_{s1.6-3.2}$
ZK44-1	0.045	0.061	0.044	0.035	0.027	37.0	27.4	37.6	47.8	61.8
ZK44-2	0.101	0.088	0.058	0.037	0.029	17.9	20.4	30.9	48.6	61.8
SYH-1	0.122	0.100	0.090	0.072	0.046	16.5	20.1	22.5	28.1	43.4
ZK06-1	0.175	0.111	0.074	0.049	0.035	10.3	16.2	24.4	36.4	52.1

表 5.3-14　　ZK-08 粉质黏土固结试验成果汇总表

试验条件		垂直荷重/MPa															
含水量/%	饱和度/%	0.0	0.1	0.2	0.3	0.4	0.8	1.6	3.2	0.0～0.1	0.1～0.2	0.2～0.3	0.3～0.4	0.4～0.8	0.8～1.6	1.6～3.2	压缩模量/MPa
		孔隙比 e								压缩系数/MPa^{-1}							
27.4	98.2	0.767	0.722	0.699	0.683	0.671	0.633	0.589	0.534	0.45	0.23	0.16	0.12	0.10	0.06	0.03	9.1
27.4	96.2	0.783	0.726	0.698	0.679	0.665	0.623	0.573	0.511	0.57	0.28	0.19	0.14	0.11	0.06	0.04	7.6
29.7	96.9	0.846	0.800	0.782	0.769	0.759	0.728	0.685	0.621	0.46	0.18	0.13	0.10	0.08	0.05	0.04	11.9
23.1	99.2	0.645	0.626	0.608	0.594	0.584	0.553	0.518	0.473	0.19	0.18	0.14	0.10	0.08	0.04	0.03	10.3

河床覆盖层细粒土固结系数 C_v 应根据水电站大坝施工和建成后对河床覆盖层细粒土（黏土层）所施加的垂直压力大小，结合表 5.3-11～表 5.3-14 的测试试验结果来确定。细粒土（黏土层）所承受的垂直压力为 200MPa 时取固结系数 C_v 为 $1.64\times10^{-3}cm^2/s$，压缩模量为 7.6～10.3MPa，属低压缩性土。

根据试验结果，黏土层土样的初始孔隙比为 0.645～0.846，固结系数 C_v 为 1.64×10^{-3}～$2.08\times10^{-3}cm^2/s$（400MPa 以下）到 8.81×10^{-3}～$1.64\times10^{-3}cm^2/s$（400～320MPa）。依据黏土层特性，考虑其埋深条件，在 ZK44 钻孔中的 44.5～49.4m 处采样两组进行了固结比测试，测得的固结比（OCR）为 1.03～1.11，表明该土为超固结土。

从黏土层的固结系数、压缩系数和压缩模量来看，黏土层的压缩性、固结性与外部荷载有关，外部荷载越大，固结系数和压缩系数越大。试验结果表明，在相当于大坝最大荷载（3.2MPa）的作用下，黏土层为低压缩性土，渗透固结沉降速度慢。

4. 渗透变形试验

渗透变形试验是采用变水头渗透试验测定细粒土的渗透系数 K_{20}。试样制成后，在低水头下使其充分排气饱和，然后逐级提高水头，每提一级水头，测一个稳定后的渗透流量，根据相应测压管读数计算出水力坡降 i 及渗流速度 v，水头由低至高逐级进行直至发生渗透破坏或达到试验最大条件为止。根据试验资料确定渗透系数 K_{20}，绘制 $\lg i-\lg v$ 关系曲线，以此为主并结合试验中观测的现象，确定临界坡降 i_{cr}、破坏坡降 i_F 或最大坡降 i_{max} 等。覆盖层黏土层室内渗透试验成果见表 5.3-15。

表 5.3-15　　覆盖层黏土层室内渗透试验成果表

岩性及岩组	试样编号	密度/(g/cm^3)	K_{20}/(cm/s)	起始坡降	最大坡降
粉砂质黏土	ZK47-3-31	1.63	1.27×10^{-7}	28.3	215
	ZK47-3-50	1.63	2.30×10^{-7}	28.3	205
	ZK44-1	1.64	7.46×10^{-8}	—	—
	ZK44-2	1.52	1.78×10^{-7}	—	—
	SYH2-5-25	1.40	8.79×10^{-7}	25.3	202
Ⅲ	均值	1.56	2.98×10^{-7}	27.3	207.3

从表 5.3-15 的试验结果来看，细粒土岩组的透水性微弱，渗透系数仅为 2.98×10^{-7} cm/s，根据《水力发电工程地质勘察规范》(GB 50287) 的岩土渗透性等级划分，属

于极弱透水。

5. 孔隙水压力消散试验

采用三轴仪对覆盖层黏土层试样进行孔隙水压力消散试验。测定试样在 K_0 条件下受轴向压力作用产生的孔隙水压力消散系数 C'_v、消散百分数 D_c 及孔隙水压力系数 B。试验成果见表 5.3-16 和表 5.3-17。

表 5.3-16　　黏土层孔隙水压力消散试验表

试样编号	轴向压力 σ_1/MPa	干密度 ρ_d /(g/cm³)	比重 G_s	孔隙比 e	消散 50%所需时间 t_{50}/min	试样平均高度 h/cm	消散系数 C'_{v50} /(cm²/s)
ZK06-1	0	1.51	2.74	0.815		3.50	
	50	1.54	2.74	0.778	38.0	3.46	2.00×10^{-3}
	100	1.56	2.74	0.752	66.0	3.40	1.11×10^{-3}
	200	1.57	2.74	0.742	70.0	3.37	1.03×10^{-3}
	400	1.60	2.74	0.711	71.0	3.32	9.83×10^{-4}

表 5.3-17　　黏土层孔隙水压力消散试验成果汇总表

试样编号	项　目	试验状态		轴向压力 σ_1/MPa	孔隙水压力 u/MPa	孔隙水压力系数 $\overline{B}$
		试验前	试验后			
ZK06-1	试样直径 D/cm	6.18	6.18	0	0.00	
	试样高度 H/cm	3.50	3.30	50	49.00	0.98
	含水率 w/%	28.6	28.2	100	11.00	0.22
	ρ_d/(g/cm³)	1.51	1.60	200	19.00	0.19
	S_r/%	96.2	100	400	25.00	0.13

从试验结果来看，黏土层的消散系数较小，说明覆盖层黏土层受外载条件下排水固结速度慢、孔隙水压力消散得较慢。将这一特征与细粒土的渗透系数、颗粒分析结果等相关指标进行对比，发现细粒土的细颗粒含量越高，则透水性越差。

5.4　动力三轴剪切试验

开展土动力特性试验的目的主要为测定土的动力特性，为场地、水工建筑物和构筑物进行动力稳定性分析提供动力参数，包括动弹性模量、动剪变模量、阻尼比、动强度、抗液化强度和动孔隙水压力等。

为查明西藏尼洋河某水电站深厚覆盖层在动荷载作用下的强度特性，针对第 6 层、第 8 层的含砾中粗砂层，开展了动力三轴剪切试验。动力三轴剪切试验设备采用英国 GDS 公司生产的电机控制动三轴试验系统（见图 5.4-1）。其特点是精度高、操作方便、功能齐全，轴向静荷载、动荷载、围

图 5.4-1　GDS 动力三轴仪

压和轴向变形均采用独立闭环控制，最大围压为2000kPa，最大轴向荷载为15kN。动应力、静应力、孔隙水压力、变形均由相应的传感器和电测系统完成测试。动力试验时可以施加正弦波、半正弦波、三角波和方波以及用户自定义波形，最大激振频率为5Hz，设备的试样直径尺寸有39.1mm、61.8mm和101mm 3种。

由于试验主要针对第6层、第8层的含砾中粗砂层，试验选用的试样尺寸为直径39.1mm、高度80mm。制样时共分3层制样，每层质量为总质量的1/3，使试料变得均匀密实。采用抽气饱和方式进行试样饱和，经测定一般能达到0.96以上，饱和效果良好。饱和过程结束后，在不排水条件下先缓慢施加围压；对于固结应力比大于1的试验，达到预定压力后打开排水阀使上、下界面同时排水固结约30min，按照一定的速率施加所需要的竖向荷载后继续固结。

1. 动弹性模量和阻尼比试验

（1）打开动力控制系统和量测系统仪器的电源，预热30min。振动频率采用0.33Hz，输入波形采用正弦波。

（2）根据试验要求确定每次试验的动应力，在不排水条件下对试样施加动应力，测记动应力、动应变和动孔隙水压力，直至预定振次后停机，打开排水阀排水，以消散试样中因振动而产生的孔隙水压力。每一周围压力和固结应力比情况下动应力分6～10级施加。

（3）按上述方法，进行各级周围压力和固结应力比下的动弹性模量和阻尼比试验。

（4）试验周围压力共分4级，分别为200kPa、500kPa、800kPa和1200kPa；固结应力比分两种，分别为1.5和2.0；轴向动应力分6～10级施加，各级动应力施加3振次。

2. 动残余变形试验

（1）打开动力控制系统和量测系统仪器的电源，预热30min。振动频率采用0.1Hz，输入波形采用正弦波。

（2）根据试验要求确定每次试验的动应力，在排水条件下对试样施加动应力，测记动应力、动应变和体变，直至预定振次停止振动。

（3）按上述方法进行各级周围压力和固结应力比下的动力残余变形试验。

（4）试验周围压力分3～4级，固结应力比分两种，分别为1.5和2.0；轴向动应力共3级，分别为$\pm 0.3\sigma_3$、$\pm 0.6\sigma_3$、$\pm 0.9\sigma_3$；各级轴向动应力施加30振次，振动频率为0.1Hz。

3. 动强度试验

动强度试验的振动频率为1.0Hz，输入波形为正弦波。动强度试验是试样固结结束后在不排水的情况下施加动应力进行振动直到破坏，通过计算机采集试验中的动应力、动应变及动孔压的变化过程。在同一试验条件（相同的制样干密度、固结应力比、周围压力）下，分别施加4～6个不同的动应力进行动强度试验，固结应力比分别为1.5和2.0两种。破坏标准为轴向应变等于5%或超静孔隙水压力等于周围压力。

4. 沈珠江动力本构模型试验

（1）动弹性模量和阻尼比试验结果。对动弹性模量和阻尼比模型参数进行整理，代表过程曲线如图5.4-2所示，整理得到的相关模型参数见表5.4-1。

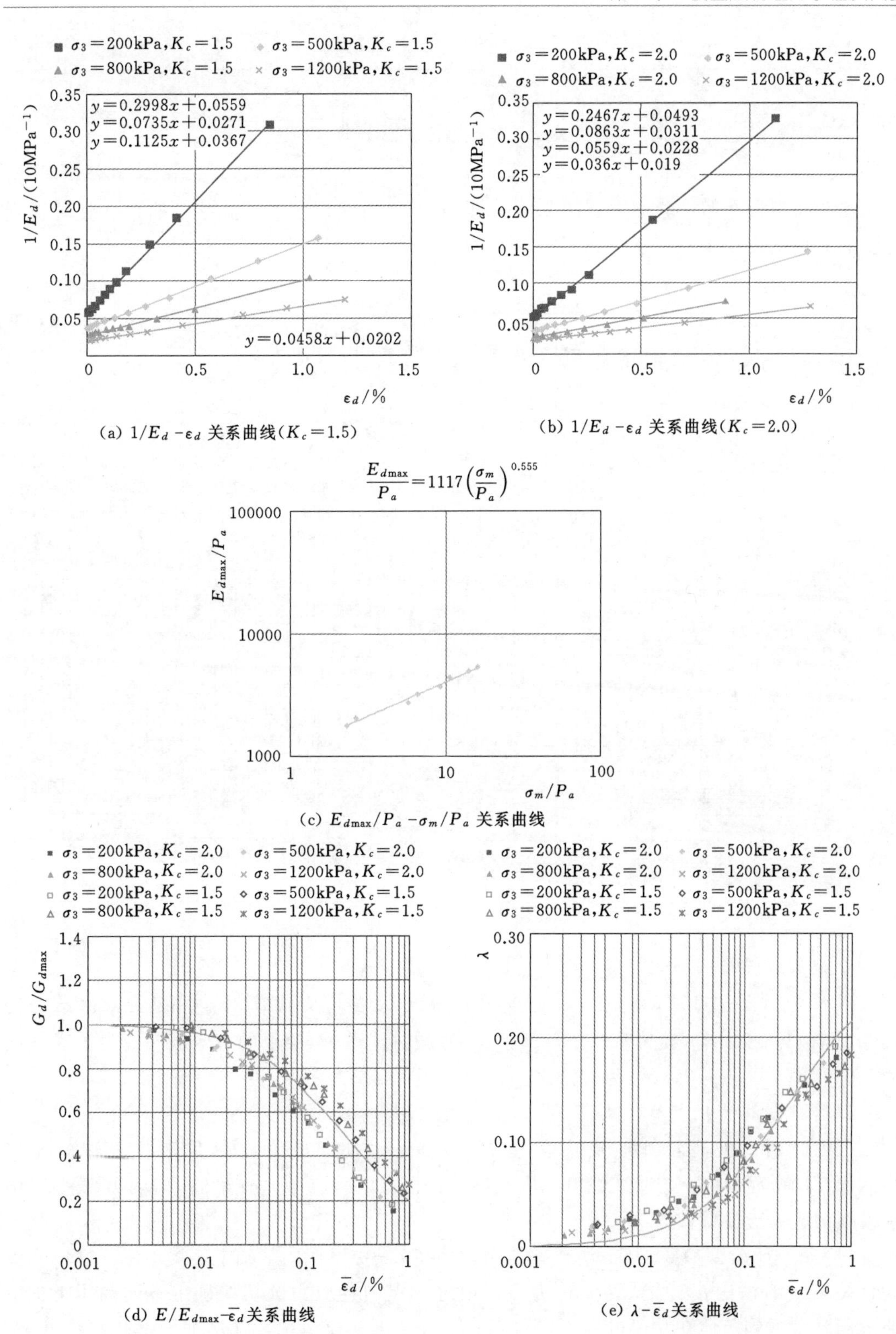

图5.4-2　动弹性模量和阻尼比试验曲线（第6层）

表 5.4-1　　动弹性模量和阻尼比试验成果表

分层	$\rho_d/(g/cm^3)$	k_2'	n	k_2	k_1'	k_1	λ_{max}
第 6 层	1.57	1117	0.555	420	4.0	3.0	0.27
第 8 层	1.60	1225	0.533	460	4.9	3.7	0.26

(2) 动残余变形试验结果。图 5.4-3 为第 6 层动残余变形试验整理曲线，整理得到的模型参数见表 5.4-2。

表 5.4-2　　动残余变形试验成果表

分层	$\rho_d/(g/cm^3)$	$c_1/\%$	c_2	c_3	$c_4/\%$	c_5
第 6 层	1.57	1.01	1.56	0	7.53	1.37
第 8 层	1.60	0.97	1.52	0	7.28	1.37

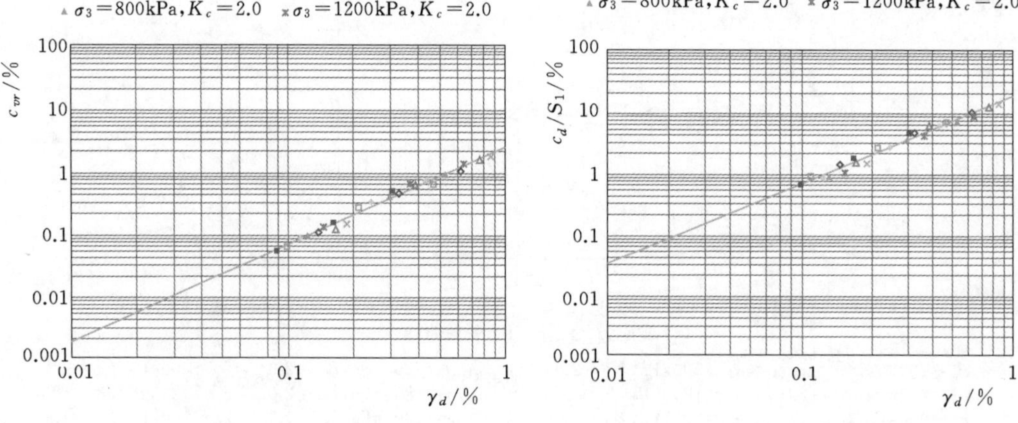

图 5.4-3　第 6 层动残余变形试验整理曲线

5. 动强度试验

图 5.4-4 为第 6 层动应力 σ_d、破坏孔压 u_f、动剪应力比 $\sigma_d/2\sigma_0$ 和动孔隙水压力比 u_d/σ_0 与破坏振次 N_f 的关系曲线，其中 σ_0 为振前试样 45°面上的有效法向应力，表达式为：$\sigma_0=(K_c+1)\sigma_3/2$，$K_c$ 为固结比。

6. 非线性应力应变参数试验

三轴剪切试验能较好地反映应力应变关系。因此，采用三轴仪进行三轴剪切试验（CD），确定粗粒土的非线性应力应变参数。根据试验成果分析整理出 $E-B$ 模型、南水模型的应力应变参数。

(1) $E-B$ 模型参数。$E-B$ 模型是邓肯等在 $E-\mu$ 模型的基础上，提出用弹性体变量 B 代替切线泊松比 μ，并认为 c 值为零，用过原点的各应力圆切线确定不同围压下的 φ 值。同时考虑到土体在受荷过程中有加荷→卸荷→再加荷情况，又增加了反映水位升高、降落情况的有关应力应变特性参数，即卸荷、再加荷弹性模量 E_{ur} 及参数 K_{ur} 等。覆盖层

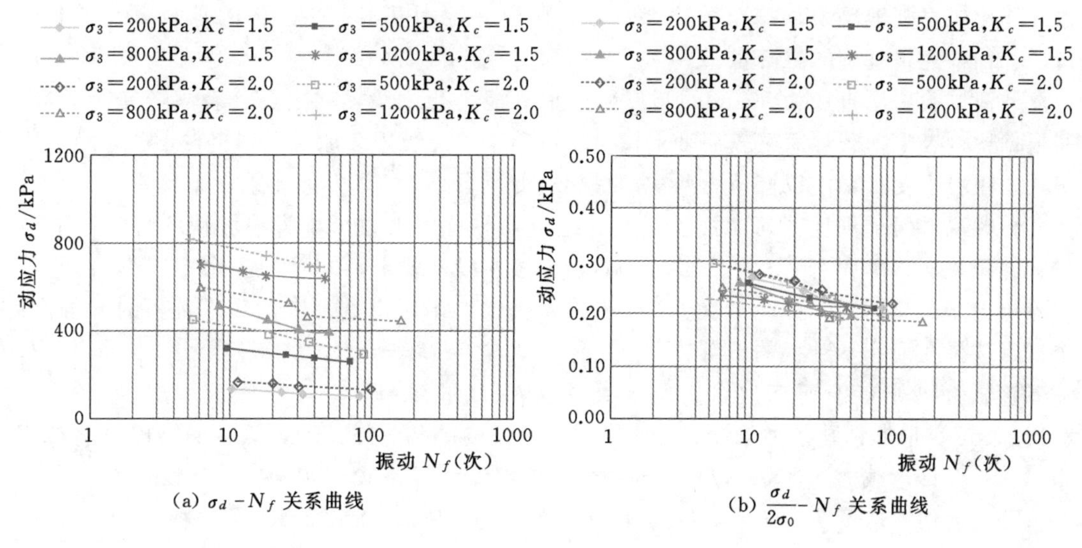

(a) $\sigma_d - N_f$ 关系曲线　　(b) $\frac{\sigma_d}{2\sigma_0} - N_f$ 关系曲线

图 5.4-4　关系曲线图

粗粒土 $E-B$ 模型参数成果见表 5.4-3。

表 5.4-3　　粗粒土 $E-B$ 模型参数成果表

岩组	试验曲线	干密度 (g/cm³)	试验状态	$E-B$ 模型参数									
				K	n	c	φ	φ_0	$\Delta\varphi$	R_f	K_{ur}	K_b	m
Ⅳ-1、Ⅴ	平均线	2.21	CD	337	0.785	40	32.7	—	—	0.56	—	219	0.172
Ⅰ、Ⅱ	平均线	2.16	CD	1194	0.493	—	—	43.7	6.6	0.88	1293	899	0.219

(2) 南水模型参数。南水模型是由南京水科院沈珠江院士提出的，计算参数根据三轴试验的应力应变曲线求得，其中前几个参数与邓肯 $E-B$ 模型相同，其余 c_d、n_d、R_d 3 个参数与土样剪胀性有关，c_d 为 $\sigma_3/P_a=1$ 时的最大剪缩体应变，n_d 反映 ε_{vd} 随 σ_3 变化的规律，$R_d=(\sigma_1-\sigma_3)_d/(\sigma_1-\sigma_3)_{ult}$，为剪胀比，其值随 σ_3 略有变化。覆盖层粗粒土南水模型参数成果见表 5.4-4。

表 5.4-4　　覆盖层粗粒土南水模型参数成果表

岩组	试验曲线	干密度 /(g/cm³)	试验状态	南水模型参数									
				K	n	c	φ	φ_0	$\Delta\varphi$	R_f	R_d	c_d	n_d
Ⅳ、Ⅴ	平均线	2.21	CD	337	0.785	40	32.7	—	—	0.56	0.39	0.0039	0.5929
Ⅰ、Ⅱ	平均线	2.16	CD	1194	0.493	—	—	43.7	6.6	0.88	0.83	0.0025	0.8382

5.5　载荷试验

载荷试验是模拟水工建筑物基础覆盖层土体受荷条件的一种测试方法。在保持坝基土的天然状态下，在一定面积的承压板上向坝基土逐级施加荷载，并观测每级荷载下坝基土的变形特性。测试所反映的是承压板以下 1.5～2.0 倍承压板宽深度内土层的应力应变关系，能比较直观地反映坝基土的变形特性，用以评定坝基覆盖层土体的承载力、变形模量，并预估建筑基础的沉降量。

载荷试验采用直径为50cm的圆形刚性承压板进行试验，利用百分表测量其变形量，并根据比例极限荷载计算覆盖层变形模量。试验采用逐级连续加荷直到粗粒土破坏的加荷方式。粗粒土变形稳定以同应力两次测量相对变形量小于5%为标准。

西藏尼洋河某坝址区河床覆盖层按其组成物质特性大致可分为崩坡积块石碎石土层量、冲积块石砂砾卵石层和冲积砂砾卵石层。按照设计要求，上面两层予以挖除，因此对第三层进行载荷试验。试验布置了3个试点，其中2个试点选择在河床平趾板的上游，1个试点选择在河床平趾板的下游。

该试验层分布于河床底部，组成物质主要为卵石和砾石，干密度一般为2.05～2.12g/cm^3。根据钻孔动力触探、抽水试验、声波测试和旁压试验，该层的物理力学参数指标为：允许承载力［R］=0.5～0.6MPa，渗透系数K=30～80m/d，变形模量为40～60MPa，剪切波速度为410～480m/s，剪切模量为35.3～48.38MPa，泊松比为0.38～0.39，孔隙比为0.26～0.32，呈密实～中等密实状态。

5.5.1 试验方案

1. 试验最大压力的确定

根据设计最大坝高确定载荷试验的最大压力不小于3.0MPa。

2. 试验设备

试验采用堆载法，试验中采用的基本设备如下：

(1) 承压板。采用了直径为1.0m（面积为0.785m^2）、厚度为30mm的2块圆形承压板，承压板具有足够的刚度。

(2) 载荷台。根据载荷试验最大压力，载荷台上堆载的质量接近300t，搭建了6.5m×9m的载荷台。

(3) 加荷及稳压系统。采用了3个150t和300t的千斤顶。将千斤顶、高压油泵、稳压器分别用高压油管连接构成一个油路系统，通过传力柱将压力稳定地传递到承压板上。

(4) 观测系统。采用2根长6m的“工”字钢作为基准梁，利用4套百分表（带磁性表座）观测承压板的沉降量。

(5) 荷载。借用其他分项工程使用的钢板作为荷载（提高了加载效率）。

3. 加载方式及试验过程控制

载荷试验加荷方式采用分级沉降相对稳定法的加载模式，加荷等级分为10级，每级施加0.3MPa，在试验大纲中初步确定。当出现下列情况之一时终止试验：

(1) 承压板周边的土层出现明显的侧向挤出、周边的土层出现明显隆起或径向裂缝持续发展。

(2) 本级荷载产生的沉降量大于前级荷载产生的沉降量的5倍，荷载与沉降曲线出现明显陡降。

(3) 达到最大试验应力3.0MPa。由于试验土石料层模量较高，3组试验最终均达到最大试验应力3.0MPa才终止。

5.5.2　试验结果

1. P（荷载）-S（沉降量）曲线

获取的3组试验的$P-S$曲线如图5.5-1～图5.5-3所示。

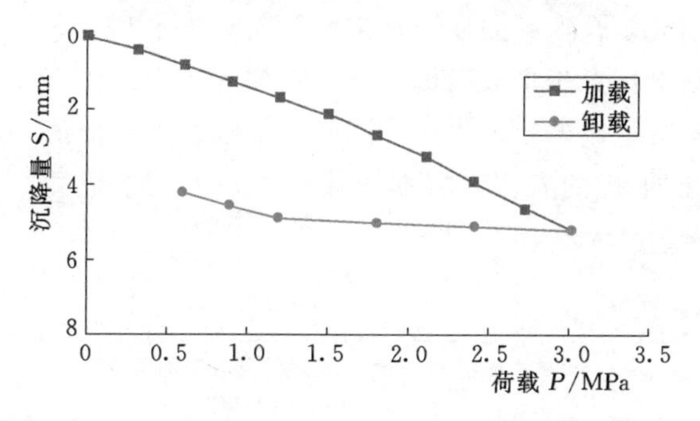

图5.5-1　1号试验点$P-S$曲线

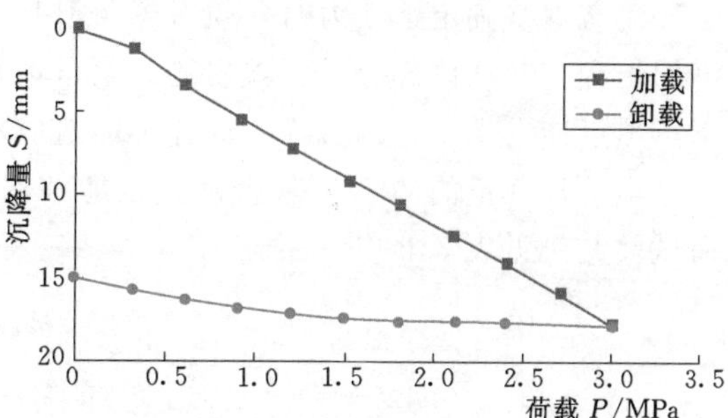

图5.5-2　2号试验点$P-S$曲线

2. $P-S$曲线分析

根据试验成果绘制$P-S$曲线。按照曲线确定出粗粒土的比例极限荷载、屈服极限荷载和极限荷载，并根据比例极限荷载计算粗粒土的变形模量，计算公式为

$$E_0=\pi/4\cdot(1+\mu^2)\cdot P_d/W_0 \tag{5.5-1}$$

式中：E_0为覆盖层变形模量，MPa；P_d为作用于试验面上的比例极限荷载，MPa；μ为泊松比；W_0为覆盖层对应于比例极限荷载的变形量，cm。

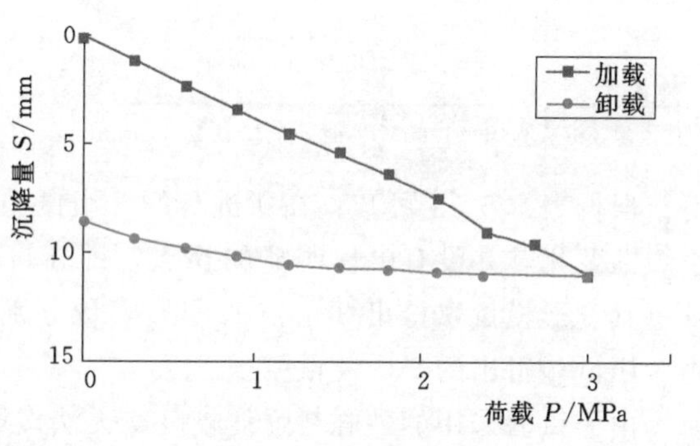

图5.5-3　3号试验点$P-S$曲线

从$P-S$曲线可以看出，进行的3组试验中，0～3MPa加载范围内$P-S$曲线基本呈线性变化，并没有出现明显的拐点，即在设计载荷3MPa内，可以采用最大值3MPa计算其变形模量。

关于承载力特征值的确定，依据《建筑地基基础设计规范》（GB 50007）附录C.0.6的要求应符合下列规定：

（1）当$P-S$曲线上有比例界限时，应取该比例界限所对应的荷载值。

（2）当极限荷载小于对应比例界限的荷载的2倍时，取极限荷载值的一半。

（3）当不能按上述两项要求确定时，压板面积为0.25～0.50m^{2}时可取$s/b=0.01$～0.15所对应的荷载，但其值不应大于最大加载量的一半。

直接使用上述规定有一定的困难，而且不一定合理。《建筑地基基础设计规范》（GB 50007）是针对建筑基础的规定，其对载荷板面积的基本要求为0.25～0.50m^2。《土工试验规程》（SL 237）虽然是针对水利工程的规定，但其对载荷板面积的要求仍沿用了0.25～0.50m^{2}的要求。

由于覆盖层的粒径大，且水利水电工程试验要求的荷载往往为3MPa甚至更高。当承载力特征值无法按比例荷载或极限荷载确定时，就需要采用上述第3项的规定，但对于大型水利水电工程坝料与地基的大型平板载荷试验，其控制值采用“最大加载量的一半”，这是明显保守的。

建筑地基确定承载力时，须考虑条形基础或复合地基的变形稳定性。而对于水利水电高坝工程，其坝体部分受到坝肩的约束，坝基更接近于半无限体，在自重与水压力的作用下虽然可能发生一定的沉降，但并不能造成不可控制的变形失稳。因此，取承载力特征值为“最大加载量的70%”较合理，也能够保证工程的安全。根据上述分析，大型平板载荷试验结果见表5.5-1。

表5.5-1　大型平板载荷试验结果

试验编号	最大荷载 P/MPa	最大沉降量 S/mm	承载力 /MPa	最大荷载70%时的荷载 P/MPa
1	3.0	5.12	431	2.10
2	3.0	18.04	123	1.65
3	3.0	10.85	204	2.10

注　2号试验当P=1.65MPa时，沉降量S=10mm。

根据表5.5-1可知：在所进行的3组试验中，0～3MPa加载范围内$P-S$曲线基本呈线性变化，并没有出现明显的拐点，即在设计载荷3MPa内，以最大值3MPa的70%计算其变形模量，得出3个点的变形模量分别为431MPa、123MPa和204MPa，与以往由旁压试验得出的变形模量相当。

由于试验采用的砂砾料强度较高，无法按照比例界限与极限荷载确定承载力，取试验最大加载值的50%，即1.5MPa为承载力标准值，此值大大高于以往由重型动力触探试验得出的承载力。

5.6　钻孔旁压试验

5.6.1　旁压试验原理

旁压试验是覆盖层细粒土常用的原位测试技术，实质上是一种利用钻孔进行的原位横向载荷试验。其原理是通过旁压探头在竖直的孔内加压，使旁压膜膨胀，由旁压膜（或护套）将压力传给周围土体，使土体产生变形直至破坏，并通过量测装置测出施加的压力和土体变形之间的关系，然后绘制应力-应变（或钻孔体积增量或径向位移）关系曲线。根据这种关系曲线对所测土体（或软岩）的承载力、变形性质等进行评价。图5.6-1为旁压试验原理示意图。

旁压试验的优点是与平板载荷测试比较而显现出来的。它可在不同深度上进行测试，所得覆盖层承载力与平板载荷测试结果具有良好的相关关系。

旁压试验与载荷试验在加压方式、变形观测、曲线形状及成果整理等方面都有相似之处，甚至有相同之处，其用途也基本相同。但旁压试验设备轻，测试时间短，并可在覆盖层的不同深度上，特别是地下水水位以下的细粒土层进行测试，因而其应用比载荷试验更为广泛。

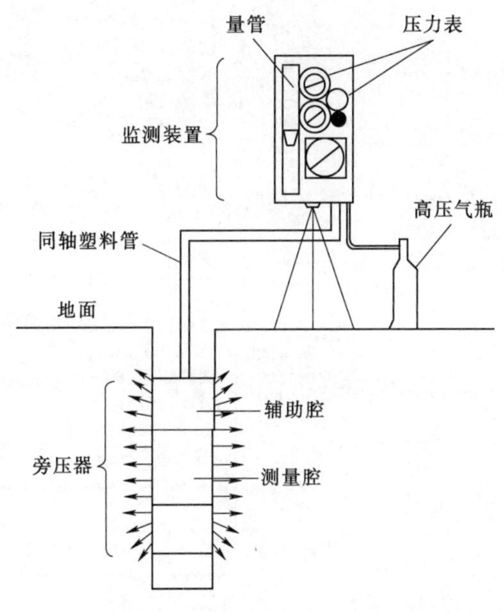

图 5.6-1 旁压试验原理示意图

5.6.2 试验仪器和试验方法

目前旁压仪类别很多，主要有预钻式旁压仪、自钻式旁压仪、压入式旁压仪、排土式旁压仪和扁平板旁压仪。

梅纳G型预钻式旁压仪的最大压力为10MPa，探头直径为58mm，探头测量腔长210mm，加护腔总长420mm。试验采用直径为58mm的旁压探头或加直径为74mm的护管，探头最大膨胀量约600cm^3。试验时读数间隔为1min、2min、3min，以3min的读数为准进行整理。

旁压试验对钻孔的成孔质量要求较高，即钻孔时尽量用低速钻进，以减小对孔壁的扰动；孔壁要完整，且不能穿过大块石；试验孔径与旁压探头直径要尽量接近。

试验前应对旁压仪进行率定，率定内容包括旁压器弹性膜约束力和旁压器的综合变形，目的是校正弹性膜和管路系统所引起的压力损失或体积损失。

5.6.3 典型工程旁压试验实例

金沙江某坝址采用梅纳G型预钻式旁压仪，在坝区现场对坝址区ZK65号钻孔覆盖层进行了原位旁压试验，获得了黏土层旁压模量及极限压力等原位试验力学指标。

试验步骤：先用较大口径的钻头钻孔至试验黏土层顶部，再用合适口径的钻头进行旁压试验钻孔，进尺1.2～1.5m。如未遇大块石则下旁压探头进行旁压试验，否则对已进尺部位进行扩孔至先前进尺位置，再钻旁压试验孔。

根据ZK65号钻孔旁压试验结果绘制旁压荷载P与体积V的关系变化曲线（图5.6-2），经进一步整理可以得到旁压荷载与旁压位移（以半径R的变化表示）的关系变化曲线。

1. 极限压力（P_L）

极限压力P_L，理论上指的是当$P-V$旁压曲线通过临塑压力后使曲线趋于铅直的压力。由于受加荷压力或中腔体积变形量的限制，实践工程中很难达到，因此一般采用2倍体积法，即按式（5.6-1）计算得到的体积增量V_L所对应的压力为极限压力P_L。

$$V_L=V_c+2V_0 \tag{5.6-1}$$

式中：V_L为对应于P_L时的体积增量，cm^3；V_c为旁压器中腔初始体积，cm^3；V_0为弹性膜与孔壁紧密接触时（相当于土层的初始静止侧压力K_0状态，对应压力P_0）的体积增量，cm^3。

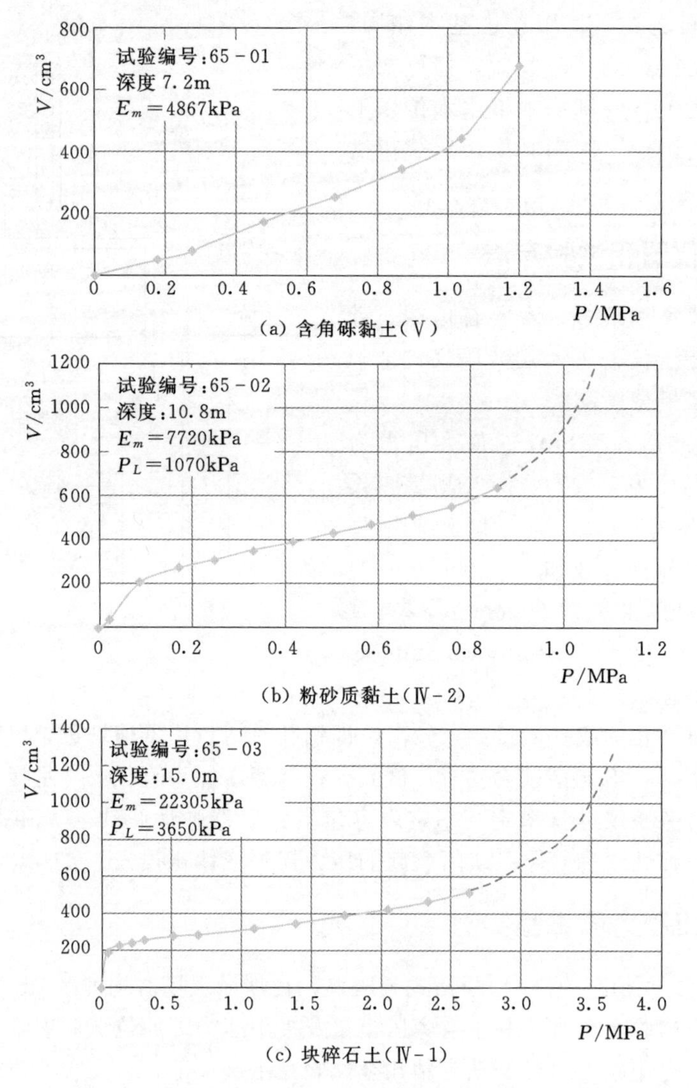

(a) 含角砾黏土(Ⅴ)

(b) 粉砂质黏土(Ⅳ-2)

(c) 块碎石土(Ⅳ-1)

图 5.6-2　ZK65 号钻孔旁压试验曲线

在试验过程中，由于测管中液体体积的限制，试验较难满足体积增量达到 V_c+2V_0（相当于孔穴原来体积增加 1 倍）的要求。这时，根据标准旁压曲线的特征和试验曲线的发展趋势，采用曲线板对曲线进行延伸（旁压试验曲线的虚线部分），延伸的曲线与实测曲线应光滑自然地连接，取 V_L 所对应的压力作为极限压力 P_L。

2. 旁压变形模量

由于细粒土的散粒性和变形的非线弹塑性，土体变形模量的大小受应力状态和剪应力水平的影响显著，且随测试方法的不同而变化。

通过旁压试验测定的变形模量称为旁压模量 E_m，它是根据旁压试验曲线整理得出的反映土层中应力和体积变形（亦可表达为应变的形式）之间关系的一个重要指标，它反映了覆盖层细粒土层横向（水平方向）的变形性质。根据梅纳等的旁压试验分析理论，旁压模量 E_m 的计算公式为

$$E_m=2(1+\mu)(V_c+V_m)\frac{\Delta P}{\Delta V} \quad (5.6-2)$$

式中：E_m 为旁压模量，kPa；μ 为土的泊松比（对黏土根据土的软硬程度取0.45～0.48，对黏土夹砾石土取0.40）；V_c 为旁压器中腔初始体积，cm^3；V_m 为平均体积增量（取旁压试验曲线直线段两点间压力所对应的体积增量的一半），cm^3；$\Delta P/\Delta V$ 为 $P-V$ 曲线上直线段斜率，kPa/cm^3。

经计算求得各测试点的旁压模量，见表5.6-1。

表5.6-1　　旁压试验计算成果表

试验编号		V_c /cm^3	V_0 /cm^3	V_L /cm^3	P_L /kPa	V_m /cm^3	P/V /(MPa/cm^3)	E_m /kPa
ZK65	65-01	550				240	1.9/900	4867
	65-02	812	190	1192	1070	405	1.4/640	7720
	65-03	812	220	1252	3650	320	1.9/270	22305
	65-04	812	170	1152	2400	290	2.24/380	18189
	65-05	812	220	1252	4800	465	3.5/380	32933
	65-06	812	100	1012	7850	170	8.0/240	91653
	65-07	812	50	912	3700	109	1.5/100	40064
	65-08	550	0	550	2200	60	1.45/140	18472
	65-10	550	120	790	2100	250	1.3/140	21543
	65-11	812	270	1352	6400	375	4.0/200	68846
	65-12	812	130	1072	4900	240	7.0/520	41068
	65-13	812	170	1152	5800	330	6.0/490	39154

一般情况下旁压模量 E_m 比 E_0 小，这是因为 E_m 综合反映了土层拉伸和压缩的不同性能，而平板载荷试验方法测定的 E_0 只反映了土的压缩性质，它是在一定面积的承压板上对覆盖层细粒土逐级施加荷载，观测土体的承受压力和变形的原位试验。旁压试验为侧向加荷，E_m 反映的是土层横向（水平方向）的力学性质，E_0 反映的是土层垂直方向的力学性质。

变形模量是计算坝基变形的重要参数，表示在无侧限条件下受压时土体所受的压应力与相应的压缩应变之比。梅纳提出用土的结构系数 α 将旁压模量和变形模量联系起来：

$$E_m=\alpha E_0 \quad (5.6-3)$$

式中 α 值介于0.25～1，它是土的类型和 E_m/P_L 比值的函数，梅纳根据大量对比试验资料，给出了表5.6-2的经验值。

实际上，E_m/P_L 值的变化范围较大，根据表5.6-2和各试验的 E_m/P_L 值，对黏土的 E_m/P_L 值取0.67，泥夹卵砾土的 E_m/P_L 值取0.5，含泥中粗砂的 E_m/P_L 值取0.33。这样取值计算得到的变形模量总体上是偏小和安全的。经计算求得的各测试点的变形模量 E_0 见表5.6-3。

表 5.6-2　　土的结构系数常见值

土类	土的状态 / E_m/P_L	超固结土	正常固结土	扰动土	变化趋势
淤泥	E_m/P_L				
			1		
黏土	E_m/P_L	>16	9～16	7～9	↑大
		1	0.67	0.5	
粉砂	E_m/P_L	>14	8～14		
		0.67	0.5	0.5	
砂	E_m/P_L	12	7～12		小
		0.5	0.33	0.33	
砾石和砂	E_m/P_L	>10	6～10		
		0.33	0.25	0.25	

表 5.6-3　　旁压模量计算表

试验编号		土类和土的状态	E_m /kPa	P_L /kPa	E_m/P_L	α	E_0 /kPa
ZK65	65-01	黑色黏土	4867			0.67	7264
	65-02	红色黏土，夹少量砂砾石	7720	1070	7.21	0.67	11523
	65-03	含黏土砂砾石	22305	3650	6.11	0.50	44609
	65-04	含黏土砂砾石	18189	2400	7.58	0.50	36378
	65-05	含黏土砂砾石	32933	4800	6.86	0.50	65866
	65-06	含黏土砂砾石	91653	7850	11.68	0.50	183307
	65-07	灰黑色黏土	40064	3700	10.83	0.67	59796
	65-08	灰黑夹土红色黏土	18472	2200	8.40	0.67	27570
	65-10	土红色黏土	21543	2100	10.26	0.67	32154
	65-11	青黑色黏土	68846	6400	10.76	0.67	102755
	65-12	土红色黏土	41068	4900	8.38	0.67	61296
	65-13	含黏土中粗砂	39154	5800	6.75	0.33	118649

统计各钻孔旁压试验成果，这些试验成果反映了各试验土层的绝对软硬情况和承载能力。

表 5.6-3 和表 5.6-4 中的旁压试验成果反映了黏土层的绝对刚度和强度，也反映了土层的土性状态，也包含有有效上覆压力的影响。对于相同土性状态的黏土层，有效上覆压力（埋置深度）越大则旁压模量和极限压力越大。

表 5.6-5 为不同岩组旁压试验成果的统计，表 5.6-6 为前人总结的常见土的旁压模量和极限压力的变化范围。

表 5.6-4　　旁压试验成果汇总表

试验编号		试验点深度/m	岩性（岩组）	极限压力 P_L/kPa	旁压模量 E_m/kPa	变形模量 E_0/kPa
ZK65	65-01	7.20	含角砾黏土（Ⅴ）		4867	7264
	65-02	10.80	粉砂质黏土（Ⅳ-2）	1070	7720	11523
	65-03	15.00	块碎石土（Ⅳ-1）	3650	22305	44609
	65-04	17.80	块碎石土（Ⅳ-1）	2400	18189	36378
	65-05	21.90	块碎石土（Ⅳ-1）	4800	32933	65866
	65-06	27.40	块碎石土（Ⅳ-1）	7850	91653	183307
	65-07	37.75	粉砂质黏土（Ⅲ）	3700	40064	59796
	65-08	38.98	粉砂质黏土（Ⅲ）	2200	18472	27570
	65-10	42.00	粉砂质黏土（Ⅲ）	2100	21543	32154
	65-11	44.38	粉砂质黏土（Ⅲ）	6400	68846	102755
	65-12	47.58	粉砂质黏土（Ⅲ）	4900	41068	61296
	65-13	49.40	粉砂质黏土（Ⅲ）	5800	39154	118649

表 5.6-5　　不同岩组旁压试验成果统计表

岩组		Q_4^{al}-Ⅴ	Q_3^{al}-Ⅳ		Q_3^{al}-Ⅲ
岩性		漂块石碎石土夹砂卵砾石层	粉砂质黏土（Ⅳ-2）	块碎石土（Ⅳ-1）	粉砂质黏土
极限压力 P_L/kPa	最大值	—	2570	7850	6400
	最小值	—	810	2400	2100
	平均值	1140	1605	4675	4183
旁压模量 E_m/kPa	最大值	7926	26043	91653	68846
	最小值	4867	3830	18189	18472
	平均值	6396.5	11829	41270	38191
变形模量 E_0/kPa	最大值	15853	38871	183307	118649
	最小值	7264	5717	36378	27570
	平均值	11559	17656	82540	67037

表 5.6-6　　常见土的旁压模量和极限压力的变化范围

土　类	旁压模量 E_m/(10^2kPa)	极限压力 P_L/(10^2kPa)
淤泥	2～5	0.7～1.5
软黏土	5～30	1.5～3.0
可塑黏土	30～80	3～8
硬黏土	80～400	8～25
泥灰岩	50～600	6～40
粉砂	45～120	5～10
砂夹砾石	80～400	12～50
紧密砂	75～400	10～50
石灰岩	800～20000	50～150

为了便于比较和分析试验结果、评价细粒土的力学状态，采用归一化的方法以消除有效上覆压力 σ_v' 的影响，即把在不同有效上覆压力 σ_v' 下的试验结果归一化为统一的有效上覆压力 σ_v' 下进行比较。归一化中采用的旁压模量 E_m 与有效上覆压力 σ_v' 的关系为

$$E_m = E_{m(98\text{kPa})}(\sigma_v'/P_a)^{0.5} \tag{5.6-4}$$

式中：$E_{m(98\text{kPa})}$ 为有效上覆压力等于 98kPa 时的旁压模量；P_a 为工程大气压力，取 98kPa。

表 5.6-7 给出了经过压力归一化后的旁压模量 $E_{m(98\text{kPa})}$。

表 5.6-7　旁压模量归一化计算表

试验编号	土名	试验点深度/m	上部土层数	土层厚度/m	土层浮容重/(kN/m³)	有效分层压力/kPa	有效总压力 σ_v'/kPa	旁压模量/kPa	归一化旁压模量/kPa
65-01	含角砾黏土（Ⅴ）	7.20	1	7.2	11.42	82.22	82.22	4867	5313
65-02	粉砂质黏土（Ⅳ-2）	10.80	2	10.0	11.42	114.20	122.66	7720	6900
				0.8	10.58	8.46			
65-03	块碎石土（Ⅳ-1）	15.00	3	10.0	11.42	114.20	170.75	22305	16898
				1.8	10.58	19.04			
				3.2	11.72	37.50			
65-04	块碎石土（Ⅳ-1）	17.80	3	10.0	11.42	114.20	203.56	18189	12620
				1.8	10.58	19.04			
				6.0	11.72	70.32			
65-05	块碎石土（Ⅳ-1）	21.90	3	10.0	11.42	114.20	251.62	32933	20553
				1.8	10.58	19.04			
				10.1	11.72	118.37			
65-06	块碎石土（Ⅳ-1）	27.40	3	10.0	11.42	114.20	316.08	91653	51035
				1.8	10.58	19.04			
				15.6	11.72	182.83			
65-07	粉砂质黏土（Ⅲ）	37.75	4	10.0	11.42	114.20	430.02	40064	19126
				1.8	10.58	19.04			
				18.2	11.72	213.30			
				7.75	10.77	83.47			
65-08	粉砂质黏土（Ⅲ）	38.98	4	10.0	11.42	114.20	443.26	18472	8686
				1.8	10.58	19.04			
				18.2	11.72	213.30			
				8.98	10.77	96.72			
65-10	粉砂质黏土（Ⅲ）	42.00	4	10.0	11.42	114.20	475.79	21543	9777
				1.8	10.58	19.04			
				18.2	11.72	213.30			
				12.0	10.77	129.24			

续表

试验编号	土名	试验点深度/m	上部土层数	土层厚度/m	土层浮容重/(kN/m³)	有效分层压力/kPa	有效总压力 σ_v'/kPa	旁压模量/kPa	归一化旁压模量/kPa
65－11	粉砂质黏土（Ⅲ）	44.38	4	10.0	11.42	114.20	501.42	68846	30436
				1.8	10.58	19.04			
				18.2	11.72	213.30			
				14.38	10.77	154.87			
65－12	粉砂质黏土（Ⅲ）	47.58	4	10.0	11.42	114.20	535.88	41068	17562
				1.8	10.58	19.04			
				18.2	11.72	213.30			
				17.58	10.77	189.34			
65－13	粉砂质黏土（Ⅲ）	49.40	4	10.0	11.42	114.20	555.49	39154	16446
				1.8	10.58	19.04			
				18.2	11.72	213.30			
				19.4	10.77	208.94			

通过对经过压力归一化后的旁压模量 $E_{m(98kPa)}$ 的分析，可以比较各细粒土的相对软硬状态和评价土层的土性状态。表5.6－8给出了归一化旁压模量 $E_{m(98kPa)}$ 的统计结果，可以看出各岩组土层的旁压试验结果比较离散，反映了覆盖层结构复杂、密实度差异大等特点，以致试验点对应的细粒土土性状态变化较大。

表5.6－8　　归一化旁压模量统计表

岩组		Q_4^{al}－Ⅴ	Q_3^{al}－Ⅳ		Q_3^{al}－Ⅲ
岩性		漂块石碎石土夹砂卵砾石层	粉砂质黏土（Ⅳ－2）	块碎石土（Ⅳ－1）	粉砂质黏土
归一化旁压模量 $E_{m(98kPa)}$/kPa	最大值	10182	25449	51035	30436
	最小值	5313	4256	12620	8686
	平均值	7746	11907	25277	17006

5.6.4　*E*－*B* 模型参数反演分析

1. 基于遗传算法的土体本构模型参数反演方法

遗传算法是近年来得到广泛应用的一种新型优化算法。遗传算法具有智能性搜索、并行式计算和全局优化等优点，可以克服建立在梯度计算基础上的传统优化算法的缺点，特别适合于求解目标函数具有多极值点的优化问题。将遗传算法和有限元数值分析方法相结合，作为反演土性参数的一个新方法进行 *E*－*B* 模型参数反演。

2. 参数反演分析结果

结合室内和现场试验，采用基于遗传算法的土体本构模型参数旁压试验反演方法对 *E*－*B*模型参数进行了反演分析。

根据现场勘探成果并综合室内试验成果，所采用的覆盖层力学参数建议值见表

5.6-9。

表 5.6-9 覆盖层力学参数建议值

岩组代号	岩组名称	密度/(g/cm³)		抗剪强度	
		天然密度	干密度	φ/(°)	c/kPa
Ⅴ	漂块石卵砾碎石土	2.0	1.85	32	20
Ⅳ-2	粉砂质黏土	1.95	1.70	25	30～40
Ⅳ-1	漂块石碎石土	2.0	1.90	33	30
Ⅲ	粉砂质黏土	2.0	1.73	26	35～50
Ⅱ	含漂块石碎石土	2.01	1.95	33	30
Ⅰ	含卵砾中粗砂层	2.01	1.90	30	0

现场旁压试验在3个钻孔开展，共19组（段），反演程序中的位移值采用现场实测位移值。运用以上数据进行遗传算法优化反演，迭代完成后所得各组最佳参数值见表5.6-10。

表 5.6-10 *E-B* 模型参数反演结果

钻孔	试验编号	孔深/m	土　类	反演参数值				
				K	n	R_f	K_b	m
ZK36	36-1	5.2	漂块石碎石土（Ⅴ）	1001	0.40	0.76	145	0.38
ZK65	65-1	7.2	含角砾黏土（Ⅴ）	537	0.54	0.62	51	0.33
	65-2	10.8	粉砂质黏土（Ⅳ-2）	665	0.48	0.76	133	0.33
	65-3	15.0	块碎石土（Ⅳ-1）	1663	0.49	0.77	112	0.35
	65-4	17.8	块碎石土（Ⅳ-1）	1347	0.58	0.77	132	0.34
	65-5	21.9	块碎石土（Ⅳ-1）	1888	0.60	0.78	180	0.38
	65-6	27.4	块碎石黏土（Ⅳ-1）	3243	0.53	0.79	182	0.35
	65-7	37.8	粉砂质黏土（Ⅲ）	1899	0.47	0.79	161	0.36
	65-8	39.0	粉砂质黏土（Ⅲ）	1385	0.47	0.77	129	0.34
	65-10	42.0	粉砂质黏土（Ⅲ）	1306	0.58	0.78	184	0.36
	65-11	44.4	粉砂质黏土（Ⅲ）	2071	0.53	0.76	186	0.37
	65-12	47.6	粉砂质黏土（Ⅲ）	1297	0.58	0.75	132	0.32
	65-13	49.4	粉砂质黏土（Ⅲ）	1424	0.56	0.79	133	0.34
ZK 57	57-1	4.5	粉砂质黏土（Ⅳ-2）	606	0.57	0.78	89	0.32
	57-2	6.6	粉砂质黏土（Ⅳ-2）	669	0.55	0.78	29	0.36
	57-3	7.5	粉砂质黏土（Ⅳ-2）	571	0.50	0.75	97	0.32
	57-4	9.7	粉砂质黏土（Ⅳ-2）	1442	0.58	0.78	135	0.38
	57-5	11.6	粉砂质黏土（Ⅳ-2）	1379	0.56	0.77	133	0.34
	57-6	24.1	含角砾粉砂土（Ⅳ-2）	1385	0.47	0.78	140	0.37

根据反演得到的土体模型参数，对各测试点分别进行旁压试验有限元分析，得到不同压力下的计算位移值。按所得到的反演参数计算所得的旁压曲线（图5.6-3）称为反演

旁压曲线。为了方便比较，图5.6-3中还同时给出了实测旁压曲线，可见实测旁压曲线与反演旁压曲线基本一致。

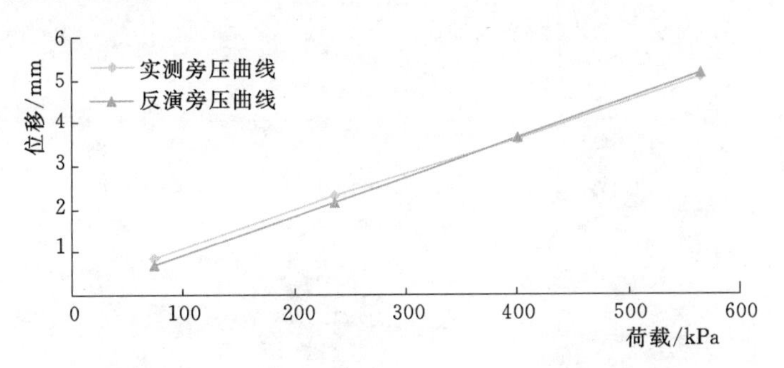

图5.6-3　ZK36号钻孔实测旁压曲线与反演旁压曲线比较

为了显示细粒土原位结构等因素的影响，在图5.6-4中给出了按室内试验参数值计算所得的旁压曲线（称为室内旁压曲线）、反演旁压曲线和实测旁压曲线的比较情况。由室内三轴压缩试验得到的覆盖层各岩组的$E-B$模型参数值见表5.6-11。

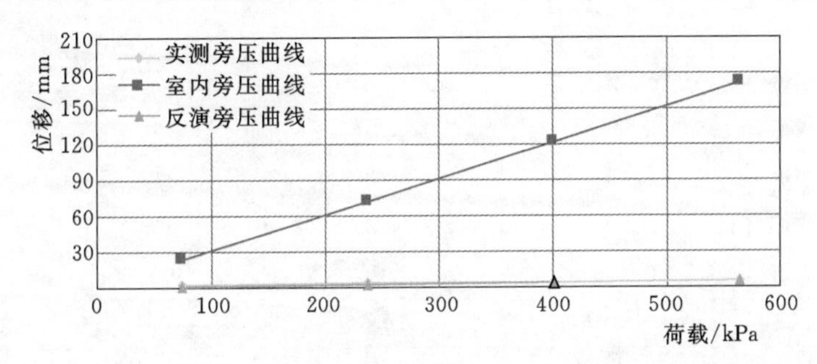

图5.6-4　ZK36号钻孔实测旁压曲线、室内旁压曲线及反演旁压曲线比较

表5.6-11　　覆盖层各岩组$E-B$模型参数室内三轴压缩试验结果

覆盖层分层	试验级配	干密度/(g/cm³)	$E-B$模型参数									
			K	n	c	φ	φ_0	$\Delta\varphi$	R_f	K_{ur}	K_b	m
冲积漂块石碎石土层（Ⅳ-1）	平均线	2.00	92	0.834	5	33.6	—	—	0.72	—	24.7	0.880
		2.21	337	0.785	40	32.7	—	—	0.56	—	219.0	0.172
粉砂质黏土层（Ⅲ）	ZK44-1	1.64	191	0.490	62	27.5	—	—	0.66	307	99.2	0.356
	ZK44-2	1.52	103	0.693	62	28.5	—	—	0.58	229	71.8	0.446
粉砂质粉土层（Ⅳ-2）	SYH-1	1.36	187	0.478	17	27.3	—	—	0.59	310	105.0	0.316
含卵砾中粗砂及含漂块石碎石土层（Ⅰ、Ⅱ）	平均线	2.16	1194	0.493	—	—	43.7	6.6	0.88	1293	899.0	0.219

由图5.6-4可见，按室内试验参数计算所得的位移值远大于考虑了原位特性影响的由反演参数计算所得的位移值。室内曲线与实测旁压曲线相差较大，表明覆盖层土体原位结构性影响显著。在室内试验结果基础上的反演分析结果较单纯室内试验所得到的结果更

能反映实际情况。

表 5.6－12 给出了各岩组模型参数反演结果统计情况，可见对同一岩组模型参数反演值有一定的离散性，特别是变形模量系数 K 变化较大，和前述旁压模量的变化是一致的。

表 5.6－12　　覆盖层 $E-B$ 模型参数反演结果统计表

岩组		Q_4^{al}－Ⅴ	Q_3^{al}－Ⅳ		Q_3^{al}－Ⅲ
岩性		漂块石碎石土夹砂卵砾石层	粉砂质黏土（Ⅳ－2）	块碎石土（Ⅳ－1）	粉砂质黏土
K	最大值	1001	1442	3243	2071
	最小值	537	571	1347	1297
	平均值	769	889	2035	1563
n	最大值	0.54	0.58	0.60	0.58
	最小值	0.40	0.48	0.49	0.47
	平均值	0.47	0.54	0.55	0.53
R_f	最大值	0.76	0.78	0.79	0.79
	最小值	0.62	0.75	0.77	0.75
	平均值	0.69	0.77	0.78	0.77
K_b	最大值	145	135	182	186
	最小值	51	29	112	129
	平均值	98	103	152	154
m	最大值	0.38	0.38	0.38	0.37
	最小值	0.33	0.32	0.34	0.32
	平均值	0.36	0.34	0.36	0.35

3. 各岩组模型参数敏感性分析

为了评价反演分析结果，并对采用的模型参数提出建议，对各岩组模型参数进行了敏感性分析，以了解各模型参数对旁压位移曲线的影响。

对模型参数进行敏感性分析指的是以室内试验分别对不同岩组确定的模型参数（即 K、n、R_f、K_b 及 m 共 5 个参数）为基准，逐个变化某一参数，计算这个参数改变后旁压位移曲线的变化情况，来研究参数变化对旁压位移和变形的影响程度，确定参数的敏感程度。进行敏感性分析所采用的覆盖层各岩组的模型参数基准值见表 5.6－13。

表 5.6－13　　覆盖层各岩组的模型参数基准值

岩组代号	岩组名称	天然密度 /(g/cm³)	抗剪强度		模　型　参　数				
			φ/(°)	c/kPa	K	n	R_f	K_b	m
Ⅴ	漂块石卵砾碎石土	2.00	32	20	214	0.809	0.64	122	0.526
Ⅳ－2	粉砂质黏土	1.95	25	35	187	0.478	0.59	105	0.316
Ⅳ－1	块石碎石土	2.00	33	30	214	0.809	0.64	122	0.526
Ⅲ	粉砂质黏土	2.00	26	42.5	147	0.592	0.62	85	0.400

总体来说，和以前进行的分析所得到的结论基本一致，即影响旁压位移曲线的主要参数为K、n、和R_f，而K_b和m的影响较小。

首先，对于粉砂质黏土（Ⅲ）、块石碎石土（Ⅳ-1）、粉砂质黏土（Ⅳ-2）及漂块石卵砾碎石土（Ⅴ）等岩组，K越大旁压位移越小，R_f越大旁压位移越大，K_b越大旁压位移越大。其次，对于粉砂质黏土（Ⅲ）和块石碎石土（Ⅳ-1）岩组，n越大旁压位移越小；而对于粉砂质黏土（Ⅳ-2）及漂块石卵砾碎石土（Ⅴ）岩组，n越大旁压位移越大。对不同的岩组，n的变化对旁压变形的影响趋势不同，反映了试验加载过程中不同岩组土体中应力状态变化的不同。对不同岩组，m的影响较小，而且变化范围小。

第 6 章

覆盖层水文地质试验

在河床深厚覆盖层水文地质勘察中，渗透特性是勘察工作的重点，也是设计和施工中关键参数的组成部分，其物理意义为水力梯度等于1时的渗透速度。

目前常规确定渗透系数的现场试验主要有抽水试验、注水试验、微水试验、自振法抽水试验、示踪法试验、渗透变形试验等，这些方法的主要缺点是试验周期长，耗费人力和物力多，受野外作业条件制约大。在有些覆盖层勘察中，具有距离远、条件差、勘察难度大等特点，因此需要开发应用测试方式简单、操作速度快的水文地质试验技术。常用的室内渗透系数测试方法见表6-1

表6-1　常用的室内渗透系数测试方法

试验方法	试验得出指标			指标的应用
	名称	单位	符号	
常水头试验（无黏性土）	渗透系数	cm/s	k	1. 判别土的渗透和抗渗透变形能力； 2. 降水、排水及沉降计算； 3. 防渗等设计
变水头试验（黏性土）				
渗透变形试验	渗透系数	cm/s	k	
	临界坡降		i_k	
	破坏坡降		i_f	

6.1 注水试验

河床深厚覆盖层常用的注水试验方法有试坑法、单环法和双环法，以及钻孔常水头和降水头注水试验等方法。

（1）试坑法注水试验。试坑法注水试验常用方法的基本要求是：①试坑深30～50cm，坑底一般高出潜水位3～5m，大于5m时最佳；②坑底应修平并确保试验土层的结构不被扰动；③应在坑底铺垫2～5cm厚的粒径为5～10mm的砾石或碎石作为过滤缓冲层；④水深达到10cm，开始记录时间及量测注入水量，并绘制$Q-t$关系曲线；⑤试验过程中，应保持水深在10cm，波动幅度不应大于0.5cm，注入的清水水量量测精度应小于0.1L。

试坑法注水试验的操作方法和要求是：①每隔5min量测1次，连续量测5次；以后每隔20min量测1次并至少连续量测6次；②当连续2次量测的注入流量之差小于最后一次注入流量时，试验即可结束，并取最后一次注入流量作为计算值。

试坑法注水试验的优缺点是：①安置简便；②受侧向渗透影响较大，成果精度低。

试坑法注水试验示意图如图6.1-1所示。

渗透系数的计算公式为

$$K=\frac{Q}{F(H+l+H_k)} \quad (6.1-1)$$

式中：K 为试验土层渗透系数，cm/s；Q 为注入流量，L/min，1L/min＝16.7cm³/s；F 为试坑底面积，cm²；H 为试验水头，cm，H＝10cm；H_k 为试验土层的毛细上升高度，cm；l 为从试坑底起算的渗入深度，cm。

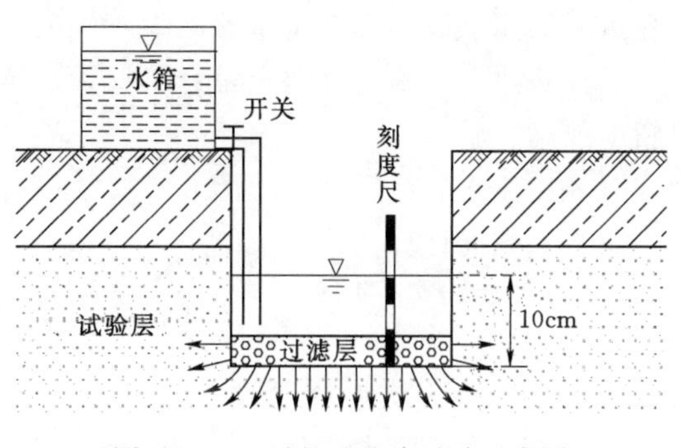

图 6.1-1　试坑法注水试验示意图

(2) 单环法注水试验。单环法注水试验适用于地下水水位以上的砂土、砂卵砾石等强透水地层。单环法注水试验常用方法的基本要求是：①注水环（铁环）嵌入试验土层深度不小于5cm，且环外用黏土填实，确保周边不漏水；②环底铺2～3cm厚的粒径为5～10mm的砾石或碎石作为缓冲层；③水深达到10cm后，开始时每隔5min量测1次，连续量测5次，之后每隔20min量测1次，连续量测次数不少于6次；④ 当连续2次量测的注入流量之差不大于最后一次注入流量的10%时，试验即可结束，并取最后一次注入流量作为计算值。

单环法注水试验的优缺点是：①安置简单；②未考虑受侧向渗透的影响，成果精度稍差。

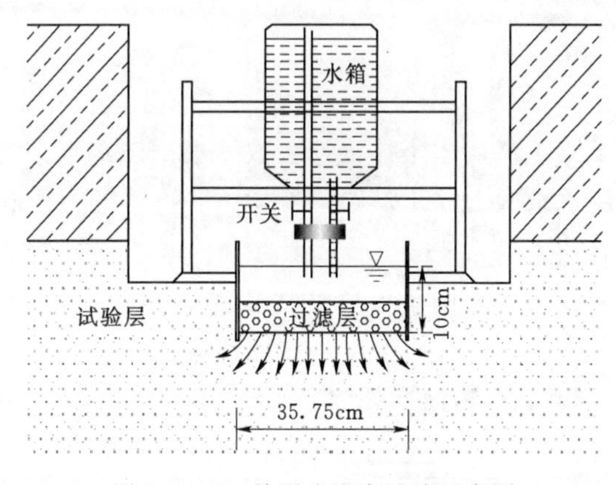

图 6.1-2　单环法注水试验示意图

单环法注水试验示意图如图6.1-2所示。

渗透系数的计算公式为

$$K=\frac{Q}{F} \quad (6.1-2)$$

式中：K 为试验土层渗透系数，cm/s；Q 为注入流量，L/min，1L/min＝16.7cm³/s；F 为试坑底面积，cm²，为方便计算，可使环内径 ϕ＝25.75cm，即 F＝1000cm²。

(3) 双环法注水试验。双环法注水试验适用于地下水水位以上的粉土层和黏性土层。双环法注水试验的要求是：①两注水环（铁环）按同心圆状嵌入试验土层深度不小于5cm，并确保试验土层的结构不被扰动，环外周边不漏水；②在内环及内、外环之间环底铺上2～3cm厚的粒径为5～10mm的砾石或碎石作为缓冲层；③水深达到10cm后，开始时每隔5min量测1次，连续量测5次，之后每隔15min量测1次，连续量测2次，之后每隔30min量测1次，连续量测次数不少于6次；④当连续2次量测的注入流量之差不大于最后一次注入流量的10%时，试验即可结束，并取最后一次注入流量作为计算值；⑤试验前在距3～5m试坑处打一个比坑底深3～4m的钻孔，并每隔20cm取土样测定其含水量。试验结束后，应立即排出环内积水，在试坑中心打一个同样深度的钻孔，每隔20cm取土样测定其含水量，并与试验前资料进行对比，以确定注水试验的渗入深度。

双环法注水试验的优缺点是：①安置、操作较复杂；②基本排除侧向渗透的影响，成果精度较高。

双环法注水试验示意图如图 6.1-3 所示。

渗透系数的计算公式为

$$K=\frac{16.67Qz}{F(H+z+0.5H_a)} \tag{6.1-3}$$

式中：K 为试验土层渗透系数，cm/s；Q 为内环的注入流量，L/min；F 为内环的底面积，cm^2；H 为试验水头，cm，$H=10cm$；H_a 为试验土层的毛细上升高度，cm；z 为从试坑底起算的渗入深度，cm。

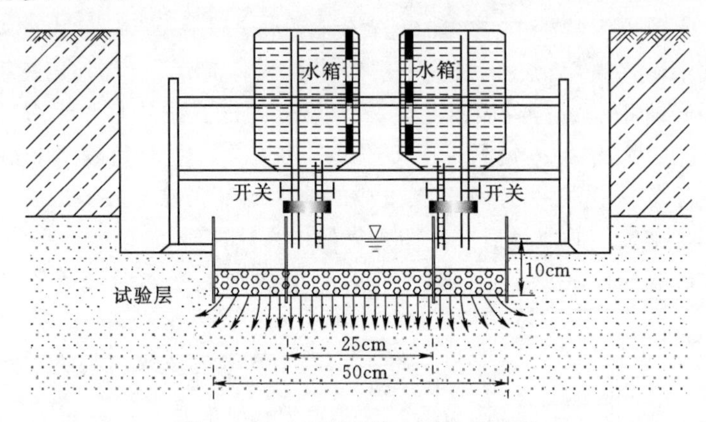

图 6.1-3 双环法注水试验示意图

(4) 钻孔注水试验。钻孔注水试验可用于测定覆盖层土体渗透系数，根据注水水头的稳定情况，可分为常水头注水试验和降水头注水试验。注水试验应考虑试验操作的方便和孔壁的稳定情况，宜采用自上而下分段注水方式。

1) 钻孔常水头注水试验。钻孔常水头注水试验适用于渗透性比较大的壤土、粉土、砂土和砂卵砾石层。

钻孔常水头注水试验应符合下列规定：① 试验结构简图如图 6.1-4 (a) 所示；②试

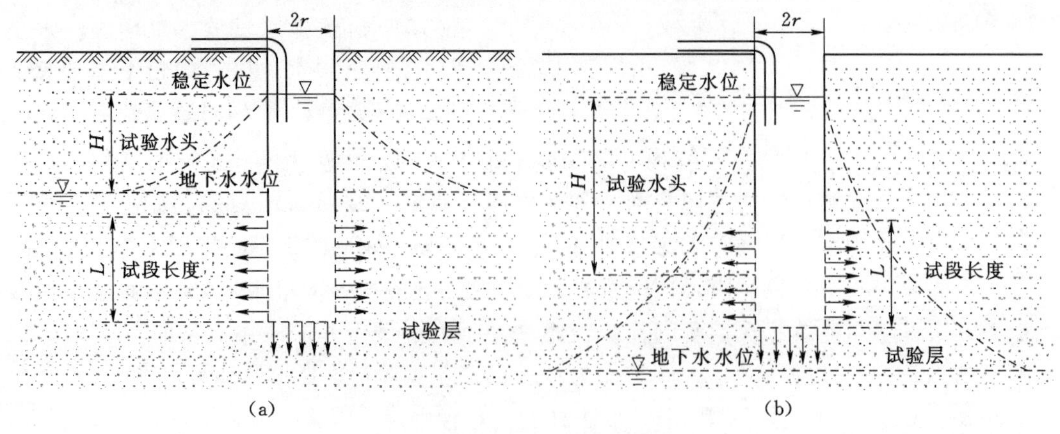

图 6.1-4 钻孔注水试验结构简图

验装置安设完毕后，进行注水试验前，应进行地下水水位观测，水位观测结束后，向孔内注入清水至一定高度或至孔口并保持稳定，测定水头值，保持水头不变，量测注入流量；③开始时每隔5min量测1次，连续量测5次，之后每隔20min量测1次，至少连续量测6次，并绘制$Q-t$关系曲线；④当连续2次量测的注入流量之差不大于最后一次注入流量的10%时，试验即可结束，并取最后一次注入流量作为计算值；⑤当注水试验段位于地下水水位以下时，渗透系数宜采用如下方法进行计算。

当$l/r>8$，试验段顶部无隔水层时，渗透系数应按式（6.1-4）进行计算：

$$K=\frac{6.1Q}{lH}\lg\frac{l}{r} \tag{6.1-4}$$

当$l/r>8$，试验段顶部为隔水层时，渗透系数应按式（6.1-5）进行计算：

$$K=\frac{6.1Q}{lH}\lg\frac{2l}{r} \tag{6.1-5}$$

式中：K为试验土层渗透系数，cm/s；l为注水试段长度，m；Q为注入流量，L/min；H为水头高度，m；r为试验段钻孔半径，m。

对于渗透性比较大的碎石土、砂土和砂卵砾石层，渗透系数可按式（6.1-6）进行计算：

$$K=\frac{16.67Q}{AS} \tag{6.1-6}$$

式中：A为形状系数，cm，按表6.1-1选用；S为孔中试验水头高度，m。

表6.1-1　　钻孔形状系数值

试验条件	示意图	A值	备注
试段位于地下水水位以下，钻孔套管下至孔底，孔底进水	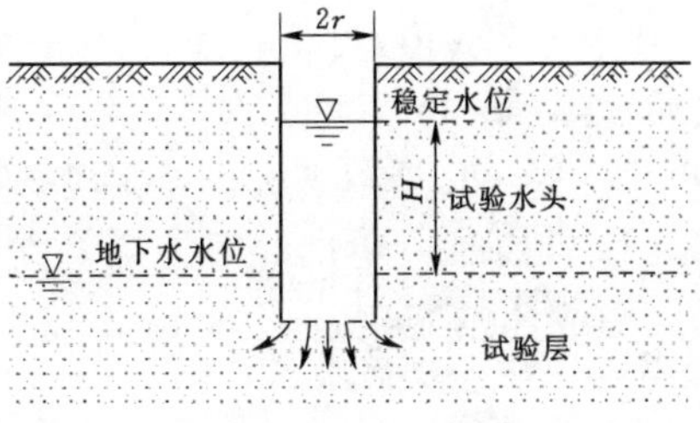 2r；稳定水位；H 试验水头；地下水水位；试验层	$A=5.5r$	
试段位于地下水水位以下，钻孔套管下至孔底，孔底进水，试验土层顶部为不透水层	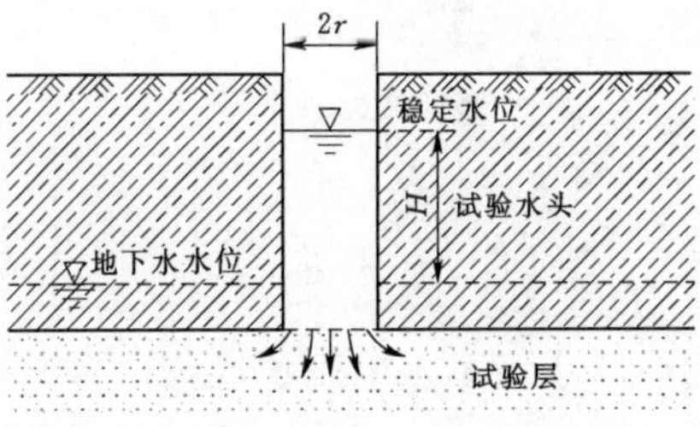 2r；稳定水位；H 试验水头；地下水水位；试验层	$A=4r$	

续表

试验条件	示意图	A 值	备注
试段位于地下水水位以下，孔内不下套管或部分下套管，试验段裸露或下花管，孔壁与孔底进水	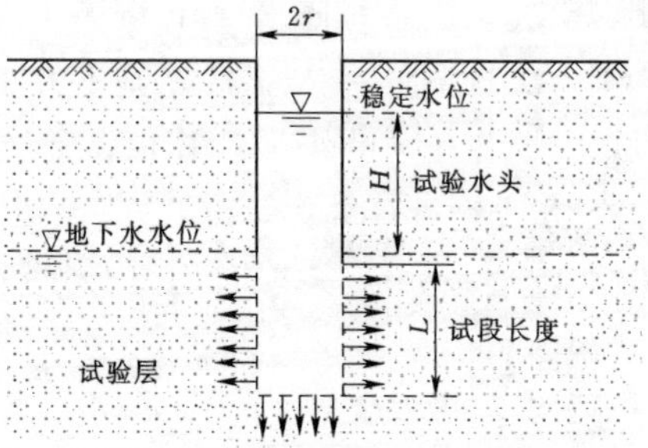 2r 稳定水位 H 试验水头 地下水水位 L 试段长度 试验层	$A=\frac{2\pi l}{\ln\frac{ml}{r}}$	$\frac{ml}{r}>10$ $m=\sqrt{K_h/K_v}$ 式中：K_h、K_v 分别为试验土层的水平垂直渗透系数。无资料时，m 值可根据土层情况估算
试段位于地下水水位以下，孔内不下套管或部分下套管，试验段裸露或下花管，孔壁和孔底进水，试验土层顶部为不透水层	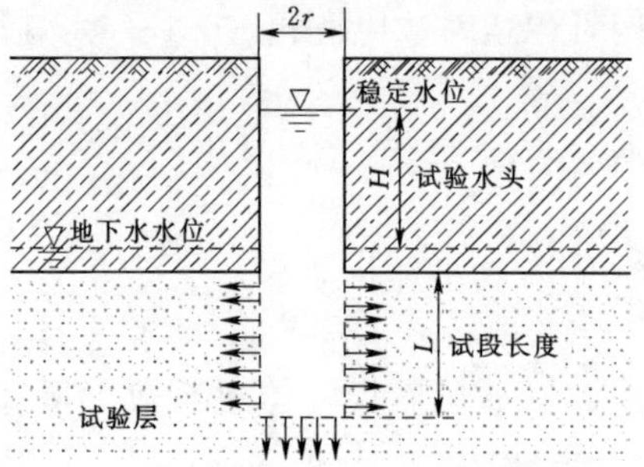 2r 稳定水位 H 试验水头 地下水水位 L 试段长度 试验层	$A=\frac{2\pi l}{\ln\frac{2ml}{r}}$	$\frac{2ml}{r}>10$ $m=\sqrt{K_h/K_v}$ 式中：K_h、K_v 分别为试验土层的水平垂直渗透系数。无资料时，m 值可根据土层情况估算

当注水试验段位于地下水水位以上，且 $50<H/r<200$，$H\leqslant l$ 时，渗透系数宜按式（6.1-7）进行计算：

$$K=\frac{7.05Q}{lH}\lg\frac{2l}{r} \tag{6.1-7}$$

2）钻孔降水头注水试验。钻孔降水头注水试验适用于地下水水位以下粉土、黏性土层或渗透系数较小的覆盖层。试验应符合下列规定：①试验结构简图如图 6.1-4（b）所示；②试验装置安设完毕后，确认试验段已隔离后，向孔内注入清水至一定高度或以套管顶部高程作为初始水头值，停止供水，开始记录管内水位随时间变化的情况；③开始时每隔 1min 量测 1 次，连续量测 5 次，之后每隔 10min 量测 1 次，连续量测 3 次；后期观测间隔时间应根据水位下降速度确定，可每隔 30min 量测 1 次，并在现场绘制 $\ln(H_t/H_0)$-t 关系曲线，当水头下降比与时间关系不呈直线时说明试验不正确，应检查并重新试验；④当试验水头下降到初始试验水头的 30%或连续观测点达到 10 个以上时，即可结束试验；⑤渗透系数可按式（6.1-8）进行计算。

$$K=\frac{0.0523r^2}{A}\frac{\ln\frac{H_1}{H_2}}{t_2-t_1} \tag{6.1-8}$$

式中：K 为试验土层渗透系数，cm/s；r 为套管内半径，cm；t_1、t_2 分别为试验某一时刻的试验时间，min；H_1、H_2 分别为在试验时间 t_1、t_2 时的试验水头，cm；A 为形状系数，cm，按表 6.1-1 选用。

（5）现场注水试验工程实例。在金沙江上游某水电站坝址区，为了解河床覆盖层的渗透特性，对覆盖层粗粒土进行了现场钻孔降水关注水试验和试坑法注水试验。根据试验观测曲线和数据记录，按照相关公式对覆盖层的渗透系数进行计算，代表性试验成果见表6.1-2。

表6.1-2 覆盖层Ⅳ岩组注水试验成果

试验方法	值别	渗透系数/(cm/s)	临界坡降
钻孔试样	最大值	3.96×10^{-2}	0.58
	最小值	3.28×10^{-3}	0.3
	平均值	1.44×10^{-2}	0.47
探槽试样	最大值	1.04×10^{-1}	0.53
	最小值	1.66×10^{-3}	0.27
	平均值	3.83×10^{-2}	0.4

通过对注水试验资料的整理分析可知，覆盖层各岩组的渗透性较强，其中Ⅰ岩组试样的渗透系数平均值为1.80×10^{-5} cm/s；Ⅱ岩组试样的渗透系数平均值为7.00×10^{-3} cm/s，临界坡降平均值为0.60；Ⅲ岩组试样的渗透系数平均值为7.00×10^{-3} cm/s；Ⅳ岩组深部钻孔样的渗透系数平均值为1.44×10^{-2}cm/s，临界坡降平均值为0.47；地表浅表部岸坡覆盖层的渗透系数平均值为3.83×10^{-2}cm/s，临界坡降平均值为0.4。

6.2 同位素示踪法

利用放射性同位素测试技术测定含水层水文地质参数的方法是于20世纪70年代初发展起来的，并于20世纪70年代后期从实验室逐渐走向生产实践，该方法目前已被国外广泛应用。我国自20世纪80年代开始使用该技术，并在20世纪90年代得到较大范围的应用和推广。

放射性同位素示踪法测井技术在测定含水层水文地质参数方面经过多年的理论研究与实践已取得了长足进展。该方法目前可以测定含水层诸多水文地质参数，如地下水流向、渗透流速（V_f）、渗透系数（K_d）、垂向流速（V_v）、多含水层的任意层静水头（S_i）、有效孔隙度（n）、平均孔隙流速（u）、弥散率（α_l、α_T）和弥散系数（D_l、D_T）等。

该技术与传统水文地质试验相比具有许多优点，可以解决传统水文地质试验无法解决的实际问题。该方法是利用地下水天然流场来测试地下水参数，而抽水试验则是从钻孔中抽水造成水头或水位重新分布来获得水文地质参数，因此更能反映自然流场条件下的水文地质参数，所获得的参数更能反映实际情况。

与传统抽水试验相比主要具有以下特点：①可以测试厚度很大的松散覆盖层的地下水参数；②比抽水试验取得的参数质量更高、数量更多，能较大限度地满足地质分析和方案设计要求；③不会对钻孔附近地层的稳定性产生影响，而抽水试验则会影响抽水孔附近地层的稳定性；④可获得来用抽水试验不能获得的参数。

目前使用的测试仪器多是在20世纪90年代由我国自行设计研发的放射性同位素地下水参数测试仪器，该仪器结构如图6.2-1所示。

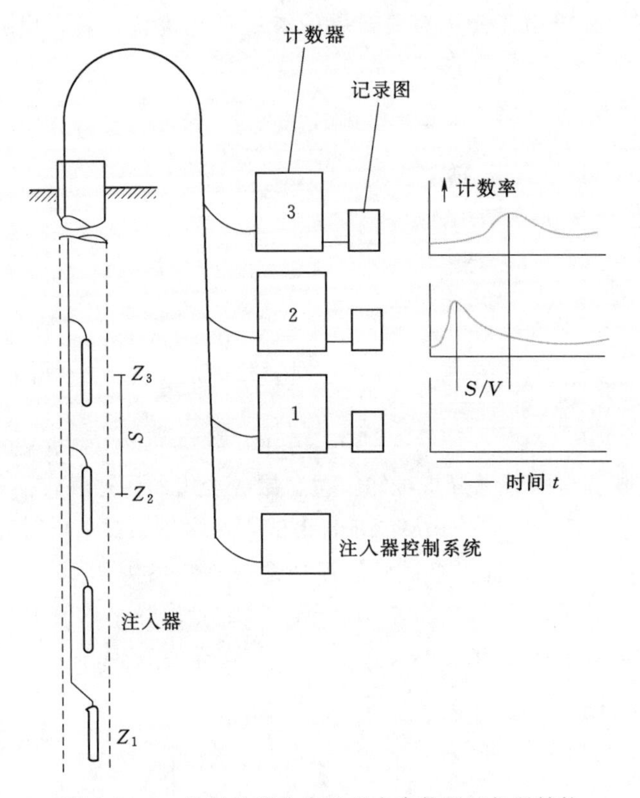

图 6.2-1　放射性同位素地下水参数测试仪器结构

1. 基本原理

该方法的基本原理是对井孔滤水管中的地下水用少量的、可口服的、无伤害和放射的示踪剂 I^{131} 作为标记，标记后的水柱示踪剂浓度不断被通过滤水管的含水层渗透水流稀释而降低。其稀释速率与地下水渗透流速有关，根据这种关系可以求出地下水渗透流速，然后根据达西定律可以获得含水层渗透系数。

放射性同位素示踪法测井技术不受井液温度、压力、矿化度的影响，测试灵敏度高、方便快捷、准确可靠，可测孔径为 50～500mm，孔深超过 500m。根据测试方法和测试目的，该方法可以分为多种类型，见表 6.2-1。

表 6.2-1　　放射性同位素示踪法测定覆盖层水文地质参数方法分类

Ⅰ级分类	Ⅱ级分类	可 测 参 数
单孔技术	单孔稀释法	渗透系数、渗透流速
	单孔吸附示踪法	地下水流向
	单孔示踪法	孔内垂向流速、垂向流量
多孔技术	多孔示踪法	平均孔隙流速、有效孔隙度、弥散系数

采用放射性同位素示踪法测试覆盖层水文地质参数时，当河流水平流速测试范围为 0.05～100m/d，垂向流速测试范围为 0.1～100m/d 时，每次投放量应低于 1×10^{8}Bq。当 $V_v>0.1$m/d 时，相对误差小于 3%；当 $V_f>0.01$m/d 时，相对误差小于 5%。

2. 计算理论与方法

同位素单孔稀释法测试含水层渗透系数的方法可分为公式法和斜率法。

(1) 公式法。公式法确定含水层渗透系数是根据放射性同位素初始浓度（$t=0$ 时）计数率和某时刻放射性同位素浓度计数率的变化来计算地下水渗流流速，然后根据达西定律求出含水层渗透系数。示踪剂浓度变化与地下水渗流流速之间的关系服从下列公式：

$$V_f=[\pi r_1/(2\alpha t)]\times\ln(N_0/N) \tag{6.2-1}$$

式中：V_f 为地下水渗透速度，cm/s；r_1 为滤水管内半径，cm；N_0 为同位素初始浓度（$t=0$ 时）计数率；N 为 t 时刻同位素浓度计数率；α 为流场畸变校正系数；t 为同位素浓度从 N_0 变化到 N 的观测时间，s。

根据式（6.2-1）可以获得含水层中地下水渗流流速，然后根据达西定律关系式（6.2-2）可以计算含水层渗透流速：

$$V_f=K_dJ \tag{6.2-2}$$

式中：K_d 为含水层渗透系数，cm/s；J 为水力坡度。

根据式（6.2-1）和式（6.2-2）可得含水层渗透系数计算公式为

$$K_d=\{[\pi r_1/(2\alpha t)]\times\ln(N_0/N)\}/J \tag{6.2-3}$$

应用式（6.2-3）计算含水层渗透系数 K_d，实际上是利用两次同位素浓度计数率的变化来计算含水层渗透系数 K_d。

(2) 斜率法。斜率法是根据测试获取的 $t-\ln N$ 曲线斜率来确定含水层渗透系数，该方法考虑了某测点的所有合理测试数据，测试成果更具有全面性与代表性。从理论上讲，当含水层中的地下水为稳定层流时，$t-\ln N$ 曲线为直线，可以根据曲线斜率计算渗透速度 V_f。因此，若实际测试曲线为直线，则说明测试试验是成功的、测试结果是可靠的。

斜率法计算含水层渗透系数的具体步骤是：首先根据测试数据绘制 $t-\ln N$ 曲线，通过 $t-\ln N$ 曲线一方面可以分析测试试验是否成功，另一方面能够确定 $t-\ln N$ 曲线斜率，为含水层渗透系数计算提供必要参数；然后应用下列计算公式计算含水层渗透系数：

$$t=\pi r_1/(2\alpha V_f)\times\ln N_0-\pi r_1/(2\alpha V_f)\times\ln N \tag{6.2-4}$$

式（6.2-4）中的 $\pi r_1/(2\alpha V_f)\times\ln N_0$ 可以看成常数，则 $t-\ln N$ 曲线的斜率为 $-\pi r_1/(2\alpha V_f)$。

设曲线的斜率为 m，则：

$$m=-3.14r_1/(2\alpha V_f)$$

$$V_f=-3.14r_1/(2\alpha m) \tag{6.2-5}$$

根据从 $t-\ln N$ 曲线上获得的 m 值，即可获得含水层地下水渗透流速。

在渗透流速测试时，同时可测得试验钻孔处的水力坡度，根据达西定律可计算出含水层渗透系数。可用式（6.2-6）计算含水层渗透系数：

$$K_d=-3.14r_1/(2\alpha mJ) \tag{6.2-6}$$

该方法根据测试试验得出的 $t-\ln N$ 曲线斜率计算含水层渗透系数，它考虑了某测点的所有合理测试数据。

(3) 计算参数的确定。放射性同位素示踪法测试地下水参数受多种因素影响，如钻孔直径、滤管直径、滤管透水率、滤管周围填砾厚度、填砾粒径等因素对测试结果都有一定的影响，进行试验参数处理时应考虑这些影响因素，以使试验结果更可靠、更合理、更能反映实际情况。

采用该方法计算覆盖层渗透系数主要涉及流场畸变校正系数和水力坡度两个参数。通过多年实践总结提出了放射性同位素示踪法测试含水层渗透系数的流场畸变校正系数 α，该参数考虑了多种因素对测试成果的影响，引入该参数可以使获取的渗透系数更能反映实际情况。为了在确定含水层地下水流流速的基础上计算含水层渗透系数，还应通过现场测试确定测试孔附近的地下水同步水力坡度。

(4) 流场畸变校正系数 α 的确定。流场畸变校正系数 α 是由于含水层中钻孔的存在引起滤水管附近地下水流场产生畸变而引入的一个参变量。其物理意义是地下水进入或流出滤水管的两条边界流线，在距离滤水管足够远处两者平行时的间距与滤水管直径之比。

1) 流场畸变校正系数 α 的计算理论。流场畸变校正系数 α 受多种因素的影响，主要受测试孔尺寸与结构的影响，一般情况下流场畸变校正系数 α 的计算分以下两种情况：

a. 在均匀流场且井孔不下滤水管、不填砾裸孔中，取 $\alpha=2$。有滤水管的情况下一般由式（6.2-7）计算获得：

$$\alpha=4/\{1+(r_1/r_2)^2+K_2/K_1[1-(r_1/r_2)^2]\} \tag{6.2-7}$$

式中：K_1 为滤水管渗透系数，cm/s；K_2 为填砾渗透系数，cm/s；r_1 为滤水管内半径，cm；r_2 为滤水管外半径，cm。

b. 对于既下滤水管又有填砾的情况，流场畸变校正系数 α 与滤水管内、外半径，滤管渗透系数，填砾厚度及填砾渗透系数等多种因素有关。流场畸变校正系数 α 可用式（6.2-8）进行计算：

$$\alpha=8/\{(1+K_3/K_2)\{1+(r_1/r_2)^2+K_2/K_1[1-(r_1/r_2)^2]\}+(1-K_3/K_2)\times\{(r_1/r_3)^2+(r_2/r_3)^2+[(r_1/r_3)^2-(r_2/r_3)^2]\}\} \tag{6.2-8}$$

式中：r_3 为钻孔半径，cm；K_3 为含水层渗透系数，cm/s。其余符号意义同上。

2) K_1、K_2 和 K_3 的确定方法。

a. 滤水管渗透系数 K_1 的确定。滤水管渗透系数 K_1 的确定涉及测试井滤网的水力性质，可根据过滤管结构类型通过试验确定，或通过水力试验测得，或类比已有结构类型基本相同的滤水管来确定。粗略的估计是 $K_1=0.1f$，f 为滤网的穿孔系数（孔隙率）。

b. 填砾渗透系数 K_2 的确定。填砾渗透系数 K_2 可由式（6.2-9）确定：

$$K_2=C_2d_{50}^2 \tag{6.2-9}$$

式中：C_2 为颗粒形状系数，当 d_{50} 较小时可取 $C_2=0.45$；d_{50} 为砾料筛下的颗粒质量占全重 50%时可通过网眼的最大颗粒直径，通常取粒度范围的平均值，mm。

c. 含水层渗透系数 K_3 的估算。如果在覆盖层钻探时，$K_1>10K_2>10K_3$，且 $r_3>3r_1$，则 α 与 K_3 没有依从关系。但实际上很难实现 $K_1>10K_2$，而且只有滤水管的口径很小时才能达到 $r_3>3r_1$。虽然 α 依赖含水层渗透系数 K_3，但若存在式（6.2-7）$K_3\leqslant K_1$ 和式（6.2-8）$K_3\leqslant K_2$ 等条件时，则 K_3 对 α 的影响很小，可忽略不计，也可参照已有抽水试验资料或由估值法确定，也可由公式法估算。

(5) 地下水水力坡降 J 的确定。水力坡降是表征地下水运动特征的主要参数，它一方面可以通过试验的方法确定，另一方面可以通过钻孔地下水水位的变化来确定。应用放射性同位素示踪法测试覆盖层渗透系数时，应测定与同位素测试试验同步的地下水水力坡降，以便计算测试含水层的渗透系数。

3. 测试方法

测试时首先根据含水层埋深条件确定井孔结构和过滤器位置，选取施测段；然后用投源器将人工放射性同位素 I^{131} 投入测试段，进行适当搅拌使其均匀；接着用测试探头对标记段水柱的放射性同位素浓度进行测量。人工放射性同位素 I^{131} 为医药上使用的口服液，该同位素放射强度小、衰变周期短，因此，使用人工放射性同位素 I^{131} 进行水文地质参数测试不会对环境产生危害。

为了保证放射源能在每段被搅拌均匀，每个测试试验段长度一般取 2m，每个测段设置 3 个测点，每个测点的观测次数一般为 5 次。在半对数坐标纸上绘制稀释浓度与时间的关系曲线，若稀释浓度与时间的关系曲线呈直线关系，说明测试试验是成功的。

4. 典型工程实例

九龙河某水电站坝址区河床覆盖层一般厚度为 30～40m，最厚达 45.5m。从层位分布和物质组成特征上，河床覆盖层可分为三大岩组，即上部的Ⅰ岩组为河流冲积和洪水泥石流堆积的漂块石、碎石土混杂堆积形成的粗粒土层，中部的Ⅱ岩组为堰塞湖相的粉质黏土层，下部的Ⅲ岩组为河流冲积形成的砂卵砾石层。采用同位素示踪法对 ZK331 号孔进行渗透系数测试。ZK331 号孔河床覆盖层物质组成特征见表 6.2-2。

表 6.2-2　ZK331 号孔河床覆盖层物质组成特征

孔深/m	覆盖层名称	物质组成
0～5.6	含块碎石砂卵砾石层	块石为变质砂岩，占 10%。砂砾石中粒径 1～3cm 的砾石占 10%，粒径 5～7cm 的砾石占 2%，其余为中粗砂
5.6～20.5	粉质黏土层	呈青灰色及灰白色，中密状态，部分岩芯呈柱状，含有粒径 0.3～1cm 的少量砾石
20.5～44.6	含碎石泥质砂砾石层	青灰色，碎石占 30%～35%，未见砾石

按照测试要求，每个测点有 5 次读数，根据公式法每个测点可以计算 4 个渗透系数值，根据测试获取的 $t-\ln N$ 曲线应用斜率法可以获得 1 个渗透系数值。

(1) 计算参数的确定。根据渗透系数测试孔的结构特征、覆盖层物质特征等条件，通过计算分析，流场畸变校正系数 α 采用 2.41。根据同期河水面水位测量结果，测试孔附近的同期河水面水力坡度 J 为 6.92‰。

(2) ZK331 号孔渗透系数测试成果分析。

1) 孔深 0～5.6m 段。测试可靠性分析：该段为含块石砂砾石层，厚度为 5.6m。完成了 3.5m 长度段、5 个试验点的测试。孔深 4.0m 处的 $t-\ln N$ 曲线如图 6.2-2 所示，曲线具有良好的线性关系，说明该段测试成果是可靠的。

孔深 0～5.6m 段的测试成果见表 6.2-3，计算得到的渗透系数为 3.151×10^{-2}～1.69×10^{-1}cm/s，两种计算方法获得的测试结果比较接近。由覆盖层物质组成特征的综合分析

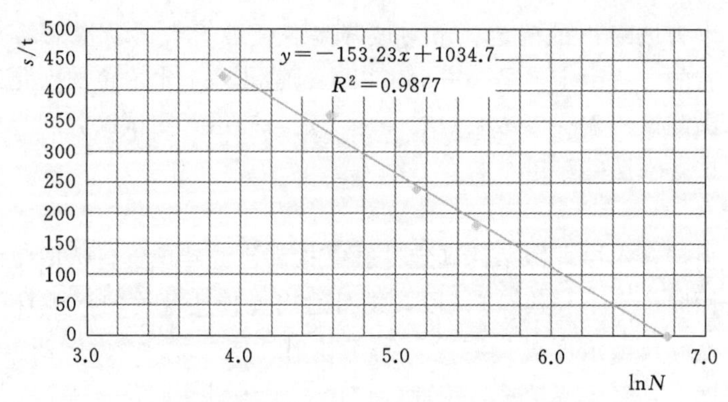

图 6.2-2　孔深 4.0m 处的 $t-\ln N$ 曲线

可知，该段同位素法获得的渗透系数是合理的。

表 6.2-3　孔深 0～5.6m 段的测试成果

测点位置/m	公式法平均 K_d/(cm/s)	拟合曲线斜率 m	斜率法平均 K_d/(cm/s)
2.00	1.504×10^{-1}	−31.174	1.691×10^{-1}
3.00	1.381×10^{-1}	−40.652	1.297×10^{-1}
4.00	3.475×10^{-2}	−153.23	3.441×10^{-2}
4.50	9.026×10^{-2}	−59.578	8.849×10^{-2}
5.20	8.057×10^{-2}	−60.839	8.66510^{-2}

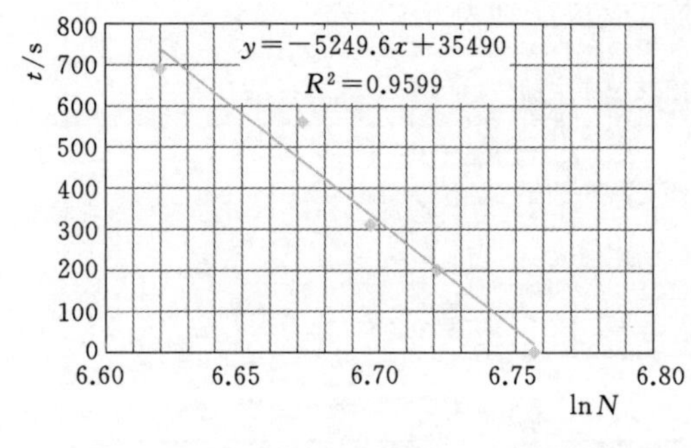

图 6.2-3　孔深 23m 处的 $t-\ln N$ 曲线

2）孔深 5.60～20.50m。孔深 5.6～20.5m 段为粉质黏土层，透水性弱，根据其物质组成特征将其归为微透水，用放射性同位素示踪法很难获取该段的渗透系数，故未测试。

3）孔深 20.5～24.6m 段。测试可靠性分析：完成了 4 个试验点的测试。孔深 23m 处的 $t-\ln N$ 曲线如图 6.2-3 所示，曲线具有较好的线性关系，说明该段测试成果是可靠的。

孔深 20.5～24.6m 段的测试成果见表 6.2-4，渗透系数为 6.579×10^{-4}～1.316×10^{-3}cm/s，属于 10^{-4}cm/s≤K<10^{-2}cm/s 的范围，由覆盖层物质组成特征的综合分析可知，该段测试成果是合理的。

表 6.2-4　孔深 20.5～24.6m 段的测试成果

测点位置/m	公式法平均 K_d/(cm/s)	拟合曲线斜率 m	斜率法平均 K_d/(cm/s)
21.0	1.160×10^{-3}	4320.4	1.220×10^{-3}
22.0	7.464×10^{-4}	−6614.4	7.970×10^{-4}
23.0	0.950×10^{-3}	−5249.6	1.004×10^{-3}
24.0	0.997×10^{-3}	−4822.0	1.093×10^{-3}

(3) 渗透系数测试成果综合分析。通过对ZK331号孔河床覆盖层各段渗透系数进行分析汇总，可得渗透系数测试综合成果，见表6.2-5。

表6.2-5 ZK331号孔河床覆盖层各段渗透系数测试综合成果

层位编号	覆盖层名称	孔深/m	公式法平均 K_d /(cm/s)	斜率法平均 K_d /(cm/s)
1	含块碎石砂砾石层	0.0～5.6	9.882×10^{-2}	10.16×10^{-2}
2	粉质黏土层	5.6～20.5	$<1\times10^{-5}$	$<1\times10^{-5}$
3	含碎石泥质砂砾石层	20.5～24.6	9.634×10^{-4}	1.029×10^{-3}

(4) 渗透系数测试成果可靠性分析。根据《岩土试验监测手册》中不同试验状态下土体的渗透系数经验值和范围值（见表6.2-6和表6.2-7），分析对比测试成果的可靠性。

表6.2-6 不同颗粒组成物的渗透系数经验数值

岩性	土层颗粒		渗透系数/(m/d)
	粒径/mm	所占比重/%	
粉砂	0.05～0.1	<70	1～5
细砂	0.1～0.25	>70	5～10
中砂	0.25～0.5	>50	10～25
粗砂	0.5～1.0	>50	25～50
极粗砂	1.0～2.0	>50	50～100
砾石夹砂			75～150
带粗砂的砾石			100～200
砾石			>200

注 此表数据为实验室中理想条件下获得的，当含水层夹泥量多，或颗粒不均匀系数大于2～3时，取小值。

表6.2-7 各类典型土的渗透系数范围值

土名	渗透系数/(cm/s)	土名	渗透系数/(cm/s)
黏土	$<1.2\times10^{-6}$	细砂	$1.2\times10^{-3}\sim6.0\times10^{-2}$
粉质黏土	$1.2\times10^{-6}\sim6.0\times10^{-5}$	中砂	$2.4\times10^{-2}\sim2.4\times10^{-2}$
粉土	$6.0\times10^{-5}\sim6.0\times10^{-4}$	粗砂	$2.4\times10^{-2}\sim6.0\times10^{-2}$
黄土	$3.0\times10^{-4}\sim6.0\times10^{-4}$	砾石	$6.0\times10^{-2}\sim1.8\times10^{-1}$
粉砂	$6.0\times10^{-4}\sim1.2\times10^{-3}$		

从以上分析可以看出，覆盖层渗透系数具有以下主要特征：

1) 由于覆盖层物质组成特征差异大，致使不同深度、不同层位的渗透系数差异大。孔深0～5.6m段的浅表层含块碎石砂砾石层的渗透系数较大，为1.017×10^{-1} cm/s（斜率法平均值）；渗透系数小的是粉质黏土层，孔深5.6～20.5m段的粉质黏土层的渗透系数为$<1\times10^{-5}$cm/s。

2) 根据不同计算方法获得的渗透系值数结果，一些测试点由公式法和斜率法获得的覆盖层渗透系数有差异。总体认为，公式法和斜率法获得的覆盖层渗透系数大部分基本一致，说明采用同位素示踪法获取的覆盖层水文地质参数资料是合理可靠的。

(5) 覆盖层渗透系数合理取值。

1) 覆盖层各岩组的渗透系数分析。根据测试结果确定的覆盖层渗透系数统计结果见表6.2-8。

表6.2-8 覆盖层渗透系数统计结果

覆盖层分类	渗透系数最大值/(cm/s)	渗透系数最小值/(cm/s)	渗透系数范围值/(cm/s)	渗透系数平均值/(cm/s)
粗粒土（含块碎石砂砾石层）	1.691×10^{-1}	2.177×10^{-2}	$2.177\times10^{-2}\sim1.691\times10^{-1}$	8.23×10^{-2}
细粒土（粉质黏土层）	$<1\times10^{-5}$	$<1\times10^{-5}$	$<1\times10^{-5}$	$<1\times10^{-5}$
粗粒土（泥质砂砾石层）	3.605×10^{-3}	3.90×10^{-4}	$3.90\times10^{-4}\sim3.605\times10^{-3}$	1.43×10^{-3}

注 渗透系数为斜率法计算值。

从表6.2-8统计结果可以看出，由于覆盖层的物质组成、粒度特征差异大，致使不同岩土类型的渗透系数差异大。从物质组成特征与覆盖层渗透系数测试结果来看，两者之间具有很好的相关性，即组成覆盖层的物质颗粒越大，其渗透系数越大，反之越小。

2) 渗透性等级划分。将测试结果与《水力发电工程地质勘察规范》(GB 50287) 中的岩土渗透性等级（见表6.2-9）进行对比，以确定覆盖层渗透性等级。

表6.2-9 《水力发电工程地质勘察规范》(GB 50287) 中的岩土渗透性等级表

渗透性等级	标准		岩体特征	土类
	渗透系数 K/(cm/s)	透水率 q/Lu		
极微透水	$K<10^{-6}$	$q<0.1$	完整岩石，含等价开度小于0.025mm裂隙的岩体	黏土
微透水	$10^{-6}\leqslant K<10^{-5}$	$0.1\leqslant q<1$	含等价开度0.025～0.05mm裂隙的岩体	黏土-粉土
弱透水	$10^{-5}\leqslant K<10^{-4}$	$1\leqslant q<10$	含等价开度0.05～0.01mm裂隙的岩体	粉土-细粒土质砂
中等透水	$10^{-4}\leqslant K<10^{-2}$	$10\leqslant q<100$	含等价开度0.01～0.5mm裂隙的岩体	砂-砂砾
强透水	$10^{-2}\leqslant K<1$	$q\geqslant100$	含等价开度0.05～2.5mm裂隙的岩体	砂砾-砾石、卵石
极强透水	$K\geqslant1$		含连通孔洞或等价开度大于2.5mm裂隙的岩体	粒径均匀的巨砾

表6.2-9按岩土渗透系数的大小将岩土渗透性分为6级。该表渗透性分级标准主要考虑了渗透系数和透水率指标，其中渗透系数是抽水试验获得的指标，透水率是压水试验获得的指标。

6.3 自由振荡法

自由振荡法试验（以下简称“自振法试验”）具有设备轻便、操作简单、省工省时等优点。当采用常规抽水试验受到下列条件限制时，可试用自振法试验确定覆盖层渗透性参数。主要适用范围有：①试验目的层较深，试验段无法达到规定的钻孔孔径要求；②含水层涌水量大，水位降深值不能满足常规抽水试验要求；③含水层涌水量小，或补给不足，钻孔中的水容易被抽干；④地下水水位埋深大，水泵吸程不能满足常规抽水试验要求。

1. 自振法试验的原理

在覆盖层钻孔中利用自振法测定含水层的渗透系数是将钻孔内的水体及其相邻含水层一定范围内的水体视为一个系统，向该系统施加一瞬时压力，再突然释放，系统失去平衡，水体开始振荡，测量和分析这个振荡过程，就是自振法试验研究的内容。振荡过程可用以下振荡方程来表述：

$$\frac{d^2W_t}{dt^2}+2\beta\omega_w\frac{dW_t}{dt}+\omega_w^2W_t=0 \tag{6.3-1}$$

该振荡方程有两种解：

$$\beta\geqslant1\text{ 时},W_t=W_0e^{-\omega w(\beta-\sqrt{\beta^2-1})t} \tag{6.3-2}$$

$$\beta<1\text{ 时},W_t=W_0e^{-\beta\omega wt}\cos(\omega_w\sqrt{1-\beta^2}t) \tag{6.3-3}$$

式（6.3-2）为指数振荡，式（6.3-3）为周期性的指数振荡，相应的水位恢复也有两种方式，式（6.3-2）表明水位随时间的推移而趋向稳定，式（6.3-3）表明水位呈周期性振荡，且随时间的推移而趋向稳定。通过求解这个振荡方程建立起阻尼系数 β 与含水层渗透系数 K 和固有频率 ω_w 的关系，即可计算含水层渗透系数。

2. 自振法试验基本要求

（1）钻进工艺与质量。试验孔应采用清水钻进，试验段的管径应保持一致，孔壁尽量保证规则。

（2）试验段止水。在覆盖层中进行自振法试验一般利用套管止水分段。

（3）过滤器安装。过滤器安装要求与常规抽水试验相同，可不填过滤料。

3. 自振法试验设备要求

（1）密封器：是对钻孔孔口进行密封加压的装置。现场测试中除加压外，压力传感器及限位器都需通过密封器放入钻孔中。密封器应设置进气孔、卸压阀、电缆密封孔等。

（2）压力传感器：是用来测量释放压力后钻孔中水位变化值的装置，应确保其灵敏度高、稳定性好，分辨率至少应达到1cm，量程可选用0.1MPa。

（3）二次仪表：应精度高、稳定性好，二次仪表中水位和时间的采样应同步，时间精度为1ms，应能及时记录和打印水位变化与时间关系的历时曲线。

（4）气泵：为适应野外使用，容量不宜太大，宜采用气压约0.8MPa的小型高压气泵。

（5）限位器：由自控开关和两个电磁阀组成，用以控制激发水位 W_0 值，即当钻孔中水位下降至 W_0 值时，自控开关的进气阀自动关闭，排气阀自动打开。为确保试验的准确性，试验时应使用限位器。

4. 自振法试验步骤

（1）试验前的准备工作。试验前的准备工作应包括洗孔、下置过滤器或栓塞隔离试段、静止水位测量、设备安装及量测等，各项工作要求与常规抽水试验和常规压水试验相同。

（2）压力传感器定位。将压力传感器通过密封器放入钻孔中地下水水位以下2～3m处。若放置得太浅，则在加压过程中压力传感器易露出水面；若放置得太深，则会影响压力传感器测试的分辨率。

(3) 限位器放置。将限位器的浮子部分通过密封器放入钻孔中地下水水位以下 W_0 值处。向钻孔施压后，W_0 值宜控制在 0.5m。

(4) 系统施压泄压。用气泵向钻孔中充气，使地下水水位下降。当水位下降至 W_0 值时，自控开关的进气阀自动关闭，排气阀自动开启。泄压后，钻孔中水位开始振荡上升，最终恢复至稳定水位。

(5) 试验资料记录。试验前，详细记录试验段含水层特征、试验设备及安装等内容；试验开始时，由仪器记录加压后水位下降，泄压后系统振荡，直至水位恢复到稳定为止的孔内压力变化的全过程。每段试验的测量和记录宜重复 3～5 次。试验完毕后及时检查资料的准确性和完整性，以确保试验资料的可靠性。

5. 抽水试验资料整理

在抽水试验过程中，及时绘制抽水孔的降深-涌水量曲线、降深历时曲线、涌水量历时曲线和观测孔的降深历时曲线，检查有无反常现象，发现问题应及时纠正，同时也为室内资料整理打下基础。

6. 自振法试验渗透参数计算

(1) 用式 (6.3-4) 计算振荡体在无阻尼状态下自振时的固有频率：

$$\omega_w=(g/H)^{1/2} \tag{6.3-4}$$

式中：ω_w 为固有频率，1/s；g 为重力加速度，m/s^2；H 为承压水头高度或潜水高出试段顶的高度，m。ω_w 值只与钻孔中试段顶板以上水柱高度有关，对每段试验而言，ω_w 为一常数。

(2) 根据自振法试验的振荡波形，确定振荡曲线的类型，即 $\beta\geqslant1$ 型或 $\beta<1$ 型。

(3) 当 $\beta\geqslant1$ 时，计算出 $\lg(W_t/W_0)-t$ 曲线的斜率 m。将式(6.3-2)线性化并化简后可知，m 为 $\lg(W_t/W_0)-t$ 直线的斜率，m 值在理论上应为一常数，但试验数据计算出的 m 值并不总是一常数，这是因为在停止向孔内加压后，泄压的前一段时间内，孔内气压不可能突变为零，此时压力传感器测得的压力值是气压与水压的叠加值，随着时间的增加，当气压与大气压相等时，孔内水位则按指数规律振荡，此时段后的 m 值从理论上说应是一常数。大量的试验资料证明，此时段后的 m 值在较小范围内变化。整理资料时应选用 m 值变化较小时间段内的数据进行计算，得出平均的 m 值。

用式 (6.3-5) 计算振荡时介质对水由于摩擦力所产生的阻尼系数：

$$\beta=-\frac{0.215\omega_w^2+1.16m^2}{m\omega_w} \tag{6.3-5}$$

式中：β 为阻尼系数；m 为 $\lg(W_t/W_0)-t$ 直线的斜率；W_t 为振荡时钻孔中水位随时间的变化值，m；W_0 为激发时产生的地下水水位最大下降值，m；其余符号意义同前。

阻尼系数 β 与含水层的水文地质特性密切相关，反映水体在覆盖层含水层流动时的阻尼特性，它与含水层渗透系数成反比。

(4) 当 $\beta<1$ 时，不能用一般的代数法求解，使用试算法通过计算机计算效果较好。式 (6.3-2) 经变化后得

$$\frac{W_t}{W_0}e^{\beta\omega_w t}=\cos(\omega_w\sqrt{1-\beta^2}\,t) \tag{6.3-6}$$

式（6.3-6）中只有β是未知数，由于前提条件是$\beta<1$，故可通过试算法求得使等式左右两边相等时的β值。

（5）用式（6.3-7）计算含水层渗透系数：

$$K=\frac{\pi r^2(1-\mu)\omega_w}{2\beta l} \tag{6.3-7}$$

式中：K为含水层渗透系数，m/s；l为试验段长度，m；r为钻孔半径，m；μ为含水层储水系数或给水度；其余符号意义同前。

（6）式（6.3-7）中μ为储水系数或给水度。大部分基岩承压含水层的储水系数一般为10^{-3}～10^{-5}，对计算结果影响不大，在计算时可以忽略不计。覆盖层各类岩土给水度经验值可从表6.3-1中查得。

表6.3-1　覆盖层各类岩土给水度经验值

岩土名称	给水度μ	岩土名称	给水度μ
卵砾石	0.35～0.30	亚砂土	0.10～0.07
粗砂	0.30～0.25	亚黏土	0.07～0.04
中砂	0.25～0.20	粉砂与亚砂土	0.15～0.1
细砂	0.20～0.15	细砂与泥质砂	0.2～0.15
极细砂	0.15～0.10	粗砂及砾石砂	0.35～0.25

7. 工程实例

山西某引黄工程地面高程约1222m。钻孔揭露的地层上部为Q_4冲洪积砂卵砾石层，厚度为3.3～7.9m；下部为Q_3砂卵砾石层，厚度为5.1～9.0m。下伏基岩为条带状泥质灰岩。

自振法试验开展时地下水水位为1279.96m，含水层厚度为13.20m。钻孔开孔孔径为203.2mm，终孔孔径为130mm，砂卵砾石层采用管钻，下入长203.2mm的套管护壁，下入深度为1.70m。

自振法试验设备主要包括密封器、压力传感器及二次仪表、气泵、过滤器、止水栓塞等，参见图6.3-1。

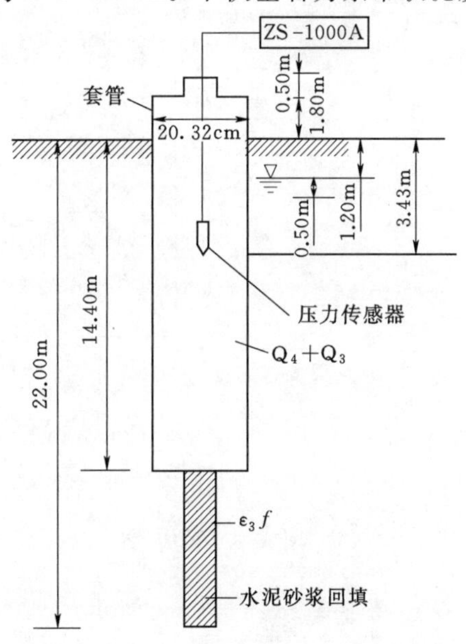

图6.3-1　自振法试验设备示意图

主要工作步骤如下：

（1）用过滤器和止水栓塞等对选定试段进行隔离。

（2）将压力传感器通过密封器放入钻孔中地下水水位以下2～3m。

（3）激发。用气泵向钻孔内充气，对地下水水面施加一个压力，使地下水水位下降，然后突然释放，使含水层水体产生振荡。

（4）测量。为保证资料的准确性，测量记录须从加压开始，要记录水位下降至水位恢复直至稳定为止，以便计算水文地质参数。该项工作由钻孔水文地质综合测试仪自动完成。

自振法试验抽水段孔深为1.20～14.40m，按曲线计算出的渗透系数为50m/d，即5.788×10^{-2}cm/s，为中等～强透水性。

钻孔自振法试验成果见表6.3-2、表6.3-3和图6.3-2。

表6.3-2　钻孔自振法试验综合表

H/m	T^*/(h：min：s)	W_t/W_0	lg（W_t/W_0）	t/s
−1.20	16：31：33	—	—	—
−1.03	16：31：34	0.8583	−0.06634	1
−0.55	16：31：35	0.4583	−0.33880	2
−0.91	16：31：36	0.7583	−0.12010	3
−0.84	16：31：37	0.7000	−0.15490	4
−0.57	16：31：38	0.4750	−0.32330	5
−0.49	16：31：39	0.4083	−0.38900	6

* 表示试验起始时刻。

表6.3-3　计算参数表

物理量	参数值	物理量	参数值	物理量	参数值
H_0/m	0.500	m	0.1488	π	3.1416
g/(m/s)	9.810	μ	0.35～0.30	K_f/(cm/s)	0.05788
W_w/(L/s)	4.420	β	6.440	K_f/(m/d)	50.0
γ_w/m	0.1015	d/m	13.20		

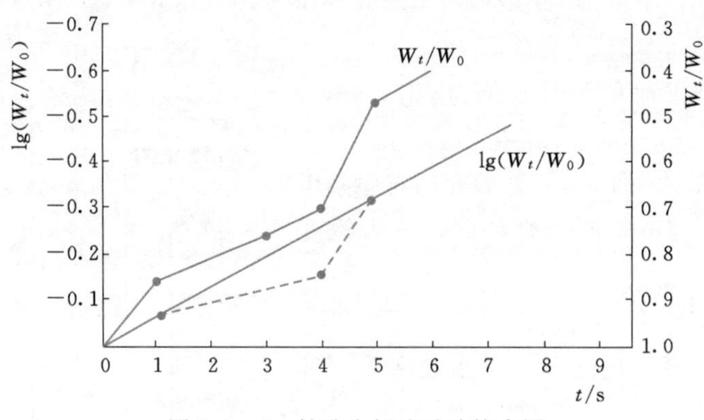

图6.3-2　钻孔自振法试验综合图

6.4　物探测试渗透系数

1. 自然电场法

自然电场法一般用于在地面测试地下水流向。

测试时应在河床滩地测区内比较平缓的区域布置若干测点，以测点为中心做自然电场的环形观测，测量不同方位的过滤电场。可依据自然电场法环形观测资料的电位差最大电位方向，推测该测点的地下水流向。

图 6.4-1 是在某地区利用自然电场法环形观测资料判断地下水流向的探测布置实例。

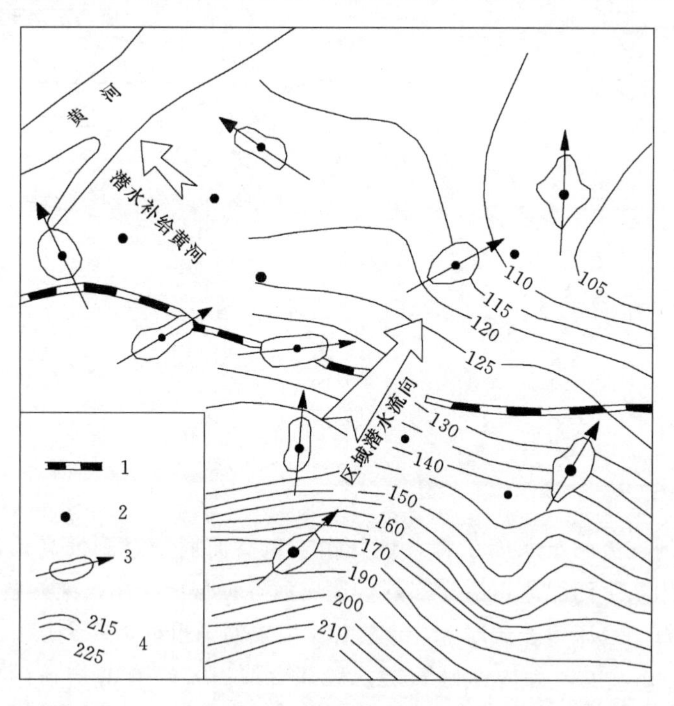

图 6.4-1　自然电场法判断地下水流向（单位：m）

1—铁道；2—村庄；3—电位差极形图及地下水流向；4—等水位线

环形观测的结果清楚地展示了该地区地下水的区域流向。可以看出，自然电场和水文地质资料是一致的。在靠近黄河的地区地下水改变流向，显示在该区是潜水补给黄河。

2. 充电法

充电法用于单个钻孔或井内测试地下水流速、流向，如图 6.4-2 所示。

可依据充电法观测资料的等位圈移动速度的最大方向推测地下水流向，当等位圈的固定电极布置在地下水上游方向时，可按下式计算地下水流速：

$$v=\Delta R_i/\Delta t_i \tag{6.4-1}$$

$$v_j=v/\cos\beta \tag{6.4-2}$$

式中：v 为地下水流速，m/h；v_j 为经地形校正后的地下水流速，m/h；ΔR_i 为地下水流向上等位圈的位移量，m；Δt_i 为两次等位圈观测的时间间隔，h；β 为地形坡度，(°)。

另一种求地下水流速的方法是向量法［见图 6.4-2（b）］。该方法是按一定的时间间隔 Δt，测量各测线上等位点的位移 ΔL_i（$i=1$，2，…，n），并用矢线表示该位移，最后按矢量合成法则求其合矢量 $\vec{R}$。显然，$\vec{R}$ 的方向就是地下水的流向，而流速为

$$v=\frac{R}{2\Delta t} \tag{6.4-3}$$

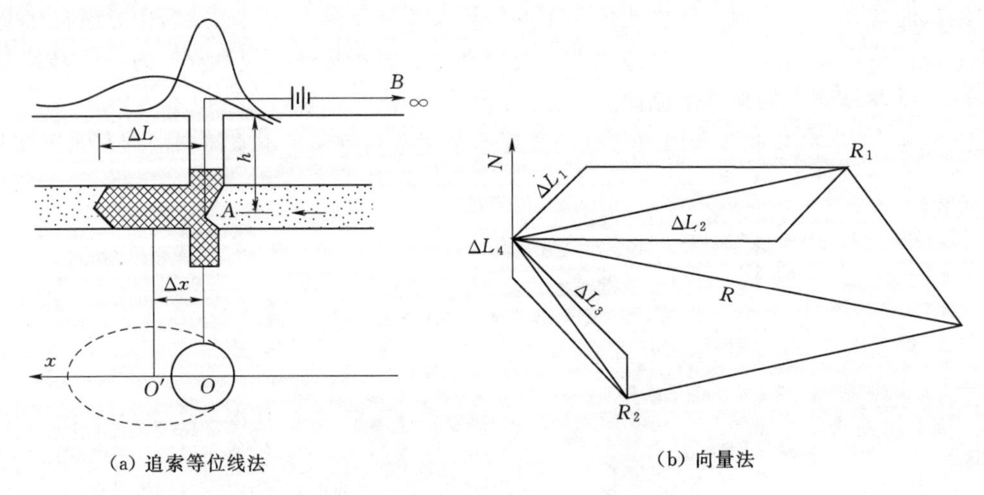

(a) 追索等位线法　　(b) 向量法

图 6.4-2　充电法测定地下水流速、流向

6.5　水文地质试验多方法对比

新疆塔里木河支流的某水库工程，地处帕米尔高原西昆仑剥蚀高山区，地质环境特殊，物理地质作用及第四纪冰川活动强烈，造成河谷覆盖层深厚、结构复杂。

根据勘探资料，河床覆盖层厚150m左右，由上而下可分为四大层：①冲洪积及坡积层，一般厚3～20m，主要为砂卵砾石层，局部含漂石及夹有薄层粉砂质壤土，成分复杂，结构松散，粒径大小不均，一般粒径为2～10cm，最大可达40cm左右。②冰碛层，一般厚26～88m，主要为漂、块石层，颗粒大小不均，无分选，一般粒径为10～50cm，最大可达7m左右。钻探过程中浆液漏失严重，局部产生塌孔掉块现象。③冰水沉积的粉细砂层，分布于冰碛层之中，呈透镜体状，埋深一般为18～30m，最大可达43m左右。主要为粉细砂层夹薄层粉砂质黏土，具有水平层理，干密度为1.50～1.60g/cm^3。④冰水沉积的卵砾石层，分布于河床基底部，埋藏深，厚度为20～58m，一般粒径为2～8cm，较密实。

为了有效地获取该工程河床深厚覆盖层的水文地质参数，采用了浅井抽水试验、自振法试验和同位素示踪法3种测试方法。

1. 浅井抽水试验

根据抽水试验成果，计算出覆盖层渗透系数为17.4m/d。该方法为常规试验方法，成果较准确，也较符合实际，但受探井开挖深度限制仅可反映覆盖层浅部的渗透性，对其深部的渗透系数无法取得。

2. 自振法试验

先造一小口径钻孔，然后利用仪器在孔内分段阻塞，通过对阻塞段加压与释放使孔内水位回升，自动监测系统将记录水位回升与时间的关系，从而测定出覆盖层渗透系数。试验每5～10m为一段，分段进行自振法抽水，测试的各段渗透系数见表6.5-1。

表 6.5-1　　自振法试验测试成果

测试深度/m	地层岩性	渗透系数/(m/d)
0～20	漂卵砾石层	15.4
21～40	粉细砂层上部	10.8
45～57	粉细砂层下部	14.4
67～90	漂石层	20.5
91～120	含块卵石层	11.4
121～147	砂卵石层	16.6

由表 6.5-1 可知，覆盖层渗透系数为 10.8～20.5m/d，平均值为 14.1m/d，属强透水层，上部 20m 的试验结果与浅井抽水试验结果基本一致。

3. 同位素示踪法

在钻孔地下水中利用微量的放射性同位素标记滤水管中的水柱，被标记的地下水浓度被流过滤水管的水稀释，稀释速度与地下水渗透流速符合一定的关系，从而可测定出地下水的渗透系数、流速、流向和水力梯度等动态参数。每 2～5m 为一测试段，分段进行测试，测试成果见表 6.5-2。

表 6.5-2　　同位素示踪法测试成果

测试深度/m	地层岩性	渗透流速/(m/s)	渗透系数/(m/d)
0～20	漂卵砾石层	0.04	2.74
21～40	粉细砂层	0.05	1.21
65～120	漂石层	17.3	205
121～147	砂卵砾石层	0.38	26.3

由表 6.5-2 可知，该测试成果与前面两种方法获取的结果差异较大，从上至下测试的渗透系数也不均一，最大达 205m/d，最小仅 1.21m/d，其不均一性基本符合冰碛层的特点，但个别孔段由于钻进中塌孔而进行了泥浆及水泥封堵，造成所测之值偏小。

4. 3 种方法的渗透系数对比分析

由于 3 种方法的测试结果存在差异，因此结合地层的结构特征，对 3 种方法的测试成果进行综合相关分析，得出如下结论：

(1) 0～20m 冲洪积层。开挖的竖井较直观，采用抽水试验测得的渗透系数较符合实际，渗透系数值为 17.4m/d。而同位素示踪法受钻孔上部护壁的影响所测之值偏小。

(2) 21～40m 粉细砂层。砂层较均一，结构稍密，渗透系数室内试验值仅 10^{-4}cm/s，自振法试验测值偏大，而同位素示踪法测值为 1.21m/d，较符合地层结构特点。因此宜采用渗透系数 $K-1.21$m/d。

(3) 41～120m 冰碛漂块石层。颗粒粗大，钻进中浆液漏失严重，自振法试验受孔深及压力影响所测之值偏小，同位素示踪法所测之值较符合实际，因此宜采用渗透系数 $K=205$m/d。

(4) 121～147m 砂卵砾石层。地层相对较密实，自振法试验和同位素示踪法所测之值均较符合地层结构特点，建议采用平均渗透系数 26.3m/d。

第 7 章

深厚覆盖层地质勘察要点

7.1 建立地层序列

前已述及，我国河床覆盖层具有成因类型复杂、结构松散、层次不连续、厚度变化较大、物理力学性质不均匀性等特点。其厚度具有明显的按流域分布的特征，黄河、长江中下游总体上厚度不大。西南地区金沙江、大渡河、岷江等诸河流，在正常的河流沉积厚度基础上，由于地壳抬升、冰川运动、滑坡堵江、泥石流等内外动力地质作用，具有冰水沉积、堰塞沉积、泥石流堆积等典型的加积特征，粗细颗粒混杂、结构复杂、架空明显。

对深厚覆盖层，应重点开展地层序列建立和岩土层单位划分等方面的研究。对于水利水电工程深厚覆盖层形成序列的建立，应从上下游、左右岸进行研究，需经过野外、野外与室内和室内3个阶段，以完成覆盖层岩土层相对顺序的建立、地层地质时代序列、地层地质年代序列等3个层次的地层划分体系研究。

1. 建立地层相对序列

地层相对序列的建立即深厚覆盖层形成先后序列的建立，主要由钻孔揭示、野外资料收集确定。

(1) 接触关系确定法。对于空间分布连续的覆盖层，可根据它们之间的接触关系，如侵蚀关系、覆盖关系、掩埋关系、过渡关系等，来确定覆盖层的新老（或形成先后）顺序。

(2) 地质学确定法。对于覆盖层分布不连续的可根据以下方法确定其新老（或形成先后）顺序。

1) 地貌学法。根据地貌形成和发展的阶段性来确定组成各地貌单元的堆积物的形成先后顺序，如在构造上升地区，位置越高时代越老。

2) 比较岩石（土）学法。地表不同时期堆积物的物质组成、组合特点、颜色和风化程度是有差别的。可根据堆积物的组合特点确定相对新老关系，一般时代越老的堆积物，其风化程度越高。

3) 特殊堆积物夹层对比法。河床深厚覆盖层的堆积物，无论构造运动还是气候环境变化都十分强烈，由构造、气候等自然事件形成的特殊沉积层可作为覆盖层对比的基础。对比常用的特殊沉积夹层有淤泥层、黏土层、冰川沉积层和粉细砂层等。

2. 地层地质时代序列

以地层的地质时代为依据建立地层序列可采用以下两种方法：

(1) 生物地层学法。根据覆盖层中所含的炭质淤泥层或动植物群化石组合建立地层的地质时代。

(2) 地质学方法。根据覆盖层中的成因类型、分布位置和高程以及堆积物的沉积韵律、粒径大小、砾石形态、堆积物颜色、密实度等特征，确定地层的地质时代。

3. 地层地质年代序列

按覆盖层的地质年龄建立地层序列。在对覆盖层地层顺序研究和地层地质时代研究的基础上，通过样品的年代学测定，根据地质其年龄建立地层序列。

4. 覆盖层地层单位类型

河床深厚覆盖层地层单位可分为以下几种类型：

（1）岩土层单位。根据覆盖层的岩土学特征划分。

（2）生物地层单位。根据炭质淤泥层或动植物群组合特征划分。

（3）地貌地层单位。根据地貌形成和发展的阶段特征划分。

（4）年代地层单位。根据地层的测年数据划分。

（5）土壤地层单位。根据覆盖层中埋藏的土壤层结构、发育程度划分。

（6）磁性地层单位。根据覆盖层磁性的极性时和极性亚时划分。

（7）气候地层单位。根据堆积物气候标志的冰期、间冰期和冰阶、间冰阶旋回划分。

（8）成因地层单位。根据堆积物的成因类型划分。

7.2　深厚覆盖层地层分层方法

7.2.1　基本要求

（1）深厚覆盖层分层时，应按“两级单元”模式进行。首先将不同地质时代和不同地质成因的岩土划分为一级单元，即“大层”；再按一级单元的岩性、状态、空间分布特征等因素细分为二级单元，即“亚层”。

（2）在勘察资料整理过程中，覆盖层层位按下述方法表示：

1）用带圈的数值表示大层代号，如①、②、③等。

2）在大层代号右下角用下标数值代表亚层，如$②_3$、$③_1$等分别代表第②大层第3亚层、第③大层第1亚层。

（3）深厚覆盖层分层应在检查、整理各类原始记录的基础上，结合工程地质测绘与调查资料、室内试验和原位测试成果进行。

（4）深厚覆盖层分层应与工程需要密切配合，分层模型除应能够体现覆盖层地层的物理力学特征、成因和物质组成外，还应能够清晰地反映对水工建筑物的不利层位和可供选择的主要持力层位。

（5）覆盖层分层模型建立后，应在对比全部剖面图、各层位层顶埋深（层顶标高、出露厚度）等值线图的基础上，检查分层的合理性，并检查各层位试验、测试指标及其统计结果的合理性，对分层模型进行修正和完善。

7.2.2　外业分层和描述要点

（1）在深厚覆盖层勘察工作外业编录中，应按勘探点所揭露的地层顺序，由上至下对地层进行描述，当夹层厚度大于0.30m时，应单独进行描述，形成描述层。

（2）对于描述层中出露厚度为0.10～0.30m的薄夹层，应描述其位置、厚度和状态。

在野外编录中应避免厚度很薄的层位在鉴别和描述中因未进行准确识别而丢失。

（3）外业中取样和测试应选择有代表性的部位，一般不宜在厚度小于 0.30m 的小夹层进行取样和测试。取样的土性或状态，应针对描述层的主要特征进行，不宜在一个描述层的界限上、岩性或状态与描述层总体特征不一致的部位取样，以避免内业分层发生困难。

（4）对于连续出露较厚的同一层位，应依据其颜色、状态、埋藏深度的变化分段进行描述，深厚覆盖层一个描述层的厚度不宜超过 5m。

7.2.3 大层的划分方法

（1）大层应首先反映不同的地层沉积时代，同一地质时代的地层可以划分为一个或多个大层，但不能将不同地质年代的地层划分在同一大层内。

（2）当地质时代相同时，大层的划分应反映不同的地层沉积环境，原则上不应将沉积环境差异较大而明显的层位划分在同一大层内。

（3）对于覆盖层较厚的地区，往往地层的沉积有较明显的地质旋回特征，主要表现在地层土粒由粗变细或由细变粗的周期性变化，对于一个地质旋回可划分为一个大层，也可以将厚度较小的多个岩性相似的旋回划分在同一大层。

（4）为使地层的分层能够与水工建筑物密切配合，在划分大层时，对于厚度大、性质良好的层位，可单独划分出一个大层，起到突出持力层的作用；对于厚度大、性质特殊（如不良砂层、黏土层、淤泥层等）、对工程影响巨大的不利层位也应单独划分为一个大层，使层位划分具有针对性。

（5）大层的划分应自上而下，按①、②、③……的顺序依次下推，大层的层位代号必须准确地反映地层的沉积时代和覆盖关系。大层层位代号越大，地层沉积时代越古老，大层代号大的层位不能出现在代号小的层位之上。

（6）对于覆盖层表层的滑坡堆积层、泥石流堆积层、植被土层等，一般划分在第①大层中。

（7）对于覆盖层表层松散地层，一般同一大层的连续厚度不宜超过 10～15m。

7.2.4 亚层的划分方法

（1）亚层是分层模型中最基本的地质单元体，对于一个地质、地貌单元所划分的大层，应再依据其岩性、成因、状态或密实度、颗粒组成、夹（互）层情况等地层特征细分出亚层。

（2）亚层的划分依据主要为层位的岩性和物理力学性质，在编号顺序上可适当考虑空间分布和覆盖关系，由上至下依次编号。但对于松散地层，亚层的代号顺序并不一定代表严格的沉积顺序。

（3）对于一个大层内不同岩性的地层，应划分出不同的亚层。同一大层内的亚层必须是唯一的，不能出现多重定义，同一亚层也不能出现在多个大层内。

（4）一个大层，一般应有一个主岩性亚层。当一个大层的主岩性亚层所占比例超过 1/2，且其余亚层以夹层形式出现时，主岩性亚层代号应直接使用大层号，其余亚层可按顺序编号；当一个大层的主岩性亚层所占比例不超过1/2，或其余亚层并不以夹层形式而是以上、下覆盖层形式出现时，主岩性亚层应与其他亚层一起按出露顺序由上至下依次编排亚层代号。

（5）当同一大层内岩性相同，但状态或密实度、其他物理力学指标存在明显差异，而且这些差异导致工程性能出现一定差异，合并为一个亚层可能带来一定安全隐患时，应再细分为多个亚层。

（6）对于同一大层内岩性相同、状态或密实度变化小，或土质均匀的亚层，当厚度较大，或埋置深度差异较大时，由于部分地层参数与地层埋置深度密切相关，应再依据埋置深度细分为多个亚层，亚层的厚度一般不宜超过5m。

（7）对于一个钻孔，其亚层的分层厚度一般应大于0.5m。对于单层厚度小于0.1m的层位，可以并入上、下其他物理力学性质相近或较差的层位，但对于厚度大于0.2m的标志层位、软弱层位、在其他钻孔该层厚度较大的层位，应予以保留。

（8）定名为“互层”的层位，在同一覆盖层中相间呈韵律沉积，其中薄层与厚层的厚度比大于1/3；当厚度比为1/10～1/3时，应定名为“夹层”；当厚度比小于1/10，且多次出现时，宜定名为“夹薄层”。

7.2.5　覆盖层描述重点

1. *覆盖层地质描述重点*

覆盖层地质描述重点是粒性（岩性成分、分类和命名）、粒径（粒度特征、分选性和粒级组成等）、粒态（磨圆度和颗粒形态）、颜色（原生色、次生色、干色、湿色）、结构构造（区分原生和次生）、胶结程度和粗颗粒的风化特征（强、弱、微、未）等。

2. *卵砾石描述重点*

对于卵砾石层，要详细描述砾性（岩性成分）、砾径、砾向（AB面的倾向和倾角定向性程度）、砾态（球度和磨圆度）、表面特征、风化程度、充填或胶结方式与程度；对意义重大的砾石层还应进行砾石统计测量。

3. *细粒土描述重点*

对于细粒土堆积物，还要注意观察岩性的可塑性、坚硬程度，野外调查或岩芯定名时常将覆盖层细粒土堆积物分为粉土、黏土、粉质黏土、亚黏土、亚砂土和淤泥质土等。

4. *其他描述重点*

在深厚覆盖层堆积物调查时，要特别注意对一些特殊岩性夹层的调查和描述，如化学沉积层（如岩盐层、铁质壳层、结核层等）、泥炭层、黏土层、含砂矿层等。对于具有区域地质分析特征的岩性夹层，应以一个地层单位（正式的或非正式的）在地质图上标出。

7.2.6　分层要求

（1）水利水电工程同一个项目、不同勘察阶段，或当进行多次勘察时，应保持分层的一致性和资料的可对比性，采用相同的分层方法、标准和分层模型。后期勘察对前期勘察分层模型有较大变更时，应在地质报告中适当说明主要变化原因和变化内容。

（2）同一个工程项目或坝址区勘察场地，当需进行分区编制勘察报告时，各分区地层分层原则上应采用相同的分层模型，保持地质资料的协调一致性，以便于各分区勘察成果的对比和应用。

（3）同一个坝址区勘察场地，在地层分层时应在分析全部钻孔资料的基础上，综合确定分层模型；当分层模型必须在只有少数钻孔资料的情况下确定时，必须以代表性强的深孔、揭露地层较多的钻孔资料为主要依据。

7.3 岩组划分方法

1. 岩组划分原则

深厚覆盖层地质图绘制单位应尽可能采用岩组地层单位。但由于深厚覆盖层受气候波动频繁、环境多变等影响，覆盖层岩性复杂、成因多样、厚度变化大，因此岩组划分需考虑的因素有地层年代、厚度、成因类型、粒度特征、结构特征和工程特性。

深厚覆盖层地层及岩土分组的划分研究更加强调多重地层对比和组合地层划分，实际中应根据覆盖层的地质特征选择上述几种因素进行多重划分，但年代地层划分也是必需的。

2. 地层序列的建立

应根据地层相对序列和地层年代序列对深厚覆盖层的岩组进行划分。

3. 岩土层类型的划分

应根据覆盖层岩土层单位、年代地层单位、气候单位、成因地层单位等对覆盖层进行岩组划分。

4. 岩组划分的方法

应在确定岩组划分原则的基础上，按以下方法对深厚覆盖层岩组进行划分：

（1）根据深厚覆盖层自身的特点确定各层序变化情况，以相同或相近的工程地质特性对深厚覆盖层进行归类、分组，找出主要因素，有利于更好地评价深厚覆盖层的主要工程地质问题。

（2）以钻孔勘探的结果为主，参考物探成果确定覆盖层厚度。有钻孔勘探资料的部位或附近位置应根据钻孔勘探资料确定覆盖层厚度，在缺乏钻孔资料的情况下应根据覆盖层厚度变化特征，将钻孔与物探资料结合起来对覆盖层厚度进行研究确定。

（3）根据深厚覆盖层工程特性的地质分析划分岩组。主要根据覆盖层土层的年代、岩性、颜色、颗粒组成、颗粒形态、密实（胶结）程度等物质组成结构的变化差异进行工程岩组划分、定名。

（4）覆盖层的类型及其物理、力学性状千差万别，工程性质十分复杂，但在同一年代和相似沉积条件下，又有相近的性状和规律性。应保证同一岩组具有相同或相近的工程地质特性，根据“相同、相近”的原则，归并划分岩组。

（5）岩组划分应充分考虑覆盖层物质组成（颗粒组成特征）、成因类型、层位变化、地质年代和工程特征等方面的因素，其中主要以覆盖层物质组成（颗粒组成特征）和层位变化为主。

（6）从工程应用角度考虑，对工程特性较差的软弱土、砂土等特殊岩土应根据其连续性选择单独或以透镜体的形式划分。

(7) 应在深入研究分析各岩组厚度及埋藏深度特征的基础上，沿河流向纵、横向各绘制覆盖层剖面图，分析各岩组纵、横向展布特征，获得覆盖层岩组的空间展布特征。

(8) 对深厚覆盖层岩组的定名不应单一化，应综合定名。覆盖层岩组的划分应具有工程地质意义，且一般以 4～7 个岩组为宜。

7.4　深厚覆盖层地质勘察内容与要求

1. 地质勘察要求

勘察目的主要是掌握覆盖层的结构、物理性质、力学性质和水理性质，土体的分布、厚度、成因类型、水文地质特征等。

常用的勘察方法有地质调查与测绘、物探、勘探、原位测试、岩土试验等。

主要研究内容包括工程地质勘察和试验、工程地质特性研究、建坝适宜性评价、基础处理措施研究以及工程安全监测等。

常用的研究方法主要有定性评价、定量计算和数值模拟分析。

2. 地质调查与分析方法

深厚覆盖层的地质调查与分析是勘探工作的基础。只有通过前期的资料收集与分析、地质测绘与调查，才能对工程区的区域地质背景、内外动力地质作用、覆盖层的成因等有一个宏观的了解，并初步判断河床深厚覆盖的深度及成分结构，为物探、钻探、试验等勘察布置提供依据。深厚覆盖层地质调查与分析的主要工作内容如下：

(1) 收集水利水电工程所在区域地形、地质、遥感、工程地质条件等资料，对工程区气候及水文、地形特征、地层岩性、构造背景、新构造运动与地震活动规律、物理地质现象等进行宏观的认识与了解。

(2) 通过踏勘及地质测绘等工作，进一步认识、复核、验证区域资料的可利用性，确定填图单元，进行地貌类型划分，圈定覆盖层的范围，进行平面分区。

(3) 对工程区地形特征、地层岩性、构造背景、新构造运动与地震活动规律、河流水文网的演化、主要物理地质现象的类型及规模等方面进行系统地分析，并建立起相应的地层序列和地质模型，初步确定深厚覆盖层可能的分层与厚度。

(4) 调查覆盖层不同成因类型及其产生条件。

(5) 分析不同地貌单元上覆盖层的分布、分层、厚度、物质组成、结构特征及其差异、稳定坡角等。

(6) 了解地下水的补给、径流、排泄条件，查明地下水基本类型、埋藏条件及其动态变化。

7.5　主要勘探与测试技术

1. 工程钻探

钻探仍是揭露深厚覆盖层厚度及层次最直接的办法和工程地质勘察的主要手段。通过钻探取芯，可详细了解覆盖层的厚度、分层以及各层次沉积层的成分、颗粒直径、结构特征；通过钻探取样试验，可掌握各层次的级配、孔隙率等；通过钻孔抽水、注水或测流试验，可获取不同深度、不同层次的渗透参数。因此，钻孔在深厚覆盖层勘探中所起到的作用是重要而综合的。

覆盖层勘探技术主要的钻进方法有冲击钻进、回转钻进等，前者包括打（压）入取样钻进、冲击管取样钻进等方式，主要适用于黏土层、砂层或淤泥层，且要求卵石最大粒径不大于130mm，故在岩性复杂的深厚覆盖层勘探中适宜性较差；回转钻进方法包括泥浆护孔硬质合金钻进、跟管护孔硬质合金干钻、跟管护孔钢粒钻进、SM植物胶冲洗液金刚石跟管钻进、跟管扩孔回转钻进，以及绳索取芯钻进等。

在水利水电工程钻探中，受勘探工期的影响，为节约勘探经费、缩短勘探周期，一般希望达到“一孔多用”，即在同一钻孔中既要采取岩土样，又要进行水文地质、物理力学性质试验。限于钻探技术，水文试验与取芯在钻探施工中是有矛盾的。通常的做法是明确钻孔主要目的，其他次要目的可适当降低要求。如果仅是调查覆盖层的深度并兼作抽水试验孔，则采取跟管护孔金刚石钻进或跟管护孔钢粒钻进的方式比较方便、快捷。跟管护孔钻进中应注意厚壁套管跟进深度以小于30m为宜，套管跟进时应做到勤打管、勤校正、勤拧管和勤上扣。当取芯要求较高时，从取芯质量及钻进速度、成孔质量考虑可采用SM植物胶冲洗液金刚石回转钻进。

覆盖层钻进中均应考虑相应的固壁措施。常用的固壁措施有植物胶固壁、套管固壁、水泥注浆固壁、泥浆固壁。在需要进行水文地质试验的钻孔中只能选用套管固壁。

2. 坑探

覆盖层勘探中常用的坑探技术有探槽、探坑、浅井、竖井（斜井）。其中，前3种为轻型坑探技术，后一种为重型坑探技术。

（1）探槽。探槽一般适用于了解覆盖层表部结构和取样试验等，探槽的掘进深度较浅，一般在3m以内，槽的长度根据所要了解的覆盖层地质条件及需要而确定。探槽一般为倒梯形断面，底宽应大于0.6m，倾斜角应大于60°，含水量较高的松散土层可适当放小倾斜角到55°。

探槽一般用锹、人力掘进，当遇大块碎石时可以采用爆破的方法。爆破应充分利用地形和现场条件，可采用松动爆破、压缩爆破、无眼爆破及抛掷爆破等方法。在探槽掘进中禁止采用挖空槽底而使之自然塌落的方法，掘进时应2人及以上在同一作业面上同时作业，以相互照应，防止意外事故的发生。必要时可以采用支撑木或背板顶紧的临时支护措施。

（2）探坑和浅井。在覆盖层松散地层中采用探坑或浅井进行勘探，能直观地揭露覆盖层地质条件，详细描述岩土性质和分层，同时还可取出接近实际的原状结构的岩土样。探坑或浅井的断面形状可以为圆形、椭圆形、方形和长方形等。一般情况下，圆形坑井在水平方向上承受侧压力较大，比其他形状要安全。

通常情况下，探坑的深度不超过3m，大部分为矩形断面，尺寸为1.2m×1.5m（长×宽）左右。若是圆形断面，其直径一般为1～1.3m。通常坑开口部分断面相对稍大，而终坑底部断面要适当收敛。

当探井深度大于3m且小于10m时一般称为浅井，其开挖方法同于探坑，通常有人工开挖和钻爆开挖之分，其爆破方法以松动爆破和无眼爆破为主。在浅井施工中，根据土层情况要考虑适当的支护形式，支护方法可以采用间隔支护、吊框支护、插板支护等。

（3）浅井特殊掘进法。在流砂层或松散含水的覆盖层中掘进浅井时，由于涌水量大，井壁容易坍塌，所以必须采取一些特殊的掘进方法，以保证浅井安全施工。常用的方法如下：

1）插板法。插板法实质是在井筒周围用木板造成封闭井筒，把井筒内外的覆盖层隔离开来，再从工作面内取出土体。插板法有直插板法（图7.5－1）与斜插板法（图7.5－2）两种。

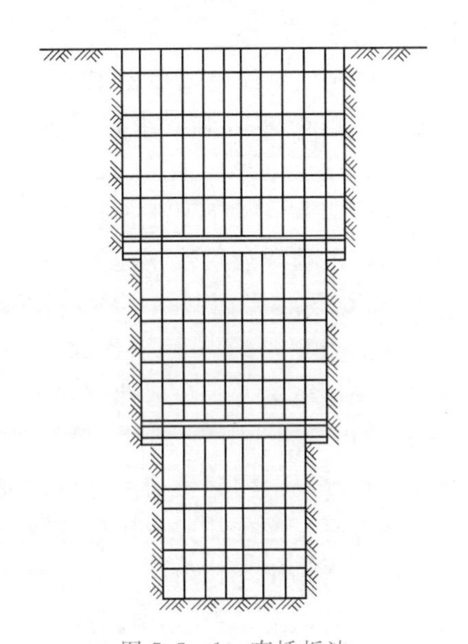

图7.5－1　直插板法

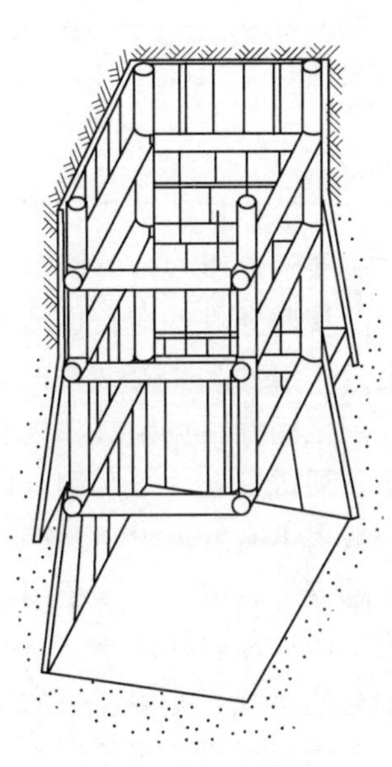

图7.5－2　斜插板法

直插板一般多在开口段用于穿过薄层或侧压较小的流砂层。斜插板法多在井筒中段遇流砂层时使用，井筒断面既不受桩板段数多少的影响，也不受流砂层厚度的限制。

2）沉井法。一般在极松散和涌水量大的覆盖层浅井掘进中使用。沉井法通常利用混凝土、钢筋混凝土或其他材料预制成一定直径的圆筒或采用铁沉井型式。挖掘井筒前，先把沉井放置在目的位置，然后在沉井内向下挖掘，靠沉井自重下沉保护井壁。当一节沉井下降到一定深度时再接上一节沉井，如此通过松散流砂层，利用沉井壁保护施工安全。但这种方法存在着沉井下沉时容易歪斜，沉井节数过长时就不易下沉等缺点。

钢筋混凝土沉井法：钢筋混凝土沉井多为圆筒形，最下层沉井一般带切刃，以上各节沉井采用标口连接。钢筋混凝土沉井是随着挖掘掌子面的同时，由其自重而下沉的。

铁沉井法：铁沉井是用钢板卷成圆筒焊接而成的，每节高度为1m左右，每套由多节组成，直径由大到小，可以逐个套入，上下接口处焊接角钢圈，上下搭接，以防止松脱，如图7.5－3所示。

3．物探测试技术

物探方法应用于深厚覆盖层勘探是近年来技术进步的成果之一。物探方法快速的作业

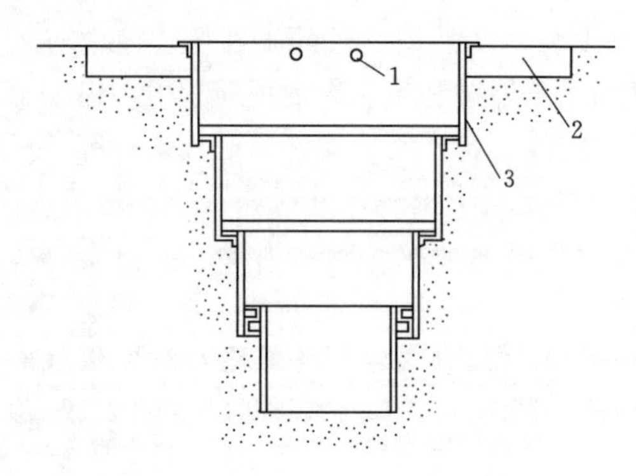

图 7.5-3　铁沉井安放示意图

1—井口木固定钩眼；2—井口木；3—铁沉井

效率和宏观的调查成果，是其得以运用于深厚覆盖层勘探的优势因素之一。通过物探方法能够快速地获取深厚覆盖层的厚度、地下水水位、剪切波速度、大致分层等地质资料。

目前应用较多的物探方法是地震勘探法，该方法依据地震波在不同介质中的传播速度差异，能较准确地区分、探测出覆盖层的底界以及基岩顶部的起伏变化特征。地震勘探法包括浅层折射波法和反射波法两种，两种方法均适用于测定覆盖层厚度、划分岩层，且两种方法可互为补充。对深厚覆盖层来说，由于其一般情况下结构松散，地下水较浅或直接处于水下，采用浅层横波反射波法效果较好。地震勘探的精度受地形、地层、地下水等因素影响较大，该方法主要适用于地形宽阔且起伏较小、无障碍物、地下水水位较浅、地表介质具有良好的激发与接收条件的覆盖层地区。同时被追踪的覆盖层层次不能太多，各分层宜具有一定的厚度（一般要大于有效波长的 1/4），介质均匀、界面起伏不大且较为平缓、波速稳定、相邻层之间存在波阻抗（地层波速与密度的乘积）差。

对深厚覆盖层进行孔内分层测试的物探方法可采用电测井、放射性测井等。由于深厚覆盖层勘探一般需下套管或 PVC 管等进行护孔，故电测井和声波测井一般不适用于深厚覆盖层的分层勘探。目前，主要采用密度测井和自然伽马测井对覆盖层进行详细分层，还可测定各沉积层的密度和孔隙率。需强调的应用条件是：密度测井选用的源强应使计数率能压制自然伽马的干扰，在主要目的层段应大于自然伽马平均幅值的 20 倍。

另一种常用的深厚覆盖层物探方法是孔内 CT 穿透，该方法可以对两钻孔之间的覆盖层介质，通过波速测试进行宏观分层或异常区的划分。虽然当覆盖层的物性参数差别不大时，该方法对覆盖层的分层适宜性较差，但通过该方法可以测试覆盖层的空间纵波波速值，可用于覆盖层密实程度及防渗帷幕灌浆前后灌浆效果的对比研究。

无论采用何种物探方法，获得的均是间接的勘探资料。由于物探方法受本身的方法及环境条件所限，影响因素较多，具有多解性，它不能给出理想或非常精确的结果，常需与钻探等方法联合使用方显其有效性。

4. 试验与测试技术

深厚覆盖层试验包括浅部试验和深部试验两部分。浅部试验主要是了解坝基持力层及下部一定范围内覆盖层的物理力学特性，为大坝沉降及变形计算、渗透及抗滑稳定分析、液化潜势评价、加固处理设计提供地质资料。深部试验重点是了解各层次覆盖层的级配、粒径及渗透系数，为坝基基础处理和防渗设计提供地质资料。

（1）物理力学性质试验。

1）颗粒分析及物理性质试验。表层采用竖井取样、深部采用钻孔取样的方式对各层土体进行颗粒分析及物理性质试验，主要包括粒径、级配、界限粒径、平均粒径、中间粒径、有效粒径、不均匀系数、密度、孔隙率等，亦可采用放射性测井法，在分层的同时，测定各覆盖层的密度和孔隙率。

2）力学性质试验。覆盖层力学性质试验方法与其成分、结构、颗粒直径等密切相关。

当覆盖层内无直径较大的漂石、块石、孤石，而以细粒土为主时，浅部可采用静力触探方式或标准贯入试验确定覆盖层的承载力和变形模量，深部可采用重型动力触探方式确定覆盖层的承载力和变形模量。

当块石、漂石、孤石含量较多，颗粒粗大，钻孔动力触探试验效果较差时，可采用地震仪进行单孔或跨孔剪切波测试，测试覆盖层的动泊松比或动剪切模量，并通过一定的换算关系确定各覆盖层的变形模量。也可采用声波测井的方式，通过纵波波速的测试，按一定相关关系，换算覆盖层的变形模量，并估算其密实度。

对于埋深较大的细粒土可采用钻孔旁压试验方法，对钻孔不同深度、不同层次的覆盖层直接测定其变形模量。但此方法受深厚覆盖层跟管钻进影响不易实施，仅当覆盖层结构致密且在一定程度能自行成孔时方可采用。应用时应与套管跟管及钻进深度密切协调，在套管下部新钻进成孔的孔内及时开展。

采用钻孔取样或浅层竖井取样进行室内抗剪强度试验，测定饱和状态下各层覆盖层的内摩擦角。承压板现场载荷试验是确定坝基覆盖层承载力和变形模量最直接的方式，此方法所获取的承载力及变形模量与实际情况吻合较好。但由于覆盖层分布的不均匀性，采用此种方法获得的承载力和变形模量主要是针对某一点。因此，在进行载荷试验前，需根据坝基覆盖层的平面及空间分布特征，选择具有代表性的点进行试验。

（2）水文地质试验。对深厚覆盖层防渗灌浆来说，水文地质试验的关键是渗透系数的确定，其次是河水和河床地下水水质分析。前者事关河床深厚覆盖层的可灌性问题，后者主要涉及防渗帷幕的耐久性问题。

1）渗透系数的确定。渗透系数的确定方法目前主要有浅井注水试验、钻孔抽水试验、钻孔注水试验、钻孔孔内测流和微水试验及物探测试等方法。

室内试验方法由于取样的代表性及试样制作的可模拟精度问题，一般情况下不太使用。浅部覆盖层的渗透系数主要采用试坑注水或抽水法获取。当沉积层层次不多时，上部（一般在40m以上）覆盖层的渗透系数可采用浅井抽水或钻孔抽水方法获取，下部覆盖层由于深度大、结构复杂，各层次沉积层的渗透系数获取较为困难。

钻孔抽水试验可在覆盖层跟管钻进至孔底后，于孔内下PVC管，并针对深厚覆盖层的分层情况在每层的中部加工适量的进水孔（眼），通过分段下栓塞抽水的方式测试、计算各层的渗透系数。也可按传统抽水试验方法，跟管钻进至测试段后利用套管护孔及隔水，自上而下钻进至抽水试验段后，加栓塞及滤管逐段进行抽水试验。钻孔微水试验的方法与上述抽水试验正好相反。抽（压）水试验的关键是试验孔管（套管或PVC管）与覆盖层孔壁之间的缝隙一定要填充密实，否则测得的水位实际上为钻孔成孔范围内的综合渗透系数，甚至部分上部河水通过管周缝隙进入试验段，致使测量的渗透系数不真实（一般偏大）。

钻孔注水试验的原理与抽水试验相同，但操作相对较为简单。在深厚覆盖层中跟管钻进至不同层次的沉积层后，此时套管与孔周覆盖层在下管过程中接触较为紧实，实际进水口主要为孔底所开的“窗口”，利用套管形成的“竖井”及孔底“窗口”往钻孔中注水，进行常水头或变水头测试，并采用注水试验公式或试坑渗水试验公式，计算覆盖层的渗透系数。尽管注水试验测得的渗透系数一般较抽水试验测得的渗透系数小20%左右，但由于其操作简单，且具有针对性，故利用钻孔注水试验测试各层覆盖层的渗透系数不失为一种较好的方法，在某些情况下（如抽水试验护管孔周填充不密实），其所测得的渗透系数可能较抽水试验还要“精确”些。

无论是钻孔抽水试验、压水试验还是微水试验，由于受套管或PVC护管管周填充密实度等因素影响，测得的渗透系数在很多情况下是“混合”参数，且对钻孔成井及护管、滤网等安装要求较高，测试时间较长，渗透系数的获取较为困难和麻烦，因此诸多工程中一般采用多种方法对覆盖层渗透系数进行综合测试。如在新疆某水库工程中，采用了智能化地下水动态参数量测仪对该工程坝基河床覆盖进行了水文地质参数测试，它是在钻孔地下水中，利用微量放射性同位素标记滤水管中的水柱，被标记的地下水浓度被流过滤水管的水稀释，稀释速度与地下水渗透流速符合一定的关系，从而测定出地下水的渗透系数、流向、流速和水力梯度等动态参数。

目前各种现场测试方法获得的渗透系数实际上为覆盖层的水平向渗透系数。众所周知，河流冲积层堆积形成过程中，由于水流的作用，天然的沉积层具有成层性、不均匀性和各向异性，它在水平方向的透水性比在垂直方向的透水性经常要大许多倍，如何获取覆盖层的垂向渗透系数一直是个难题。目前部分工程采用室内模拟的方式力图解决此问题，该方法是将与某一覆盖层相同级配的砂砾料充填进试验箱中，并在具有一定方向流水条件下振动密实，使其中的颗料具有一定的方向性，并基本符合原始覆盖层的密实度，然后旋转90°进行渗透试验以获取模拟样品垂直方向的渗透系数。该方法获取的渗透系数可大致了解垂向上的渗透系数，但不够准确，主要原因是室内渗透试验的边界条件与实际情况差异较大。

某些文献认为应考虑垂直方向的渗透系数对渗流量计算的影响，并认为渗流途径长度应采用“等效长度”，而不应采用实际渗径长度。经过计算发现，考虑上述两种影响因素后，实际流量仅为按达西定律计算的渗流量的1/25左右。实际工程中不必一定要获得各层次覆盖层垂向上的渗透系数。

只要坝型、水库蓄水位与下游水位确定后，渗透系数和水力坡降可通过试验确定，渗透面积可通过地质勘察确定，但渗透系数实际上是防渗墙或防渗帷幕轴线下部一个平面的综合渗透系数。在轴线上地下水渗流线已被概化为水平流线，实际上也同时概化了该轴面上地下水流向是水平的，所采用的实际上是各层次覆盖层水平方向渗透系数的综合渗透系数，该渗透系数采用并联换算公式即可获得。此计算方式仅与水力梯度、渗流面积及该面积上的水平向渗透系数相关，而与地下水流动距离、坝轴线平面以外的流线形状无关。对坝轴线以上的深厚覆盖层，不管它是成层连续分布的，还是呈透镜状分布的，都是处于地下水渗流场内，其具体怎么分布与坝轴线平面上的渗流量计算应无关。实际上，现场钻孔抽水、注水试验或孔内测流试验均测定的是某一渗流场内测试点的覆盖层的渗透系数。在抽水试验过程中，抽取的地下水并不仅仅来自水平方向，而是来自三维渗流场，抽取的地下水既有水平方向来水，也有垂直方向来水，因此通过钻孔抽水试验等方式确定的渗透系数实际上已体现了覆盖层在垂直、水平方向的渗透特性，是一个“综合”的渗透系数。故按现有理论计算方法，使用现场测定的“综合”渗透系数即可满足渗流设计计算要求。

2）水质分析。当坝基覆盖层较为深厚时，覆盖层中地下渗流场的水化学条件较为复杂：一方面地下水流速较缓、水温较低，化学离子场与径流较快的河流或浅部河床相比存在一定差别；另一方面可能在覆盖层下部近于静止的水流中沉积有大量镁盐或硫酸根离子等影。因此，深厚覆盖层帷幕防渗灌浆工程中，水质分析的主要目的是了解坝址区河水及地下水水化学成分，包括阴、阳离子的含量和 pH 值等，以判断河水及地下水对防渗帷幕造成的侵蚀性影响。

当帷幕灌浆施工后，一方面，深厚覆盖层下部地下水的流动速度减缓甚至停止，地下水的循环条件变差，其中的水化学成分也将发生变化，长期沉积的结果可能导致硫酸根离子含量增加，水质逐渐向酸性转化；另一方面，筑坝蓄水后长期沉淀，将在河床底部形成淤泥层，这些都会导致覆盖层深部地下水水质条件变化。因此，水质分析工作不仅要在灌浆前的勘探工作中进行，在灌浆处理后的水库运行期也应适当（最好能定期）进行，以判断地下水及库水可能对防渗帷幕造成的侵蚀性影响，并据此调整帷幕灌浆的材料类型及灌浆参数或防渗措施，以最大限度地降低帷幕 CaO 的溶出性侵蚀、结晶膨胀破坏等影响，提高帷幕的耐久性。

5. *深厚覆盖层取样要求*

深厚覆盖层的钻进取样是一项技术复杂且难度较大的工作。钻进取样方法和质量对覆盖层物质组成、结构以及水文地质条件等实际情况是否适宜取决于钻探工艺和技术水平。

覆盖层的取样方法大致可分为钻具钻进取样和原状取样器取样两大类。钻具钻进取样就是采用适于覆盖层钻进的各种钻具（或为了提高岩芯样的品级对钻具做了结构性能改进后的取样钻具），通过控制冲洗液种类、护壁方式和回次长度进行钻进，所获得的岩芯样质量取决于覆盖层的颗粒组成及级配。一般对于细粒土效果较好，粗粒土效果较差。

卵石、砾石土等粗粒土的取样是十分困难的。其粒径相差悬殊，最大粒径可达数十厘米以上。按照试验要求，试样直径至少应达到最大粒径的 6 倍，因此在常规口径的钻孔中不可能采取到Ⅰ～Ⅱ级卵砾石土样。从工程实用的要求而言，对于卵石层，一种情况是作为材料来研究，另一种情况是作为坝基或介质来研究。第一种情况着重要求了解粒径组成、岩矿成分、含泥量等指标，可在探坑或采掘面上采取大体积试样进行分析。第二种情况要求了解卵石层的力学性质、承载性能等，解决办法多是通过原位测试或原位大体积重度测试后，用具有代表性的粗粒土在室内按一定密度制备人工试样进行试验。

就水利水电工程而言，深厚覆盖层粗粒土取样和试验方法选取的基本要求如下：

（1）深厚覆盖层的取样方法与原位测试方法应视覆盖层物质组成、结构以及地下水水位等情况进行选择。

（2）深厚覆盖层宜采用金刚石或硬质合金回转钻具、硬质合金钻具干钻、冲击管钻等钻进方法，以及管靴逆爪取样器等取样方法。采用金刚石或硬质合金回转钻具取样时应选择合适的冲洗液，有条件时可采用声频振动钻机进行取样。

（3）深厚砂卵砾石层原位测试宜采用重型或超重型动力触探试验、旁压试验、波速测试和钻孔载荷试验等方法，并应采用多种方法相互验证。

（4）深厚覆盖层的原位测试工作因受覆盖层“深厚”所制约，常规的载荷试验、扁铲侧胀试验、现场直接剪切试验等原位测试方法均无法应用于深部，应用于细粒土的标准贯入试验、静力触探试验等也不适用于粗粒土。

(5) 可选择单孔声波法、孔间穿透声波法、地震测井及孔间穿透地震波速测试等方法测定粗粒土的纵、横波波速。

(6) 原状取样器取样是指采用适于不同地层的各种原状取样器进行岩芯样的采取。目前完全针对粗粒土的原状取样器并不多，虽然有关单位进行过多种尝试，但效果都不理想，成都勘测设计研究院研制的金刚石单管双动钻具配合SM植物胶钻进取样技术在水利水电系统应用比较广泛。

(7) 粗粒土原状样的采取可考虑采用下述方法：①冻结法，将取样地层在一定范围内冻结，然后采用大口径岩芯钻探取样；②开挖探坑法，人工采取大体积块状试样。

(8) 粗粒土作为水工建筑物坝基性能较好，在获取原位测试资料后，即可根据经验作出评价。为粒径不大，且细粒土含量多时，可采用厚壁敞口取土器或双动三重取土器取样，质量级别只能达到Ⅲ级或Ⅳ级。砾石层取样介于砂与卵石之间，在合适情况下用双动三重管有可能取得Ⅰ～Ⅱ级土样。

7.6 深厚覆盖层地质勘察实例

7.6.1 西藏尼洋河某水电站深厚覆盖层地质勘察

1. 深厚覆盖层主要工程地质问题

该工程河床覆盖层最厚达360m。其上部为第四系全新统砂卵砾石层（$Q_4^{al}-sgr_2$），厚2.5～7.5m，其间局部夹有粉细砂层透镜体，往下为含砾中粗砂层（$Q_3^{al}-Ⅳ_1$），连续分布，厚度为5～12m，下部各岩组主要由冰水堆积物组成，结构复杂、多呈松散状态、力学性质差、水文地质条件变化大。

该工程深厚覆盖层基础上水工枢纽建筑物变形控制、防渗及对机电设备影响的研究与对策，土石坝深厚砂层地震液化及工程处理是工程建设的主要问题。

2. 深厚覆盖层工程特性研究

结合覆盖层的已有勘探、试验资料和研究成果、理论、相关规范及工程实践，对该工程覆盖层的工程地质特性进行综合分析评价，为枢纽设计提供可靠的地质依据。

深厚覆盖层工程地质特性研究从区域构造、河谷形成、演变过程等方面分析深厚覆盖层成因，通过收集地质背景资料、原位测试和室内试验，分析覆盖层的基本特征；依据覆盖层的勘探、试验资料及已有的科研成果，运用多种评价方法，对覆盖层沉降变形和渗透稳定性进行评价，提出相应的处理措施建议，并对所采取的措施进行模拟验证。该工程深厚覆盖层勘察的要点如下：

(1) 根据勘探资料，查明覆盖层的成因类型，并将360m厚的冲积、冰水堆积物，按厚度、结构特征等划分为14层。

(2) 对覆盖层物理力学性质、水文地质条件、动力学特征进行研究，确定覆盖层的分布范围，并将其划分为5个不同的岩组，提出各岩组物理力学参数建议值。

(3) 运用常规和数值模拟方法，对覆盖层可能存在的工程地质问题如承载力、沉降变形、砂土液化、渗透变形及渗漏损失量等进行评价，结果表明沉降量过大和渗透变形是该工程覆盖层的主要工程地质问题。

（4）运用ANSYS软件APDL语言模块编写相应程序，在沉降变形分析中实现邓肯-张模型的建立和模拟；在渗流分析中确定出坝体内部的浸润线和下游坡面的逸出点，实现坝体和覆盖层的渗流场模拟。

（5）针对渗透变形，初步拟定水平铺盖和帷幕灌浆两种渗控措施，并通过模拟验证两种处理效果，提出适宜的工程处理措施建议。

（6）对覆盖层筑坝建基面的持力层选择和可利用性、筑坝适宜性进行评价。

3. 同位素法渗透系数测试

为了研究覆盖层的水力学特征，确定每个岩组的渗透系数、渗透变形破坏类型、临界坡度、允许坡降等，分析计算地下水渗透流量，研究工程区的渗流特征，采用人工放射性同位素“I^{131}医用口服液”作示踪剂，采用单孔稀释的示踪测井测试法进行了4个钻孔河床深厚覆盖层渗透系数的测试。

4. 砂层液化特性试验研究

在对该工程深厚覆盖层砂层液化特性已有试验资料分析总结的基础上，对河床第6层、第8层砂层试样进行了室内动力特性试验，结合其物理性质、相对密度及现场标准贯入试验等测试结果，按规范要求对第6层和第8层砂层进行了地震液化的初判、复判和综合评价。

（1）工程场地50年超越概率10%时地表覆盖层加速度为0.206g，相对应的地震基本烈度为Ⅷ度。初步判断第6层（Q_3^{al}-Ⅳ$_1$）、第8层（Q_3^{al}-Ⅱ）砂层局部存在液化的可能性，需进行复判。

（2）试验分为现场试验和室内试验。主要开展了原位密度、含水率、相对密度及标准贯入现场试验，并完成了动力三轴室内试验。

（3）根据试验结果，将按照南京水利科学研究院沈珠江动力模型参数给出的各砂层的具体数值作为地震动力反应分析的基本依据。给出的覆盖层砂层的残余变形模型参数具体数值，可供地震永久变形分析采用；给出的覆盖层砂层料抗液化应力比和孔隙水压力比随破坏振次的变化曲线，可供地震液化判别使用。

（4）第6层、第8层砂层液化判别采用了初判和复判的综合方法。通过砂层地质年代法的初判，第6层、第8层均不会发生液化，但根据其颗粒级配组成及后期均处于饱和状态下运行，第6层和第8层均存在发生液化的可能性，因此按规范推荐的方法进行了进一步复判。标准贯入试验和相对密度试验的复判表明，第6层在地表动峰值加速度为0.206g（Ⅷ度）时，河床部位砂层发生液化的可能性较大；Seed剪应力对比判别法的复判表明，第6层在地表动峰值加速度为0.206g时，河床部位砂层在25m的埋深范围内均可能发生液化，第8层在地表动峰值加速度为0.206g时，不发生砂层液化。

（5）对砂层液化的综合判定，是基于覆盖层液化的初判和复判结论而进行的，初判和复判主要偏向于研究将材料自身物理力学性质作为液化判别的主要依据，而覆盖层砂层实际的应力状态及上部建筑物等因素对于覆盖层砂层是否发生液化影响非常大，目前有限元数值分析是工程界对覆盖层砂层液化判别的主要方法之一。因此，采用了动力三轴试验结果，通过数值分析模拟坝体建成时的实际运行状态，综合评判覆盖层砂层是否发生液化。根据室内动力三轴试验，对砂层液化进行了另一种方法的复判。结果表明，第6层在地表动峰值加速度为0.206g时，埋深25m以内可能发生砂层液化。

6. 主要勘察技术和方法

（1）新技术、新方法的应用。采用同位素深厚覆盖层水文地质参数测试技术、覆盖层堆积物测年技术、超重型动力触探技术、重型标贯技术、细粒土原位旁压测试技术、砂层动力三轴剪切试验、现场大型剪切试验和载荷试验等新技术、新方法、新理论等，成功解决了在深厚覆盖层上修建52m高的混凝土闸坝、在砂层上修建的发电厂房等诸多技术难题。

（2）勘探布置的针对性。在前期覆盖层研究的基础上，认为该工程深厚覆盖层性状较优，因此在可行性研究阶段大胆提出了充分利用覆盖层筑坝的勘探对策，如坝高52m时，主要建筑物区钻孔深度一般控制在80～100m，以掌握工程荷载影响区内的地层分布状况；针对防渗帷幕设置要求，布置了深200～250m的钻孔，以查明地层结构，评价渗透稳定问题；采用物探测试技术，查明覆盖层厚度，了解基岩顶板起伏形态，评价渗漏量问题。

（3）水文地质参数测试。坝基深厚覆盖层深达360m，不同岩土体水文地质参数获取困难。采用了同位素示踪法开展复杂深厚覆盖层的水文地质参数测试。

（4）提高取芯率和取样效果。为了满足高寒、高海拔地区复杂深厚覆盖层取芯要求，通过不断变换SM植物胶配比，使得砂层芯样、卵砾石芯样采取率可达96%，室内试验试样属Ⅱ级样品，满足了覆盖层岩层划分、岩组分类、室内试验等要求，为该工程覆盖层工程地质评价提供了极具价值的第一手资料。

（5）岩组划分方法。为了掌握覆盖层堆积时代，委托两家国内权威单位采用^{14}C测年法对覆盖层代表试样进行测年，根据测年成果将14层堆积物按时代划分为Q_4、Q_3、Q_2；按照覆盖层岩组划分的原则和方法将覆盖层岩组划分为5大组，为工程地质和水文地质问题评价奠定了基础，为河床坝基、厂房持力层选择、悬挂防渗帷幕相对隔水层的确定提供了地质依据。

（6）液化复判。鉴于坝基砂层属于可液化层，在开展原状砂样室内试验、原位试验、物探测试的基础上开展了大型三轴试验；采用Seed剪应力对比判别法对砂层液化问题进行了复判，为砂砾石坝基、发电厂房坝基置于可液化砂层上的工程处理措施提供了翔实的资料。

（7）工程应用。解决了国内外最高的混凝土闸坝以深厚覆盖层作为坝基的主要工程地质问题，如深基坑内“承压水”控制技术、超高砂层边坡稳定性评价方法、坝基处理、沉降差控制、防渗布置、止水要点、砂土液化处理等方面的诸多技术难题，突破了深厚覆盖层筑坝技术瓶颈。

（8）建筑物基础沉降和建筑物间沉降差观测资料表明，各建筑物沉降测值、沉降差均小于设计提出的相邻建筑物沉降差指标，满足了该工程的建筑物沉降控制标准。

7.6.2 金沙江某坝址深厚覆盖层地质勘察

1. 覆盖层厚度特征

采用钻探和物探两种勘探手段，查明了覆盖层的厚度与分布特征。岩组划分以钻孔勘探资料为主，将钻孔勘探资料与物探结果结合起来分析确定。

从河心钻孔与物探获得的坝址区覆盖层厚度特征来看，二者确定的覆盖层厚度差异大，但认为覆盖层钻孔勘探精度高，能更详细地反映覆盖层特征。造成这种差异的原因主要有以下几个方面：

（1）河床钻孔位置与物探剖面线位置不同。由于覆盖层在河流纵向与横向上变化显著，在较小的范围内都会有差异。因此，若河床钻孔位置与物探剖面线位置不同则会使两种方法的勘探结果产生差异。

（2）物探成果受仪器精度、系统误差、数据处理理论与方法、人为误差、测试条件等方面的影响，致使其成果与实际厚度有差异。

（3）物探与钻探揭示的覆盖层厚度相比，物探确定的覆盖层厚度偏小，一般差值为5～15m，这是由于覆盖层下部物质的沉积时代久远、结构密实，检波器接收的初至时间与基岩顶板的较强风化岩体相当，物探不易分辨所致。

2. 覆盖层岩组划分

覆盖层的颗粒大小及形状、矿物成分及其排列和联结特征是决定土的物理力学性质的重要因素，其中最主要的因素是颗粒大小。

（1）划分依据。

1）颗粒粒度特征。该工程按照土粒粒组划分方法（表7.6-1）规定的界限粒径200mm、60mm、2mm、0.075mm和0.005mm把土粒粒组划分为巨粒、粗粒和细粒等三大一级粒组，进一步又分为6个二级粒组：漂石（块石）、卵石（碎石）、圆砾（角砾）、砂粒、粉粒及黏粒。覆盖层的颗粒粒径差异很大，既有巨粒粒组的漂石或块石颗粒，也有细粒粒组的黏粒颗粒。

表7.6-1　　土粒粒组划分方法表

一级粒组	二级粒组		粒径范围/mm	一般特征
巨粒	漂石或块石		＞200	透水性很强，无黏性，无毛细水
	卵石或碎石		200～60	
粗粒	圆砾或角砾	粗	60～20	透水性大，无黏性，毛细水上升高度不超过粒径大小
		中	20～5	
		细	5～2	
	砂粒	粗	2～0.5	易透水，当混入云母等杂质时透水性减小，而压缩性增强；无黏性，遇水不膨胀，干燥时松散；毛细水上升高度不大，随粒径变小而增大
		中	0.5～0.25	
		细	0.25～0.075	
细粒	粉粒		0.075～0.005	透水性小，湿时稍有黏性，遇水膨胀性小，干时稍有收缩，毛细水上升高度较大且速度较快，极易出现冻胀现象
	黏粒		≤0.005	透水性很小，湿时有黏性、可塑性，遇水膨胀性大，干时收缩显著；毛细水上升高度大，但速度慢

2）层位特征。根据河心孔勘探资料，覆盖层的层位分布是最上部为粗粒土、中部为细粒土、下部为粗粒土，既粗粒土在层位上有重复出现的现象。

3）成因类型。根据地质勘探资料，该工程河床覆盖层成因较复杂，主要的成因类型如下：

a. 河流冲（堆）积形成河床堆积物。该类型的堆积物分布很广，一般为漂石、砂卵砾石堆积层等。

b. 下游堵江或半堵江形成的堰塞湖相深灰色粉砂质黏土层。该层分布均匀且层位展布较稳定。

c. 冲洪积或泥石流堆积物。金沙江的支流（沟）发育，在雨季洪水期金沙江与其支流（沟）冲洪积或泥石流在河床形成的堆积层，一般分布于支流（沟）口附近一定范围，形成河床堆积的加积层，多为漂块石、碎石土混杂堆积。

4）地质年代。根据测年成果资料，覆盖层不同层位的地质年代不同，除了覆盖层较浅部的沉积物为 Q_4 时期形成的外，其余为 Q_3 时期形成的。

（2）岩组划分结果。考虑上述影响因素，通过对覆盖层的物质组成（颗粒粒度）、层位分布、成因类型、地质年代及工程特性等五大因素的综合分析研究可知，该工程覆盖层可以分为五大岩组。从下往上 5 个岩组及其基本特征如下：

1）Ⅰ岩组（Q_3^{al}－Ⅰ）为含卵砾中细砂层，以河床冲积砂为主，局部夹少量砂卵砾石层，主要分布在基岩顶板附近，呈条带状或透镜体状，薄厚不均，平均厚度为 9.84m，埋深一般为 60～70m，最大埋深为 83.9m。

2）Ⅱ岩组（Q_3^{al}－Ⅱ）为含漂块石卵砾碎石土层，以碎石土为主，含漂块石、卵石等，局部夹有漂块石及砂层透镜体。厚度范围为 7.0～26.3m，平均厚度为 20.06m，埋深为 50～60m。

3）Ⅲ岩组（Q_3^{al}－Ⅲ）为粉砂质黏土层，层位较为稳定，平均厚度为 14m，一般为 11～22m，埋深一般为 28～57.8m。

4）Ⅳ岩组（Q_3^{al}－Ⅳ）按物质组成不同可分为 Q_3^{al}－Ⅳ$_1$、Q_3^{al}－Ⅳ$_2$ 两个亚组。Q_3^{al}－Ⅳ$_1$ 为漂块石碎石土，夹紫红色碎石粉砂土透镜体，厚度较小，一般为 2～4m。Q_3^{al}－Ⅳ$_2$ 为深灰色粉砂质黏土，厚度为 10～19m，埋深一般为 10～15m。

5）Ⅴ岩组（Q_4^{al}－Ⅴ）为漂块石碎石土夹砂卵砾石层，以碎石土为主，表部多为漂块石杂乱堆积，局部夹有砂卵砾石透镜体，偶夹有砂层透镜体，厚度小于 1.0m。该层分布在河床浅表部，一般厚度为 10～15m。

3. 空间展布特征

为了分析研究覆盖层岩组展布特征，沿河流纵、横向各绘制了河床覆盖层地质剖面图。

（1）岩组纵向展布特征。在统计分析覆盖层各岩组厚度特征的基础上，通过河床纵剖面可以直观地反映河床各岩组沿河流纵向的变化特征。岩组纵向展布特征如下：

1）除Ⅳ-2 岩组外，覆盖层各岩组在坝址的上、下围堰范围内均有分布，Ⅳ-2 岩组在坝址坝轴线上游附近尖灭。

2）Ⅲ岩组延伸最为稳定，其次为Ⅱ、Ⅳ-1 岩组，Ⅰ、Ⅴ岩组延伸稳定性较差，Ⅳ-2 岩组延伸稳定性最差。

3）沟口一带、下游附近的Ⅰ、Ⅱ、Ⅴ岩组厚度明显变大，主要是由冲沟堆积叠加造成的。

（2）岩组横向展布特征。根据钻孔勘探资料，覆盖层岩组横向展布主要具有以下特征：

1）受河床基岩面的影响，河床覆盖层在上游围堰、坝轴线和下游围堰的剖面形态不同。上游围堰的河谷形态近似三角形，坝轴线河谷形态近似 U 形，上游围堰的河谷形态为不对称 U 形。

2）在河床横向范围内覆盖层同一岩组厚度变化不大。

第 8 章

深厚覆盖层筑坝参数取值方法

8.1 物理力学参数取值要求

覆盖层的物理力学参数是水工设计的基础，其可靠性和适用性是对地质参数的基本要求。所谓可靠性是指参数能正确反映覆盖层在规定条件下的性状，能比较有把握地估计参数值所在的区间。所谓适用性是指参数能满足设计假定条件和要求。

覆盖层岩土参数的可靠性和适用性，首先取决于试样结构的扰动程度，不同的取样器和取样方法对试样的扰动程度不同，测试试验结果也不同；其次试验方法和取值标准对覆盖层岩土参数取值也有重要的影响，对同一土层的同一指标用不同的试验标准所得的结果会有很大差异。

深厚覆盖层不同岩组物理力学参数有标准值和地质建议值两种。标准值是试验成果经过分析整理、统计修正或考虑概率、岩土强度破坏准则等经验修正后的参数值，仅反映覆盖层试件的特性；地质建议值是地质人员根据试件所在岩组的总体地质条件对标准值进行调整后提出的，比标准值更符合于覆盖层所处的地质环境，具有更好的地质代表性，其目的是使参数的取值更加合理。

覆盖层物理力学参数既要能反映岩土体客观存在的自然特性，也要能反映不同工程荷载作用下的力学性质。因此，进行覆盖层力学试验时，要求所施加的试验荷载要与工程附加给覆盖层的实际荷载相当，从安全角度出发，试验荷载要大于工程荷载，其加载方向也要与工程施力的方向一致。所以，在提出覆盖层物理力学参数值时，不仅要掌握覆盖层物理力学参数的数据，而且要了解测试试验方法和标准，并对参数的可靠性和适用性进行评价。

8.1.1 物理力学参数取值原则

(1) 掌握工程所在地区覆盖层成因类型、物质组成和水文地质条件等地质资料，分析覆盖层的均质和非均质特性。

(2) 了解枢纽布置方案、工程建筑类型、工程荷载作用方向与大小和覆盖层坝基设计要求。

(3) 覆盖层的物理力学参数应以室内试验成果为依据，当土体具有明显的各向异性或工程设计有特殊要求时应以原位测试成果为依据。

(4) 掌握覆盖层试样的原始结构、天然含水量，以及试验时的加载方式和具体试验方法等控制试验质量的因素，分析成果的可信程度。

(5) 物理力学参数应根据有关试验的规定分析研究确定，当不具备试验条件时也可通过工程类比、经验判断等方法确定。试验成果可按覆盖层类别、岩组划分、区段或层位分类，分别用算术平均法、最小二乘法、图解法、数理统计法进行整理，并舍去不合理的离散值。

（6）一般多采用整理后的试验值作为标准值，再根据覆盖层工程地质条件进行调整，在试验标准值基础上提出土体物理力学参数地质建议值。当采用结构可靠度分项系数及极限状态设计方法时，其标准值应根据试验成果的概率分布的某一分位值确定。

（7）试验成果经过统计整理并考虑保证率、强度破坏准则后确定土体物理力学参数标准值。强度破坏是指试件的破坏形式属脆性破坏、弹塑性破坏或塑性破坏，根据抗剪试验时的剪切位移曲线判定。

8.1.2　试验数据整理分析

按照覆盖层岩组划分及分层、分类等具体工程地质条件的差别，对覆盖层进行分区，把工程地质条件相似地段或小区，划为一个单元或区段。根据工程地质单元或区段进行选点、试验和整理覆盖层试验标准值，以使能真实地反映试验值的代表性，消除离散性。

（1）数据统计与经验分布。为了掌握覆盖层岩组的性状，需要通过原位试验或室内试验获得大量的数据，而这些数据往往是分散的、波动的。因此，必须经过处理才能显示出它们的规律性，得到其有代表性的特征值。通常更加行之可靠的做法是根据获取的数据归纳出一个合适的经验分布公式并进行分析。

（2）数据分布的特征。反映数据分布规律的特征值有两类：①位置特征参数，是代表总体的平均水平的，如均值、众数和中值；②散度特征参数，是衡量波动大小的，反映绝对波动大小的有极差和标准差（或方差），反映相对波动大小的是变异系数。

（3）最少试验数量的确定。由于覆盖层岩组存在试样和材料的不均匀性和试验随机误差、系统误差造成试验数据的离散性。为了抽样所得的地质参数能可靠地反映出覆盖层岩组的主要特性，应根据不同等级水工建筑物对地质参数可靠度的要求来作规定。按概率统计法和相关规范要求，参加统计的样本不宜少于 6 个。

8.1.3　覆盖层参数统计要求

（1）物理力学指标应按不同岩组和层位分别统计。

（2）主要参数应按式（8.1-1）～式（8.1-3）计算平均值、标准差和变异系数：

$$\phi_m = \frac{\sum_{i-1}^{n} \phi_i}{n} \tag{8.1-1}$$

$$\sigma_f = \sqrt{\frac{1}{n-1}\left[\sum_{i-1}^{n} \phi_i^2 - \frac{(\sum_{i-1}^{n} \phi_i)^2}{n}\right]} \tag{8.1-2}$$

$$\delta = \frac{\sigma_f}{\phi_m} \tag{8.1-3}$$

式中：ϕ_m 为岩土参数的平均值；σ_f 为岩土参数的标准差；δ 为岩土参数的变异系数。

（3）分析数据的分布情况并说明数据的取舍标准。

（4）覆盖层的主要参数宜绘制成沿深度变化的图件，并按变化特点划分相关性和非相关性，分析参数在不同方向上的变异规律。

相关性参数宜结合覆盖层参数与深度的经验关系，按式（8.1-4）和式（8.1-5）确定剩余标准差，并利用剩余标准差确定变异系数：

$$\sigma_r=\sigma_f\sqrt{1-r^2} \tag{8.1-4}$$

$$\delta=\frac{\sigma_r}{\phi_m} \tag{8.1-5}$$

式中：σ_r 为剩余标准差；r 为相关系数，对非相关型，$r=0$。

（5）覆盖层参数的标准值 ϕ_k 可按式（8.1-6）和式（8.1-7）确定：

$$\phi_k=\gamma_s\phi_m \tag{8.1-6}$$

$$\gamma_s=1\pm\left(\frac{1.704}{\sqrt{n}}+\frac{4.678}{n^2}\right)\delta \tag{8.1-7}$$

式中：γ_s 为统计修正系数；正负号按不利组合考虑。

统计修正系数 γ_s 也可按覆盖层的类型、水工建筑物的重要性、参数的变异性和统计数据的个数，根据经验选用。

8.1.4 物理力学参数取值方法

1. 物理参数

（1）覆盖层不同岩层、不同岩组的物理参数应根据统计方法，取其平均值作为物理参数标准值。

（2）数据统计的重要原则是，参加统计计算的数据应属同一岩组，非同一岩组的数据不能一起参加统计。

（3）同一岩组的数据应逐个进行检查，对由于过失而造成误差的试验数据应予剔除。

（4）当现场描述为两层或多层岩土，但物理指标值比较接近时应进行显著性检验。若检验通过，可以作为一个岩层统计；若检验未通过，说明它们不属同一岩组，应单独统计。

（5）对于大样本容量可进行分段统计，将覆盖层试验数据的变化范围分成间隔相等的若干区段，编制区段频数统计表计算其平均值，即直接用平均值作为地质参数使用。小样本容量试验数据的变异系数往往较大，此时地质参数宜采用最小或最大平均值，以保证安全。

2. 力学强度参数

（1）覆盖层的抗剪强度宜采用试验峰值的小值平均值作为标准值，也可采用概率分布的0.1分位值作为标准值；当采用有效应力进行稳定分析时，对三轴压缩试验成果，宜采用试验的平均值作为标准值。在此基础上再结合试验点所在层位的地质条件，并与已建工程类比，对标准值作必要的调整后提出地质建议值。

（2）混凝土坝、闸基础底面与覆盖层的抗剪强度一般需要符合下列要求：

1）对细粒土坝基，内摩擦角标准值多采用室内饱和固结快剪试验内摩擦角值的90%，凝聚力标准值多采用室内饱和固结快剪试验凝聚力值的20%～30%。

2）对粗粒土坝基，内摩擦角标准值可采用内摩擦角试验值的85%～90%，不计凝聚力值。

(3) 采用总应力进行稳定分析时，标准值可按下列方法选取：

1) 当坝基为细粒土层且排水条件差时，可采用饱和快剪强度或三轴压缩试验不固结不排水抗剪强度；对软土可采用原位十字板剪切强度。

2) 当坝基细粒土层薄而其上、下土层透水性较好或采取了排水措施时，可采用饱和固结快剪强度或三轴压缩试验固结不排水剪切强度。

3) 当坝基土层能自由排水，透水性能良好，不容易产生孔隙水压力时，可采用慢剪强度或三轴压缩试验固结排水剪切强度。

4) 当覆盖层坝基采用拟静力法进行总应力分析时，可采用总应力强度，并采用动三轴压缩试验测定总的应力强度。

5) 当采用有效应力进行稳定分析时，对于黏性土类坝基，应测定或估算孔隙水压力，以取得有效应力强度。当需要进行有效应力动力分析时，应测定饱和砂土的地震附加孔隙水压力，地震有效应力强度可采用静力有效应力强度作为标准值，对于液化性砂土，应以专门试验的强度作为标准值。

6) 对粉土和紧密砂砾等非液化土的强度，可采用三轴压缩饱和固结不排水剪切试验测定的总强度和有效应力强度中的最小值作为标准值。

7) 具有超固结性的细粒土，承受荷载时呈渐进破坏，可根据超固结细粒土和建筑物在施工期、运行期的干湿效应等进行综合分析后选取小值平均值。

8) 软土宜采用流变强度作为标准值。对高灵敏度软土，应采用专门试验的强度作为标准值。

3. 变形参数

(1) 压缩模量、变形模量、弹性模量的区别及适用范围。

1) 压缩模量的室内试验操作比较简单，但要得到保持天然结构状态的原状试样很困难。更重要的是试验在土体完全侧向受限的条件下进行，因此试验得到的压缩性规律和指标理论上只适用于刚性侧限条件下的沉降计算，其实际运用具有很大的局限性。现行规范中，压缩模量一般用于分层总和法、应力面积法的坝基最终沉降计算。

2) 变形模量是根据现场载荷试验得到的，它是指土在侧向自由膨胀条件下正应力与相应的正应变的比值。相比室内侧限压缩试验，现场载荷试验排除了取样和试样制备等过程中应力释放及机械和人为扰动的影响，更接近于实际工作条件，能比较真实地反映土在天然埋藏条件下的压缩性。该参数可用于弹性理论法最终沉降估算中，但在载荷试验中所规定的沉降稳定标准带有很大的近似性。

3) 弹性模量的概念在实际工程中有一定的意义。在计算高耸水工建筑物在风荷载作用下的倾斜时发现，如果用土的压缩模量或变形模量指标进行计算，将得到实际上不可能那么大的倾斜值。这是因为风荷载是瞬时重复荷载，在很短的时间内土体中的孔隙水来不及排出或不完全排出，土的体积压缩变形来不及发生，这样荷载作用结束之后，发生的大部分变形可以恢复。因此，用弹性模量计算就比较合理一些。再比如，在计算饱和黏性土坝基上瞬时加荷所产生的瞬时沉降时同样也应采用弹性模量。该常数常用于采用弹性理论公式估算建筑物的初始瞬时沉降。

从上述3种模量适宜性的论述可以看出，压缩模量和变形模量的应变为总的应变，既包括可恢复的弹性应变，又包括不可恢复的塑性应变，而弹性模量的应变只包含弹性应变。常规三轴试验得到的弹性模量是轴向应力与轴向应变曲线中开始的直线段，即弹性阶段的斜率。在一般水利水电工程中，覆盖层弹性模量就是指土体开始变形阶段的模量，因为土体发生弹性变形的时间非常短，土体在弹性阶段的变形模量等于弹性模量，变形模量更能适合土体的实际情况。

这些模量各有适用范围，本质上是为了在实验室或者现场模拟再现实际工况而获取的值。一般情况下覆盖层土体的弹性模量是压缩模量、变形模量的十几倍或者更大。

(2) 变形模量的取值。

1) 土体的压缩模量可从压缩试验的压力变形曲线上，以水工建筑物最大荷载下相应的变形关系选取标准值，或按压缩试验的压缩性能并根据土体的固结程度选取标准值；土体的压缩模量、泊松比亦可采用算数平均值作为标准值。

2) 对于覆盖层高压缩性软土，可以试验压缩量的大值平均值作为标准值。在此基础上应结合地质实际情况并与已建工程类比，对标准值作适当调整，提出变形模量、压缩模量的地质建议值。

3) 坝基变形模量、压缩模量也可通过现场原位测试和室内试验取得，试验方法和试验点的布置应结合坝基的性状和水工建筑物部位等因素确定。对于漂卵石、砂卵石、砂砾石和超固结土坝基应以钻孔动力触探试验、现场载荷试验为主，有条件时取原状样进行室内力学性质试验；对于砂性土、黏性土坝基，多采用钻孔标准贯入试验、旁压试验、静力触探试验与室内原状样压缩试验相结合的方法进行测定。

4. 覆盖层承载力的取值

(1) 承载力的含义。

1) 坝基承载力基本值：根据覆盖层室内试验或原位测试得到的物理力学指标的平均值，按经验公式计算或查经验表得到的相应于标准基础宽度和埋深时的坝基容许承载力值。

2) 坝基承载力标准值：坝基设计时采用的考虑了覆盖层指标变异影响后的相应于标准基础宽度和埋深时的坝基容许承载力代表值。

3) 坝基承载力特征值：由载荷试验测定的坝基土压力变形曲线线性变形段内所对应的压力值，其最大值为比例界限值。在水利水电工程应用中坝基承载力特征值可由载荷试验或其他原位测试法、公式计算法，并结合工程实践经验等综合确定。

4) 极限承载力：使坝基发生剪切破坏，失去整体稳定时的基础底面最小压力，亦即坝基覆盖层能承受的最大荷载强度。

5) 坝基容许承载力：保证满足坝基稳定性的要求与变形不超过允许值，坝基单位面积上所能承受的荷载。

6) 坝基承载力设计值：在坝基设计计算时采用的容许承载力值。坝基承载力标准值应通过基础宽度和埋深进行修正，或用坝基强度指标按承载力理论公式计算直接获取。

(2) 覆盖层坝基承载力标准值的确定。坝基承载力不仅取决于覆盖层的性质，还受到建筑物基础形状、荷载倾斜与偏心、覆盖层抗剪强度、地下水水位、持力层深度等因素的影响。此外，还受基底倾斜和地面倾斜、坝基土压缩性和试验底板与实际基础尺寸比例、相邻基础、加荷速率、坝基土与上部结构共同作用的影响等。确定覆盖层坝基承载力标准值时应根据水工建筑物的等级，按下列方法综合考虑：

1）对于1级水工建筑物，应根据覆盖层室内试验成果或采用载荷试验、动力试验、旁压试验等，采用理论计算和原位试验方法，经分析后取其平均值作为覆盖层承载力标准值；或经过统计分析，在考虑保证率及强度破坏准则的基础上综合确定。

2）对于2级水工建筑物，可根据室内物理力学性质试验成果，按原位试验、物理力学性质试验或有关规范查表后确定。较重要的2级水工建筑物尚应结合理论计算确定。

3）对于3级水工建筑物，可根据覆盖层室内试验成果或相关规范、经验等确定。

4）地基土的承载力特征值，可根据现场载荷试验的比例界限荷载的压力值确定，或根据钻孔标准贯入、动力触探的锤击数或静力触探的贯入阻力值，按有关规程规范进行换算选取。

5. 水文地质参数

（1）覆盖层渗透系数可根据土体结构、渗流状态，采用室内试验或抽水、注水、微水试验的大值平均值作为标准值；用于水位降落和排水计算的渗透系数，应采用试验的大值平均值作为标准值。坝基土体的渗透性质参数取值方法见表8.1-1。

表8.1-1　坝基土体的渗透性质参数取值方法

渗透性质参数	取值方法
渗透系数	1. 可根据土体结构、渗流状态，采用室内试验或抽水注水、微水试验的大值平均值作为标准值； 2. 用于水位降落和排水计算的渗透系数，应采用试验的大值平均值作为标准值； 3. 用于供水工程计算的渗透系数，应采用抽水试验的小值平均值作为标准值。
允许比降值	1. 允许比降值应以土的临界水力比降为基础，除以安全系数确定。安全系数的取值，一般情况下取1.5～2.0，即流土型通常取2.0，对特别重要的工程也可取2.5；管涌型一般可取1.5。临界比降值等于或小于0.1的土体，安全系数可取1.0； 2. 允许比降值也可参照现场及室内渗透变形试验过程中，细颗粒移动逸出时的前1～2级比降值选取，不再考虑安全系数； 3. 当渗流出口有反滤层保护时，应考虑反滤层的作用，这时土体的水力比降值应是反滤层的允许比降值

（2）覆盖层允许水力比降值的选取，应以土的临界水力比降值为基础，除以安全系数确定。安全系数的取值，一般可取1.5～2.0，对水工建筑物危害较大时取2.0，对特别重要的工程可取2.5。当覆盖层渗透性具有明显的各向异性时，应考虑水平与垂直向允许渗透坡降。

8.2　深厚覆盖层渗流规律研究

所谓渗流是指地下水在岩土体孔隙中流动的一种现象。工程上一般用渗流系数描述岩土体的渗透性能，用水力破坏坡降描述覆盖层岩土体的渗流稳定性。

对于覆盖层土体的渗流特性，最主要的一点是它的渗流本构方程，即描述渗流速度与水力坡度之间关系的数学表达方程。目前国内外对深厚覆盖层渗流本构关系的研究鲜见于报端，但许多学者在黏性土、粗颗粒土渗流方面进行了大量研究，取得了丰硕成果，其方法和思路可以为开展深厚覆盖层渗流本构关系研究提供借鉴和参考。

早在19世纪50年代，法国科学家达西通过对非黏性、颗粒组成均匀但偏粗的砂进行的大量试验工作，得出单位时间通过单位面积的渗水量与有效水头成正比，与渗流直线路径长度成反比，建立了砂土的线性渗流本构方程，即著名的达西定律：

$$v=KJ \tag{8.2-1}$$

自此以后的100多年来，许多学者对达西定律的正确性、适用条件进行了深入研究，且公认是达西首次揭示并建立了地下水在岩土体中的运移规律和本构方程，但同时也认为自然界中岩土体的物质组成、结构特征千差万别，而达西定律是建立在砂土渗流试验结果上的，因此其具有一定的适用条件，许多岩土体并不适合用达西定律解释其渗流特征和规律。

巴普洛甫斯基指出，地下水与地表水一样，有层流和紊流之分，并给出了适用于达西定律的临界流速，其公式为

$$v_{kp}=\frac{1}{6.5}(0.75n+0.23)\frac{\mu N}{d} \tag{8.2-2}$$

式中：v_{kp}为适用于达西定律的临界流速，cm/s；n为土体孔隙率，%；d为土的平均粒径，mm；μ为流体的黏滞系数；N为常数，介于50～60。

同时巴普洛甫斯基建议在紊流状态下将渗流定律修改为

$$v=AnJ^{0.5} \tag{8.2-3}$$

式中：v为渗流速度，cm/s；J为水力梯度；n为孔隙率，%；A为经验系数。

I. V. Nagy等于1961年在试验的基础上，根据渗流过程中雷诺系数的变化提出地下水的流动状态可根据雷诺系数进行判别：当$Re\leqslant5$时，地下水处于层流状态，满足达西定律，$v=KJ$；当$5<Re<200$时，地下水处于层流-紊流过渡状态，$v=KJ^{0.74}$；当$Re\geqslant200$时，地下水处于紊流状态，$v=KJ^{0.5}$。其中，K为广义渗透系数，cm/s；Re为雷诺系数；v为渗透速度，cm/s；J为水力梯度。

此外还有人给出了普遍适用于线性、非线性渗流区域的渗流经验公式：

$$v=173\left(\frac{J^2}{90}\right)^m \tag{8.2-4}$$

$$m=\frac{0.8+d}{0.8+2d} \tag{8.2-5}$$

式中：d为平均粒径，mm；v为渗流速度，cm/s；J为水力梯度。

郭庆国等通过对粗颗粒土渗流特性的大量试验，认为一般粗颗粒土中渗流速度和水力梯度呈以下幂函数关系：

$$v=KJ^m \tag{8.2-6}$$

式中：v为渗流速度，cm/s；J为水力梯度；K为广义渗透系数；m为渗流指数，一般为0.5～1。

通过对西藏、四川多个水电站深厚覆盖层的渗流试验发现地下水在覆盖层内的渗流速度与水力梯度的关系具有以下特征：

（1）当水力梯度较小时，一般水力梯度小于2，渗流速度与水力梯度大多呈线性关系。

（2）当水力梯度较大时，渗流速度-水力梯度关系曲线明显偏离直线，表现出非线性特点，通过对渗流速度-水力梯度关系曲线的拟合可以得到典型深厚覆盖层渗流关系拟合方程，见表8.2-1。

表8.2-1　典型深厚覆盖层渗流关系拟合方程

工程名称	土层（试样）	渗流关系拟合方程
西藏某水电工程	碎块石卵砾石土	$v=0.0025J^{0.7021}$
	碎块石土	$v=0.0059J^{0.6643}$
四川某水电工程	碎块石卵砾石土	$v=0.0023J^{0.7056}$
	角砾土	$v=0.0031J^{0.6963}$

从试验结果来看，似乎可以将深厚覆盖层这种特殊岩土体在水力梯度较大条件下的渗流本构关系归纳为

$$v=KJ^{0.7} \tag{8.2-7}$$

式中：v 为渗流速度，cm/s；J 为水力梯度；K 为广义渗透系数。

（3）从试验过程中雷诺系数的变化情况来看，各土层渗流特点存在一定差别。如西藏某水电站的角砾土在雷诺系数大于5后就表现出较明显的非线性特点，而碎块石土在雷诺系数大于20以后才表现出非线性特点；四川某水电站覆盖层在雷诺系数大于10后表现出较明显的非线性特点。

8.2.1　深厚覆盖层渗透系数的确定

渗透系数是工程上评价岩土体渗透性能最重要的指标之一。目前，学术界"研究渗透系数 K 的方法虽然很多，但还没有完全探明它的内在关系"，因而工程中多采用试验方法获得。

一般认为在层流状态下，土体渗透系数主要与结构特征、颗粒组成、孔隙特性等因素有关，根据这些关系很多学者提出了针对不同土体渗透系数的计算方法，最有代表性的是太沙基于1955年提出的砂土在层流条件下的渗透系数计算公式：

$$K=2d_{10}^2e^2 \tag{8.2-8}$$

式中：d_{10}为有效粒径，是在分布曲线上小于该粒径的试样含量占总质量的10%的粒径，mm；e 为覆盖层岩土孔隙比。

近年来，国内许多学者在研究粗颗粒土渗流系数计算方面作出了卓越贡献，其中比较有代表性的是20世纪90年代刘杰提出的粗颗粒土渗透系数计算公式：

$$K_{10}=234n^3d_{20}^2 \tag{8.2-9}$$

式中：K_{10}为温度10℃时的渗透系数，cm/s；n 为土的孔隙率；d_{20}为等效粒径，累计百分含量为20%时的颗粒粒径，cm。

本书通过详细分析研究深厚覆盖层的颗粒组成及渗透试验结果，认为深厚覆盖层的渗透系数可按式（8.2-10）估算：

$$K=0.5\frac{C_c}{C_u}e^2 \tag{8.2-10}$$

式中：K 为渗透系数，cm/s；C_c 为曲率系数；C_u 为不均匀系数；e 为孔隙比。

各种方法所得典型深厚覆盖层渗透系数的比较见表 8.2-2。

表 8.2-2　各种方法所得典型深厚覆盖层渗透系数的比较

工程名称	土　层	各种方法所得渗透系数/(cm/s)				
		室内试验	现场试验	太沙基公式 $K=2d_{10}^2e^2$	刘杰公式 $K_{10}=234n^3d_{20}^2$	本书提出的公式 $K=0.5\frac{C_c}{C_u}e^2$
西藏某水电工程	碎块石卵砾石土	$(2.3\sim3.1)\times10^{-3}$	$(4\sim4.6)\times10^{-3}$	6.1×10^{-1}	1.5×10^{2}	3.1×10^{-3}
四川某水电工程	碎块卵砾石土	2.5×10^{-3}		3.7×10^{-1}	1.5×10^{2}	2.0×10^{-3}
	角砾土	5.9×10^{-3}		1.2×10^{-2}	2.4	4.3×10^{-3}
四川某水电工程	第二岩组碎块石土		$(2.2\sim5.1)\times10^{-5}$	1.7×10^{-4}	9.2×10^{-1}	5.9×10^{-5}
	第三岩组卵砾石土		$(2.3\sim5.9)\times10^{-4}$	1.3×10^{-2}	3.5	7.3×10^{-4}
	第四岩组卵砾石土		$(1.3\sim7.1)\times10^{-3}$	5.4×10^{-2}	1.1×10^{1}	5.1×10^{-3}

从计算结果来看，采用适用于砂土的太沙基公式和适用于堆石坝粗颗粒土的刘杰公式获得的计算结果与试验结果存在较大偏差，而采用本书提出的公式获得的计算结果与试验结果大致相当，说明式（8.2-10）在缺乏试验数据条件下，用于估算深厚覆盖层渗流系数是可行的，由于目前获得的样本数量有限，该公式的适用性如何还需进一步研究和探讨。

8.2.2　深厚覆盖层渗透破坏坡降

通过对河床典型深厚覆盖层渗流特性、规律的分析和研究，可以得出以下基本认识：

（1）由于深厚覆盖层大多具有较好的抗渗能力，其临界水力坡降一般在 1.08 以上，而破坏坡降一般在 2 以上，远高于一般具有相似颗粒组成的第四系松散堆积体的临界水力坡降和破坏坡降。

（2）河床深厚覆盖层大多具有相对较弱的渗透能力，粗颗粒、巨颗粒含量较高的碎块石土层和角砾土层，渗透系数一般为 $10^{-3}\sim10^{-4}$cm/s，属中～弱透水介质；细颗粒含量较高的黏土质角砾、粉质壤土等渗透系数一般为 $10^{-4}\sim10^{-7}$cm/s，属微透水介质。

（3）根据诸多工程的试验成果可知，当水力梯度小于 2 时，在深厚覆盖层中渗流速度与水力梯度表现出近似线性关系，基本满足达西定律；当水力梯度较大时，渗流速度与水力梯度表现出较为明显的非线性关系，结合试验过程中雷诺系数的变化，基本可以认为此时地下水的流态处于层流-紊流过渡状态，此时渗流本构关系可描述为 $v=KJ^{0.7}$。

（4）由于河床深厚覆盖层所具有的特殊颗粒组成和结构特征，传统的粗颗粒土渗透系数估算公式，如适用于砂土的太沙基公式、适用于堆石坝粗颗粒土的刘杰公式，已不再适合用来估算深厚覆盖层的渗透系数，而采用本书提出的公式获得的计算结果与试验结果较为一致，当然该公式是在现有试验样本的基础上提出的，还需进一步检验。

（5）据各方试验成果，深厚覆盖层大多具有较好的抗渗能力，其临界水力坡降一般在1.08以上，而破坏坡降一般在2以上。

8.3　深厚覆盖层强度特性研究

目前对深厚覆盖层的物理力学性质展开专门研究的文献资料较少，很多工程在面临深厚覆盖层问题时，常常将其考虑成普通第四系堆积体，其结果往往与实际情况有较大出入。

本节将结合几个典型河床深厚覆盖层实例，在物理力学性质的基本物性指标、强度特性、变形特性等3个主要方面展开较深入的研究和探讨，以期为相关工程提供参考。

8.3.1　深厚覆盖层基本变形参数分析

深厚覆盖层变形模量、压缩模量根据《工程地质手册》提供的计算公式［式（8.3-1）和式（8.3-2）］确定。

$$E_0=15+2.7N_{120} \tag{8.3-1}$$

$$E_s=6.2+5.9N_{120} \tag{8.3-2}$$

式中：E_0为变形模量，MPa；E_s为压缩模量，MPa；N_{120}为超重型动力触探试验修正锤击数。

通过对数十个工程深厚覆盖层的变形特性进行的大量试验可知，河床深厚覆盖层在承载能力、变形特性等方面与大多第四纪松散覆盖层有较大差别：

（1）高承载能力。除堆积体表层受扰动的土层外，深厚覆盖层中呈中密状的巨颗粒、粗颗粒土的承载能力一般为650～800kPa，密实状态的巨颗粒、粗颗粒土的承载能力一般为800～1000kPa，有些具有较好钙质胶结的，其承载能力甚至可达到1500kPa以上；深厚覆盖层中细颗粒含量较高的土层，其承载力一般也可达到300kPa以上。

（2）变形模量高。中密状的粗颗粒土的变形模量$E_{0(0.1\text{-}0.2)}$一般为35～45MPa，压缩模量$E_{s(0.1\text{-}0.2)}$一般为50～70MPa。

（3）低压缩性。覆盖层深部的压缩系数$\alpha_{(1-2)}$一般多小于0.1MPa^{-1}，属低压缩性土类。

8.3.2　强度特性及强度参数分析

根据典型工程试验结果，在每级不同围压下试样的轴向峰值强度（没有明显峰值强度时，取轴向应变为15%对应的轴向应力值），可绘制试样在不同围压条件下的极限莫尔应力圆，然后可绘制出与各莫尔应力圆均相切的强度包络线，如图8.3-1和图8.3-2所示。

从天然试样和饱水试样的强度包络线的特点来看，覆盖层在较低的应力条件下强度包络线呈直线状，符合莫尔-库仑强度理论，通过对包络线直线段的拟合，可得出天然试样和饱水试样在较低应力条件下的强度方程。

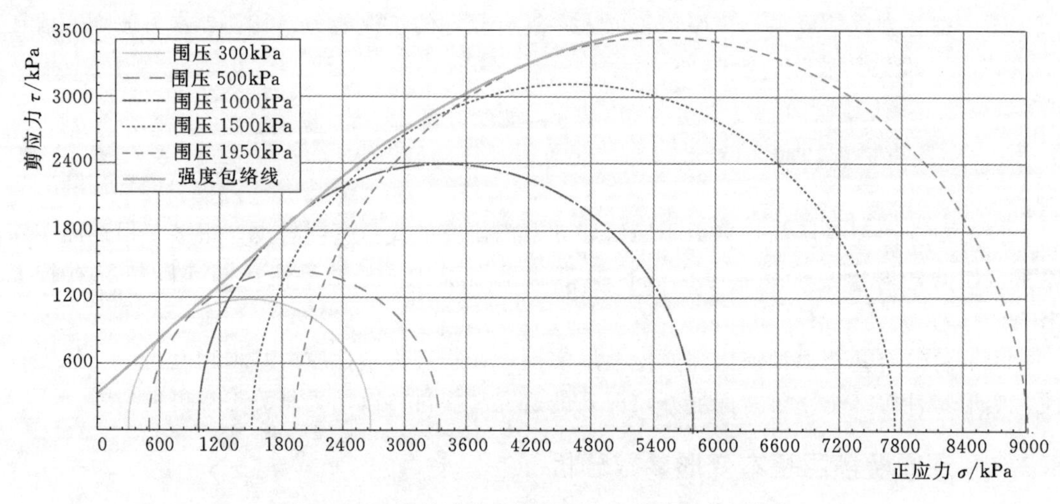

图 8.3-1　天然试样极限莫尔应力圆及强度包络线

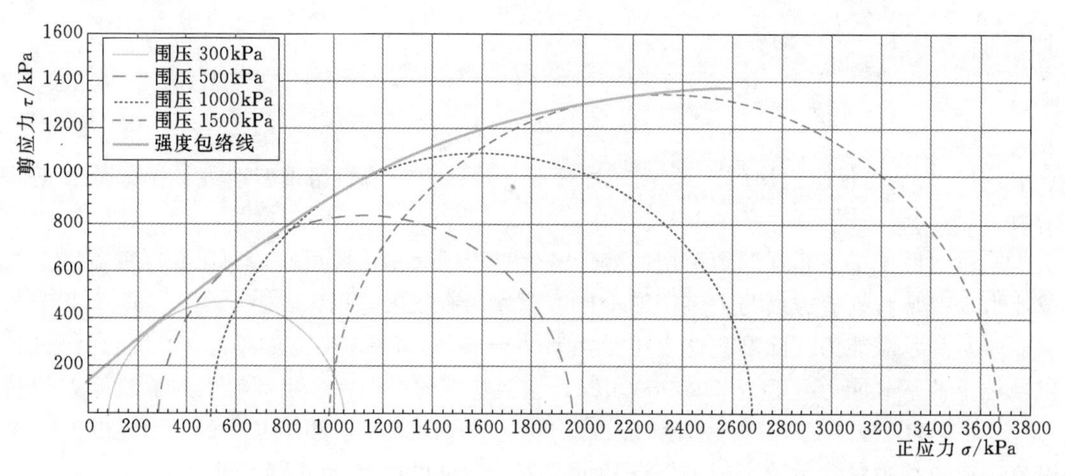

图 8.3-2　饱水试样极限莫尔应力圆及强度包络线

天然试样：

$$\tau=0.7262\sigma+307.17 \tag{8.3-3}$$

饱水试样：

$$\tau=0.6511\sigma+127.52 \tag{8.3-4}$$

根据式（8.3-3）和式（8.3-4）可推算出天然试样和饱水试样在较低应力水平下的抗剪强度参数 c 和 φ：天然试样的凝聚力为 307.17kPa，内摩擦角为 36°；饱水试样的凝聚力为 127.52kP，内摩擦角为 33.1°。

当试样所受的应力水平较高时，无论是天然试样还是饱水试样的强度包络线均向下弯曲，呈下凹形状，说明在较高的应力水平下该类深厚覆盖层剪切破坏时并不遵从莫尔-库仑强度理论。

对于这种具有非直线形强度包络线的岩土体，如何评价其抗剪强度，如何确定其抗剪强度参数，一直以来都是学术界研究的热点。如陈梁生等提出对于具有非直线形强度包络线的岩土体可根据实际法向应力的大小，作强度包络线的切线，然后根据该切线与纵坐标轴的交点和倾角确定岩土体在该法向应力下的抗剪强度参数。这种方法实际上认为具有非直线形强度包络线的岩土体在剪切过程中仍然服从莫尔-库仑强度理论，只是随着法向应力的变化，岩土体的凝聚力和内摩擦角也随之发生变化。但是这种方法难以解释为何随着法向应力的增大，岩土体的凝聚力也随之增大。

郭国庆通过对粗颗粒土的研究，认为对于这种非直线形强度包络线，其抗剪强度与法向应力呈幂函数关系：

$$\tau = c + aP_a(\sigma/P_a)^b \tag{8.3-5}$$

式中：P_a 为大气压；a、b 为强度参数。

但这种方法没有给出参数 a、b 明确的物理力学意义。

通过对剪切破坏试样的进一步分析，在高围压条件下，试样破坏时其内部存在较明显的粗颗粒被剪碎现象，这一事实已被众多学者证实。

这似乎可以用来解释上述试验所获得的强度包络线在较高应力条件下偏离直线的原因：高应力条件下，随着粗颗粒被剪碎，导致试样的内摩擦角降低，试样的抗剪强度也相应降低，从而反映在强度包络线上表现为偏离初始直线（莫尔-库仑强度包络线），呈下凹形。

根据上述认识，对深厚覆盖层这种具有非线性强度包络线的混杂堆积的岩土体，在评价其抗剪强度，确定其强度参数时可按如下方法考虑。

在较低应力条件下，强度包络线呈直线形，其强度参数可按莫尔-库仑强度理论求解。

在较高应力条件下，如果忽略粗颗粒的剪碎对其凝聚力的影响，则仍然可以按照强度包络线在纵坐标轴上的截距确定其凝聚力，而内摩擦角应是一个随着应力水平的变化而变化的变量，它应是法向应力与强度包络线交点处切线的倾角。

根据上述方法，通过对强度包络线的拟合，可以得到深厚覆盖层在较高应力水平下的抗剪强度参数如下：

天然状态：凝聚力为 307.17kPa，内摩擦角 $\varphi = \arctan(1.1513 - 1.8\times10^{-4}\sigma)$，适用于 $3000\text{kPa} > \sigma > 6000\text{kPa}$ 的条件。

饱水状态：凝聚力为 127.52kPa，内摩擦角 $\varphi = \arctan(0.7732 - 2\times10^{-4}\sigma)$。适用于 $800\text{kPa} > \sigma > 3000\text{kPa}$ 的条件。

通过上述分析，可以对深厚覆盖层的力学特性得出以下认识：

（1）在低荷载作用下，大多试样的应力应变曲线呈直线状，表现出弹性变形的特点，随着荷载的进一步增大，试样迅速屈服，应力应变曲线下凹，但是在大多试样整个破坏过程中一般不存在明显的峰值强度，试样表现出应变强化的特点。

（2）发生剪切破坏时，试样大多表现出较明显的剪胀现象，并且围压越低剪胀现象越明显。

（3）围压对试样刚度的影响，在弹性变形阶段表现甚微，一旦进入屈服阶段，随着围压的增大，刚度也随之增大。

（4）在较低的应力条件下，天然试样和饱水试样的强度包络线均呈直线状，符合莫尔-库仑强度理论，其强度参数可按莫尔-库仑强度理论求解；当试样所受的应力水平较高时，无论是天然试样还是饱水试样的强度包络线均向下弯曲，呈下凹形，并不遵从莫尔-库仑强度理论，此时试样的剪切包含有粗颗粒的剪碎过程，试样的内摩擦角是一个随剪切面上法向应力增大而减小的变量。

(5) 从工程实际情况来看，如深厚覆盖层的厚度一般不超过100m，则在一般条件下堆积体所处应力环境很难超过1MPa，因此据试验结果可以认为在一般工程条件下深厚覆盖层的力学性质符合莫尔-库仑强度理论。

(6) 水对深厚覆盖层的凝聚力的影响较大，饱水条件下凝聚力不足天然状态下的1/2，而对内摩擦角的影响较小，饱水条件下内摩擦角降低不到3°。

综合对河床数个典型深厚覆盖层物理力学性质的试验分析和研究，并结合相关研究成果，本书认为可以对深厚覆盖层的基本物理力学性质作出以下认识：

(1) 深厚覆盖层形成时代久远，大多经历了长时期的压密、固结，因此，除堆积体表层外，深厚覆盖层大多具有结构密实、高密度、孔隙体积小的特点。

(2) 深厚覆盖层大多具有密实的结构，由以巨颗粒、粗颗粒为主的物质组成，因此其变形模量、压缩模量相对较高，属典型的高承载力、低压缩性土。

(3) 从几个典型深厚覆盖层的试验结果来看，深厚覆盖层大多具有较好的抗剪强度，天然状态下，凝聚力一般可达150～400kPa，摩擦角一般为35°～39°；饱水条件下凝聚力一般也保持在60～100kPa，内摩擦角一般为30°～37°。

(4) 深厚覆盖层抗剪强度参数中，c 值对水的敏感度要比 ϕ 值强烈得多，一般饱水条件下会导致凝聚力降低一半左右，而 φ 值的变化几乎不超过1°～3°，从试验条件来看，孔隙水压力对 c 值的影响也比较明显，而对 φ 值的影响则差很多，因此深厚覆盖层在饱和状态下有效凝聚力一般约为总凝聚力的一半，而有效内摩擦角与总内摩擦角基本相当。

(5) 不同的应力条件对深厚覆盖层的强度特性存在明显的影响，最显著的表现是随着围压的增大，深厚覆盖层的强度包络线逐渐从服从莫尔-库仑定律的直线形状向下产生明显弯曲，因此在处理试验结果时常常会出现随着围压增大，凝聚力明显增大，而内摩擦角明显降低的现象。

(6) 虽然深厚覆盖层在高应力条件下强度包络线会表现出非线性，但从试验过程来看，出现这种转变的临界应力一般大于1MPa，而对于一般堆积体而言，其所处应力环境很难超过1MPa，因此在一般工程条件下，可以认为深厚覆盖层的力学性质基本符合莫尔-库仑强度理论。

8.4 白龙江某水电站深厚覆盖层力学特性

1. 变形模量

为查明白龙江某水电站深厚覆盖层变形强度特征，开展了4组现场载荷试验。同时为了对比分析，在砂卵砾石层中进行重型圆锥动力触探试验，采用经验公式计算变形模量，并与载荷试验结果进行对比分析。

(1) 载荷试验结果。载荷试验是研究和取得地基承载力、变形模量的最基本方法，是一种较接近于实际基础受力状态和变形特征的现场模拟性试验。该水电站深厚覆盖层4组现场载荷试验成果见表8.4-1。从试验结果可以看出，变形模量E_0的低值为11.74MPa，高值为149.53MPa，舍去3个高值149.53MPa、75.17MPa、69.56MPa，其变形模量平均值为19.85MPa，小值平均值为16.4MPa。

表8.4-1　　白龙江某水电站深厚覆盖层4组现场载荷试验成果表　　单位：MPa

组数及项目 / 序次	第1组		第2组		第3组		第4组	
	压应力	变形模量	压应力	变形模量	压应力	变形模量	压应力	变形模量
1	0	0	0	0	0	0	0	0
2	0.262	69.56	0.140	30.14	0.140	16.83	0.140	149.53
3	0.610	39.56	0.314	25.57	0.314	16.64	0.314	75.17
4	0.785	29.18	0.488	23.78	0.488	16.51	0.401	37.12
5	0.959	27.83	0.576	20.35	0.663	12.68	0.488	22.62
6	1.046	24.12	0.663	17.30	0.837	13.11	0.576	17.29
7	1.134	19.91	0.750	17.39	0.924	12.51	0.663	16.25
8	1.221	17.39	0.882	15.33			0.689	13.19
9			0.837	15.68			0.750	12.45
10			0.874	13.57				
11			0.924	11.74				

为进一步分析变形模量相差较大的原因，分组建立压应力-变形模量关系曲线。但回归分析仅能建立第1、第4组试验的曲线（图8.4-1、图8.4-2），第2、第3组试验的曲线无明显规律。除去两个高点，将所有压应力-变形模量对应值纳入散点图（图8.4-3），发现砂卵砾石的变形模量与压应力间相关性很差，其原因是卵砾石层性状或岩性差异很大。

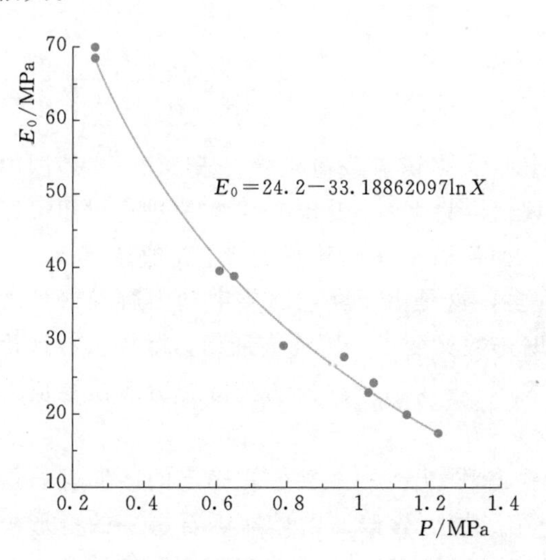

图8.4-1　第1组试验压应力-变形模量关系曲线

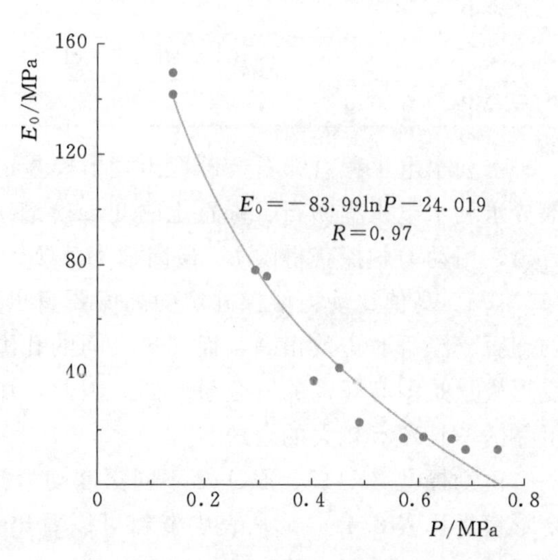

图8.4-2　第4组试验压应力-变形模量关系曲线

（2）利用钻孔动力触探资料获得砂卵砾石层的变形模量。卵石、砾石土的变形模量是主要的工程特性参数之一，该项指标在工业与民用建筑中研究较多，特别是四川部分河流有大量的研究，用表 8.4-2 中的资料建立的关系曲线（图 8.4-4）有很好的相关性：

$$E_0=4.224N_{63.5}^{0.774} \quad (8.4-1)$$

$$r=0.99$$

式中：E_0 为卵石、砾石土变形模量，MPa；$N_{63.5}$ 为动力触探击数；r 为相关系数。

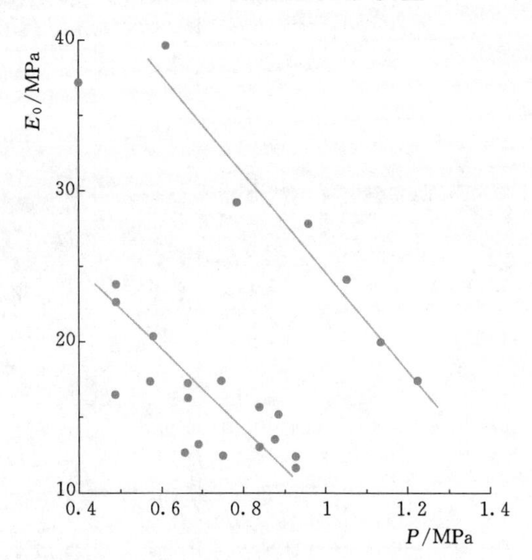

图 8.4-3　第 1～4 组试验压应力-变形模量散点图

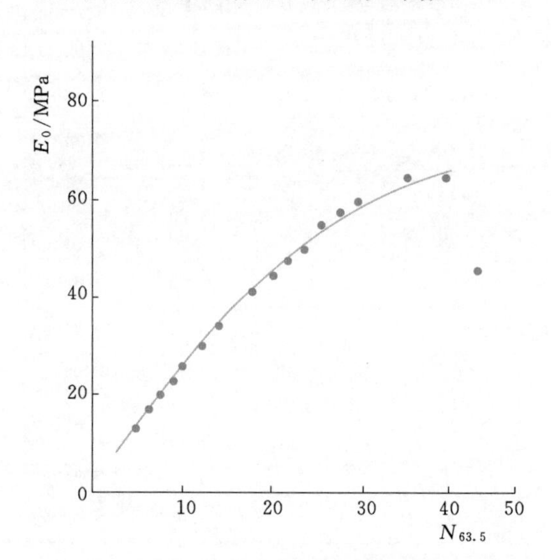

图 8.4-4　卵石、砾石土变形模量（E_0）与动力触探击数（$N_{63.5}$）关系曲线

表 8.4-2　砾石、卵石土 E_0 与 $N_{63.5}$ 的关系

$N_{63.5}$	3	4	5	6	7	8	9	10	12	14
E_0/MPa	10	12	14	16	18.5	21	23.5	26	30	34
$N_{63.5}$	16	18	20	22	24	26	28	30	35	40
E_0/MPa	37.5	41	44.5	48	51	54	56.5	59	62	64

水利水电工程对卵石、砾石土变形模量的确定大多依靠载荷试验，表 8.4-3 是国内部分水利水电工程卵石、砾石土的变形模量建议值。将 E_0 与表 8.4-2 的值进行对照可以看出，用动力触探获得的 E_0 最高值为 64MPa，而用载荷试验获得的 E_0 高值达到 100～166MPa。高值比动力触探确定的高值要高出许多，这是由于在卵石层中动力触探遇到大的卵石、漂砾时击数很高，而穿过其间的孔隙时击数又变小，因而借助动力触探击数评价变形模量是留有较大的安全系数的。因此，用表 8.4-3 和经验公式获得的变形模量值是可靠的，且留有较大的余地。

由勘探孔 ZK110、ZK112 不同深度动力触探击数 $N_{63.5}$ 和经验公式确定的砂卵砾石层变形模量见表 8.4-4。从表中资料可以看出：第二层（含碎石的砂卵砾石层）的变形模量 E_0=14～16MPa，第三层（砂卵砾石层）的变形模量 E_0=26～40MPa，第四层（砂卵砾石层）的变形模量 E_0=32MPa。

表 8.4-3　国内部分水利水电工程卵石、砾石土变形模量建议值

工程名称	岩性	干密度 γ_d /(t/m³)	弹性抗力系数 K_0/(kg/cm²)	变形模量建议值 /MPa
楠桠河二级	漂卵石夹砂		7～8	50～60
碧口	砂卵石	2.1	12.5	38～166
石头河	砂卵石	2.13		100
铜街子	卵石	2.15		50.2
渔子溪	卵石	2.1		65

表 8.4-4　河床砂卵砾石层动力触探击数与变形模量

钻孔编号	试验深度/m	岩土名称	$N_{63.5}$	孔隙比	变形模量 E_0/MPa	所在层位	平均变形模量 /MPa
ZK112	9.05	砂卵砾石土	5	0.53	14	第二层（含碎石的砂卵砾石层）	14
	13.9	砂卵砾石土	5	0.53	14		
	20	砂卵砾石土	18	0.29	41	第三层（砂卵砾石层）	40
	25	砂卵砾石土	19	0.29	42.75		
	30.2	砂卵砾石土	16	0.29	37.5		
	35.5	砂卵砾石土	14	0.3	34	第四层（砂卵砾石层）	32
	41	砂卵砾石土	12	0.32	30		
ZK110	5	砂卵砾石土	4	0.59	12	第二层（含碎石的砂卵砾石层）	16
	10.8	砂卵砾石土	5	0.53	14		
	15.1	砂卵砾石土	8	0.41	21		
	20	砂卵砾石土	10	0.37	26	第三层（砂卵砾石层）	26
	25	砂卵砾石土	10	0.35	26		
	30	砂卵砾石土	10	0.31	26		

前述载荷试验获得的变形模量小值平均值为16.4MPa，比动力触探获得的变形模量14MPa稍高一些。因此，当无载荷试验时，可以用动力触探获取变形模量。河床砂卵砾石层变形模量建议值见表8.4-5。

表 8.4-5　河床砂卵砾石层变形模量建议值

层　位	变形模量/MPa	层　位	变形模量/MPa
第二层（含碎石的砂卵砾石层）	14	第四层（砂卵砾石层）	32
第三层（砂卵砾石层）	26		

2. 覆盖层的抗剪强度参数

（1）三轴剪切试验成果分析。三轴剪切试验是指土样在三轴压缩仪上进行剪切的试验。将圆柱体试样用橡皮膜套住放入密闭的压力筒中，通过液体施加围压，并由传力杆施加垂直方向压力，逐渐增大垂直压力直至剪坏。根据莫尔-库仑强度理论，利用应力圆作出极限应力圆的包络线，即为土的抗剪强度曲线，以求得抗剪强度指标内摩擦角（φ）和凝聚力（c）。

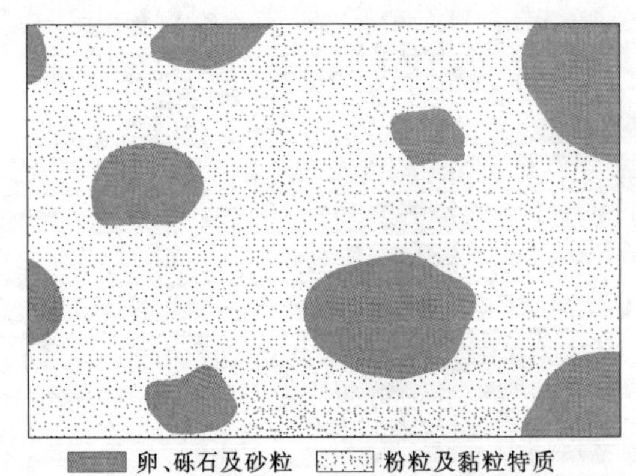

图 8.4-5　粗粒土颗粒分离的混合土

诸多工程实践显示，深厚覆盖层的粗颗粒含量对砂卵砾石土抗剪强度的影响反映了结构形式对强度指标的影响，随着粗颗粒含量的增长，覆盖层的结构从典型的悬浮密实结构逐步转变为骨架密实结构，并最终变为骨架孔隙结构。不同结构形式的混合土强度存在明显的差异。许多学者的研究指出，在同等条件下，强度指标随大粒径颗粒所占的比例增大而增大。当粗粒含量小于30%时，混合土处于图8.4-5的悬浮密实结构状态，即使有少量的大颗粒，对强度指标的影响也不大；当粗粒含量为30%～70%时，混合土处于图8.4-6的骨架密实结构状态，混合土的强度指标随大颗粒含量增长而增长；当粗粒含量大于70%时，混合土的抗剪强度主要由粗颗粒的摩擦强度提供，如图8.4-7所示。

图 8.4-5　存在局部细粒土膜的混合土

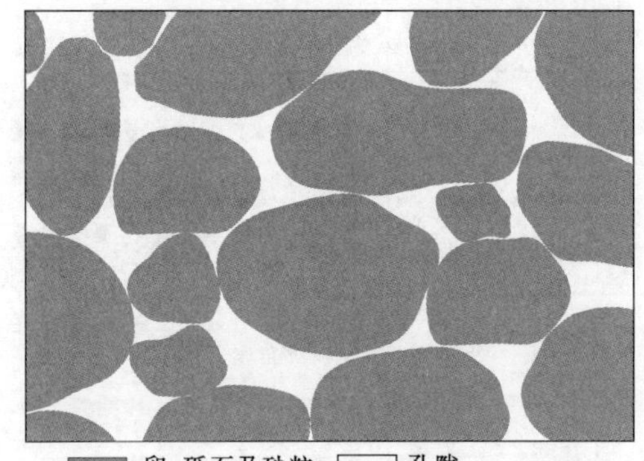

图 8.4-6　粗粒组成的混合土

为掌握覆盖层的颗粒组成，在开展三轴剪切试验前进行了颗粒级配试验分析。砂卵砾石三轴剪切试样级配控制见表8.4-6，从表中可以看出粗粒含量较高，卵砾石比例占到70%以上。

表 8.4-6　　砂卵砾石三轴剪切试样级配控制表

编号	粗粒含量/%	颗粒组成/%										D_{60}	D_{10}	不均匀系数
		60～40mm	40～20mm	20～10mm	10～5mm	5～2mm	2～1mm	1～0.5mm	0.5～0.25mm	0.25～0.1mm	<0.1mm			
F_1'	77.5	6.20	24.8	26.70	19.8	4.60	2.40	1.40	8.10	4.50	1.50	16.0	0.32	50.0
F_2'	61.65	11.60	18.88	16.93	14.24	10.20	6.35	4.40	4.50	3.80	9.10	13.50	0.13	103.80
F_3'	78.5	20.72	29.11	19.63	9.04	3.10	2.40	1.85	1.90	2.65	9.60	26.0	0.11	236.4
F_4'	75.83	17.85	27.80	19.11	11.07	2.59	2.41	3.82	4.97	5.20	5.18	23.0	0.23	100.0
F_1	62.0	11.5	23.0	16.0	11.5	15.27	6.99	4.60	2.20	4.85	4.09	16.0	0.36	44.4
F_2	80.0	23.2	29.5	16.8	10.5	8.04	3.68	2.42	1.16	2.55	2.15	27.5	1.40	19.6

砂卵砾石三轴剪切试验成果见表8.4-7。据此可求得内摩擦角标准值：$\varphi_k=41.9°$，即 $f=0.89$。

表 8.4-7　　砂卵砾石三轴剪切试验成果表

试样编号	试验状态	控制密度/(g/cm³)	$\tau=\sigma\tan\varphi+c$	
			c/MPa	φ/(°)
F_1-Ⅰ	饱和	2.28	0.20	41.3
F_1-Ⅱ	饱和	2.36	0.08	46.4
F_2-Ⅰ	饱和	2.22	0.14	43.0
F_2-Ⅱ	饱和	2.30	0.20	43.2
F_1'	饱和	2.19	0.20	42.3
F_2'	饱和	2.19	0.30	43.5

(2) 覆盖层力学参数试验成果。针对覆盖层钻孔所取试样进行了抗剪强度试验，试验结果见表8.4-8。

表 8.4-8　　覆盖层抗剪强度试验成果表

值　别	抗剪强度指标	
	凝聚力/kPa	内摩擦角
最大值	69	35°56′
最小值	55	32°37′
平均值	61	33°42′

(3) 砂卵砾石强度特性及国内外成果的对比分析。砂卵砾石或碎石土的强度参数取决于土的干密度、粗粒级含量以及卵砾的成分。由于构成覆盖层岩土体本身的强度及变形参数很高，因此造成卵砾层强度及变形参数变化或降低的主要因素是孔隙率（或干密度）以及砂粒的填充情况。由于砂的充填实质上也表现在孔隙率或干密度上，因此粒径接近的卵石、砾石和碎石土的承载力、变形模量、强度参数的高低将主要取决于干密度的大小。由于粗粒土的比重大多为2.65～2.66，可以视为一常数，由公式 $e=\frac{G}{\gamma_d}-1$（e 为孔隙比，G 为比重，γ_d 为干密度）可以看出，覆盖层的变形模量、强度参数和承载力与孔隙比具有明显的相关关系。表8.4-9是国内外水利水电工程砂卵砾石坝基土的干密度及强度参数。

表 8.4-9　　国内外水利水电工程砂卵砾石坝基土的干密度及强度参数

工程名称	岩性	干密度 γ_d/(g/cm³)	抗剪强度					
			试验值			建议值		
			φ/(°)	c/kPa	f（混凝土/石卵砂）	φ/(°)	c/kPa	f（混凝土/卵石砂）
楠垭河一级	漂卵石夹砂				32～33			
都江堰	砂卵石	2.0～2.27	35～40		0.56～0.60	35	0	
毛家村	砂卵石	2.19	37	0		37	0	

续表

工程名称	岩性	干密度 γ_d /(g/cm³)	抗剪强度					
			试验值			建议值		
			φ /(°)	c /kPa	f（混凝土/石卵砂）	φ /(°)	c/kPa	f（混凝土/卵石砂）
横山	砂砾石	2.07～2.08	40.1～40.2	400～800		38	200	
白莲河	砾质粗砂	1.70	33～37	0～600		35	0	
上马岭	砂卵石夹亚黏土							
猫跳河四级	砂砾石（中砂为主）	1.5					500	
碧口	砂卵石	2.1				33	50	
石头河	砂卵石	2.13				36.5	0	0.74
射阳河闸	粉砂				0.36～0.52			0.74
阿斯旺						35		
英菲尔尼罗	砾石		35～46			45		
涅洛维尔	砂卵石	2.2				38		
努列克	砾石		40～47			40		

从表 8.4-9 可以看出，定名为砂卵石、砾石土的干密度为 2.0～2.2g/cm³，如果比重取 2.66，则孔隙比为 0.33～0.209，抗剪强度试验值内摩擦角为 33°～46°，建议值大多接近试验值的下限，大部分工程取值在 35°左右。

由于第二层的干密度为 2.0g/cm³，因而砂卵砾石层的强度参数在不考虑 c 值的情况下可以稍高一点：

第二层取值：$\varphi=32°$，$f=0.63$。

第三、第四层根据经验取值：$\varphi=35°$，$f=0.7$。

（4）砂卵砾石强度参数选值。根据上述分析，坝基覆盖层建议的强度参数值如下：

第二层：$\varphi=32°$，$f=0.63$，$c=0$。

第三、第四层：$\varphi=35°$，$f=0.70$，$c=0$。

3. 覆盖层的承载力标准值

根据动力触探试验统计分析覆盖层物理性质及承载力标准值，成果见表 8.4-10。从统计结果可以看出，第二层的承载力为 200kPa 左右，第三层为 400～600kPa，第四层为 470～540kPa。

国内外卵石、砾石、碎石土承载力标准值见表 8.4-11，从表中数据可以看出卵砾石承载力标准值一般均在 500kPa 及以上，个别含砂较多的为 300kPa。因此，该工程第二层的承载力标准值仅 200kPa，属于很低的标准。初步建议：第二层的承载力标准值为 250kPa，第三层的承载力标准值为 300～400kPa，第四层的承载力标准值为 450～500kPa。

表 8.4-10　　坝基 ZK110 号、ZK112 号钻孔的 $N_{63.5}$ 及承载力

试验编号	层位名称	试验深度/m	岩土名称	$N_{63.5}$	孔隙比	密实度	承载力标准值 f_k/kPa
ZK112	第二层（含碎石的卵砾石层）	9.05	卵砾石砂土	5	0.59	松散	200
		13.9	卵砾石砂土	5	0.59	稍密	200
	第三层（砂卵砾石层）	20	卵砾石砂土	18	0.29	密实	700
		25	卵砾石砂土	19	0.29	密实	750
		30.2	卵砾石砂土	16	0.29	密实	630
	第四层（砂卵砾石层）	35.5	卵砾石砂土	14	0.3	密实	550
		41	卵砾石砂土	12	0.32	密实	480
ZK110	第二层（含碎石的卵砾石层）	5	卵砾石砂土	4	0.59	松散	170
		10.8	卵砾石砂土	5	0.53	稍密	200
	第三层（砂卵砾石层）	15.1	卵砾石砂土	8	0.41	中密	320
		20	卵砾石砂土	10	0.37	密实	400
		25	卵砾石砂土	10	0.35	密实	400
		30	卵砾石砂土	10	0.31	密实	400

表 8.4-11　　国内外卵石、砾石、碎石土承载力标准值

国别	粗粒土名称	承载力标准值/kPa	国别	粗粒土名称	承载力标准值/kPa
苏联	砾石、角砾	500	加拿大	卵砾石（密实）	500
苏联	卵石、碎石	600	中国（四川）	卵石（密实）	700～800
美国	卵砾石（密实）	600	中国（四川）	卵石（中密）	500～600
美国	卵砾石（松散）	400	中国（四川）	卵石（稍密）	400～500
波兰	卵石（松散）	350	中国（建筑）	卵石（稍密）	300～500
				卵石（中密）	500～800
波兰	卵石（密实）	600	中国（建筑）	卵石（密实）	800～1000
法国	卵石	600～800	中国（铁路）	卵石（松散）	300～500
				卵石（中密）	600～1000

8.5　坝基深厚覆盖层岩土质量工程地质分级方法

8.5.1　深厚覆盖层的物质成分和结构特征

工程实践表明，不同区域、不同流域的深厚覆盖层物质成分和结构特征与其工程性质具有密切的关系，因此它是深厚覆盖层岩土质量工程地质分级的基础。深厚覆盖层堆积物的物质成分和结构特征主要表现在以下方面：

（1）颗粒组成的不均一性。由于河床覆盖层多属非重力分异沉积，因而常表现为巨粒

土、粗粒土和细粒土的混杂堆积，其颗粒组成具有显著的不均一性。中大漂石（块石）大者直径可达10m，而其中细粒填隙物黏土颗粒的直径可小于1μm，两者之比高达数百万倍，这种不均一性常以不均匀系数（如d_{60}/d_{10}）表示，数十个工程典型深厚覆盖层的不均匀系数平均值达496.3。

高度的不均一性还决定颗粒组成的多级性。按颗粒粒径含量的差异，覆盖层堆积物实际上包括了粒径大于2000mm的巨石、200～2000mm的漂石（块石）、60～200mm的巨粒、2～20mm的角砾、2～0.075mm的砂砾、0.075～0.005mm的粉粒和小于0.005mm的黏粒等7种粒级。颗粒组成的多级性决定深厚覆盖层的工程特性取决于多种粒组的叠加效应，尤其是粒径小于0.075mm的粉粒和黏粒的作用，而非仅由含量大于50%粒组的性质所决定。

（2）结构单元的双元性。尽管深厚覆盖层在颗粒组成上具有多级性和不均一性，但粗碎屑沉积物的组构单元上仅包括骨架和杂基两个单元，前者包括粗粒组（碎石、角砾）、巨粒组（漂石、块石、巨石）的所有碎屑颗粒，后者为砂、粉粒、粘粒等填隙物质。对于无胶结的河床深厚覆盖层，可按照细观组构分为骨架结构（骨架支撑）、悬浮结构（杂基支撑）和过渡结构。不同的细观组构在空间上可以组合成不同的宏观地质结构，如在尼洋河左岸台地，骨架结构和悬浮结构在剖面上呈似层状分布，构成宏观上的似层状结构。因此，深厚覆盖层的细观结构类型是有尺度概念的，从工程地质观点讲，深厚覆盖层的工程地质性质除与骨架颗粒的颗粒级配有关外，更与细粒充填物的多少和成分密切相关。所以，工程地质分级不仅要关注粗粒、巨粒含量，还要特别考虑粉粒、黏粒含量的多少。

（3）结构的无序性。河床深厚覆盖层是在河流冲积、冰水（冰碛）积搬运过程中形成的，具有一定层厚的堆积物。由于沉积环境的不同，深厚覆盖层具有不同的分层或岩组。但对同一岩组而言，由于巨粒的漂石和碎石、粗粒的砂砾、细粒的粉土和黏土在无分选条件下快速混杂堆积，其宏观特征是无分选、无定向、无层理、磨圆度较好。巨大的漂石、巨石（结构体）无序地混杂在碎石、砂、砾、泥质物中呈紧密的镶嵌状，在纵向上无明显的变化趋势。而粗大的漂石、块石常有一定的磨蚀（次圆、次棱角状）和分选现象，且粗粒的砂、砾和细粒的粉泥含量常因物源区岩石类型及运动堆积条件的不同而变化较大。

8.5.2 深厚覆盖层岩土质量工程地质分级原则

根据深厚覆盖层的工程地质特征和岩土质量分级经验，深厚覆盖层岩土质量工程地质分级应遵循以下原则：

（1）科学性原则。必须抓住控制和影响深厚覆盖层工程地质性质的关键或主要因素，如堆积时代、粒径大小、密实程度、颗粒级配和粒度组成等进行分级。

（2）简单有效原则。分级方法和分级指标必须简单明了，即便于记忆和操作、便于推广应用、便于工程评价。

（3）兼顾传统原则。为了便于工程应用，对覆盖层岩组划分等传统分级方案中有价值的方法、名称和指标应尽量采用。

（4）普适性原则。分级标准应充分适用于不同地区、不同流域覆盖层地质体的工程分级。

8.5.3 覆盖层工程地质分级（粒度组成分类）

1. 分级方法

对于河床深厚覆盖层堆积物来说，由于颗粒组成对其工程地质特性有重要的影响和控制作用，因此工程地质分级的理论基础便是粒度组成与工程地质性质的相关关系。

根据已有研究成果，河床深厚覆盖层的分级按照规范规定，其土体按粒组划分为巨粒岩组、粗粒岩组及细粒岩组等3个一级单元，又可进一步划分为漂石、卵石、粒砾、砂砾、粉粒、黏粒等6个二级单元。

根据堆积物土体划分标准，土的工程分类标准中将巨粒、砾粒和砂砾含量作为粗粒混合土的划分标准，亦即将其作为粗粒土分类体系的判别标准。

工程实践经验表明，对宏观上“不含”黏土的深厚覆盖层，它们仍然有少量黏土矿物的分布，因此存在着量变到质变的临界值。深厚覆盖层工程地质分级中，主要控制因素为巨粒类土和碎石类土两大类。

2. 分级步骤

（1）岩组划分。分析冰水堆积物的粒组、堆积时代、颗粒粒径、成因类型、工程地质特性，进行覆盖层岩组划分。

（2）岩土分级。根据粒度组成和工程地质特性，对等级为一级或二级的覆盖层岩土进行判定。

一级岩土的粒组为漂石（块石）粒、卵石（碎石）粒、粗砾、中砾和细砾等，堆积时代是中更新统、上更新统或全更新统，颗粒粒径＞2mm，成因类型为冰碛堆积、冰水堆积、冲积、洪积、古崩滑或古泥石流堆积等。土的分类主要为漂石（块石）、卵石（碎石）、混合土漂石（块石）、混合土卵石（碎石）、漂石（块石）混合土、卵石（碎石）混合土、粗砾、中砾和细砾等。

二级岩土的粒组为粗砂、中砂、细砂、粉粒或黏粒等，堆积时代为中更新统、上更新统或全更新统，颗粒粒径≤2mm，成因类型为冰碛堆积、冰水堆积、冲积、洪积或堰塞相河湖积。土的分类为粗砂、中砂、细砂、高液限黏土、低液限黏土、高液限粉土和低液限粉土等。

（3）承载力分级。根据覆盖层岩土分级结果判断岩土的承载力，一级岩土的承载力较好，二级岩土的承载力较差。一级岩土分为一级岩土Ⅳ-1和一级岩土Ⅳ-2，其中一级岩土Ⅳ-1的承载力好，一级岩土Ⅳ-2的承载力较好。二级岩土分为二级岩土Ⅴ-1和二级岩土Ⅴ-2，其中二级岩土Ⅴ-1的承载力中等，二级岩土Ⅴ-2的承载力差。

（4）覆盖层岩土质量工程地质分级。根据地质因素、堆积时代、颗粒粒径、密实程度等工程特性，提出了深厚覆盖层初步的工程地质分类方案见表8.5-1。

1）一级岩土Ⅳ-1亚类的粒组为漂石（块石）粒和卵石（碎石）粒，堆积时代为中更新统和上更新统，颗粒粒径＞60mm，成因类型为冰碛堆积、冰水堆积、冲积、洪积、古崩滑及古泥石流堆积，工程地质特性为漂石（块石）、卵石（碎石）、混合土漂石（块石）、混合土卵石（碎石）、漂石（块石）混合土和卵石（碎石）混合土。

表 8.5-1　深厚覆盖层岩土质量工程地质分级表

岩土质量分类（一级）	岩土质量分类（二级）	一级粒组统称	二级粒组名称		堆积时代	粒径范围/mm	成因类型	工程地质特性	工程地质问题
Ⅳ	Ⅳ-1	巨粒	漂石（块石）、混合土漂石（块石）、漂石（块石）混合土		Q_2、Q_3	＞200	冰碛物、冰水堆积、冲积、古崩滑及古泥石流堆积	颗粒粗大、块状、磨圆度较好的漂石、卵砾石类。透水性很大，无黏性，无毛细水，力学强度高	渗漏损失、渗透稳定、压缩与沉降变形
			卵石（碎石）、混合土卵石（碎石）、卵石（碎石）混合土		Q_2、Q_3、Q_4	200～60	冰碛物、冰水堆积、冲积、洪积		渗漏损失、渗透稳定、压缩与沉降变形、抗滑稳定
	Ⅳ-2	粗粒	粗砾、中砾、细砾	粗	Q_2、Q_3、Q_4	60～20	冰碛物、冰水堆积、冲积	砾石类。透水性大，无黏性，毛细水上升高度不超过粒径大小，力学强度较高	渗漏损失、渗透稳定、压缩与沉降变形、抗滑稳定
				中		20～5			
				细		5～2			
Ⅴ	Ⅴ-1		砂粒	粗	Q_2、Q_3、Q_4	2～0.5	冰碛物、冰水堆积、冲积、洪积、堰塞相河湖积	颗粒细小的粗～细砂类。易透水，当混入云母等杂质时透水性减小，压缩性增强；无黏性；毛细水上升高度不大，随粒径变小而增大，力学强度中等	渗漏损失、渗透稳定、压缩与沉降变形、砂土振动液化、抗滑稳定
				中	Q_2、Q_3、Q_4	0.5～0.25			
				细	Q_2、Q_3、Q_4	0.25～0.075			
	Ⅴ-2	细粒	粉粒、黏粒类土		Q_2、Q_3	≤0.075	冰碛物、冰水堆积、冲积、堰塞相河湖积	粉质黏土、粉土、黏土、淤泥质黏土类。透水性很小，具有可塑性；毛细水上升高度大，但速度慢	压缩与沉降（固结）变形、振陷、抗滑稳定

2）一级岩土Ⅳ-2亚类的粒组为粗砾、中砾和细砾，堆积时代为中更新统、上更新统或全更新统，2mm＜颗粒粒径≤60mm，成因类型为冰碛堆积、冰水堆积、冲积、洪积，工程地质特性为粗砾、中砾和细砾。

3）二级岩土Ⅴ-1亚类的粒组为粗砂、中砂、细砂，堆积时代为中更新统、上更新统或全更新统，0.075mm＜颗粒粒径≤2mm，成因类型为冰碛堆积、冰水堆积、冲积、洪积、堰塞相河湖积，工程地质特性为粗砂、中砂和细砂。

4）二级岩土Ⅴ-2亚类的粒组为粉粒或黏粒土，堆积时代为中更新统和上更新统，颗粒粒径≤0.075mm，成因类型为冰碛堆积、冰水堆积、冲积、堰塞相河湖积，工程地质特性为粉质黏土、粉土、淤泥质黏土。

这一分类与当前岩土工程勘察中碎石土分类和巨粒土分类相比，突出了粒径＜0.075mm细粒土指标，把漂（块）石含量＜50%的深厚冰水堆积物进一步细化，将巨粒或碎石混合土纳入了统一的分级、分类体系，充分体现了科学性和实用性。

8.5.4　深厚覆盖层岩土质量分级实例

金沙江某工程，河床覆盖层的厚度大、层次多、物质成分不均匀、埋深各异，沉积时代不同、物理力学性质差异较大。尽管如此，覆盖层各岩组仍可以根据其沉积时代、颗粒组成与粒径大小、成因类型、密实程度等几方面对覆盖层的岩土体质量进行工程地质分级。在各项指标分析论证的基础上，类比覆盖层工程常规物理力学指标值，经适当折减调整，提出了表征坝基覆盖层不同质量级别岩土体的参数建议值，见表8.5-2。

表8.5-2　　覆盖层工程地质级别及物理力学参数参考值

岩土质量分级		岩组名称	密度/(g/cm³)		孔隙比	抗剪强度		变形（压缩）模量/MPa	允许承载力/MPa	允许渗透坡降	渗透系数/(cm/s)
			天然	干		f	c/kPa				
Ⅳ	Ⅳ-1	含漂块石碎石土	2.2	2.1	0.30～0.35	0.60～0.65	45～55	50～60	0.60～0.65	0.30～0.35	1×10^{-4}
	Ⅳ-2	漂块石卵砾碎石土	2.05	2.0	0.37～0.40	0.55～0.60	30	40～50	0.55～0.60	0.15～0.20	4×10^{-2}
Ⅴ	Ⅴ-1	含卵砾中细砂层	2.0	1.9	0.40～0.45	0.40～0.45	30～40	20～30	0.35～0.40	0.35～0.40	2×10^{-4}
	Ⅴ-2	粉砂质黏土	1.9	1.7	0.65～0.75	0.30～0.35	40～50	15～25	0.25～0.30	6	1×10^{-6}

本书仅对河床复杂深厚覆盖层岩土体工程地质分级方法提出一些想法，从实际的工程地质工作需要、工程设计需要出发对该方法进行了初步探讨。

第 9 章

深厚覆盖层筑坝主要工程地质问题

由于深厚覆盖层成因的多样性，组成物质复杂性，在覆盖层上建坝，常给水利水电工程建设带来困难。据 Larocque 统计，因坝基问题失事的大坝，约占失事大坝总数的 25%。另据不完全统计，国外建于覆盖层上的水工建筑物，约有一半事故是由坝基渗透破坏、沉陷太大或滑动等因素导致的。经进一步分析总结，在覆盖层上修建水利水电工程时，主要存在以下工程地质问题：①承载和变形稳定问题；②渗漏和渗透稳定问题；③抗滑稳定问题；④砂土液化稳定与软土震陷问题。

9.1 砂层的地震液化判定

饱水砂土在地震、动力荷载或其他外力作用下，受到强烈振动而失去抗剪强度，使砂粒处于悬浮状态，导致坝基失效的作用或现象称为砂土液化。砂土液化的危害性主要有地面下沉、地表塌陷、坝基土承载力丧失、地面流滑等。

在高地震烈度地区建设水利水电工程，由于覆盖层多分布有可能液化砂层，易产生砂土液化问题，对坝基稳定及坝体变形产生不利影响。对其可液化性的判别、分析对工程的影响程度、提出合理的工程处理或防液化措施是在覆盖层上筑坝的主要问题之一。

9.1.1 影响因素

由饱和砂土组成的覆盖层坝基，在地震时并不是都发生液化现象。因此，必须了解影响砂土液化的主要因素，才能作出正确的判断。

1. 砂土性质

对产生砂土液化具有决定性作用的是土在地震时易于形成较大的超孔隙水压力。较大的超孔隙水压力形成的必要条件是：①地震时砂土必须有明显的体积缩小从而产生孔隙水的排泄；②由砂土向外排水滞后于砂体的振动变密，即砂体的渗透性能不良，不利于超孔隙水压力的迅速消散，于是随荷载循环的增加孔隙水压力因不断累积而升高。

（1）砂土的相对密度。动三轴试验表明，松砂极易完全液化，而密砂则经受多次循环的动荷载后也很难达到完全液化。也就是说，砂的结构疏松是液化的必要条件之一。表征砂土疏与密界限的定量指标，过去采用临界孔隙度，这是从砂土受剪后剪切带松砂变密而密砂变松导出的一个界限指标，即经剪切后既不变松也不变密的孔隙度。目前多以砂土的相对密度和砂土的粒度和级配来表征砂土的液化条件。

（2）砂土的粒度和级配。砂土的相对密度低并不是砂土地震液化的充分条件，有些颗粒比较粗的砂，相对密度虽然很低但却很少液化。通过分析邢台、通海和海城砂土液化时喷出的 78 个砂样可知，粉、细砂占 57.7%，塑性指数小于 7 的粉土占 34.6%，中粗砂及塑性指数为 7～10 的粉土仅占 7.7%，而且全发生在Ⅺ度烈度区。所以具备一定粒度和级配是一个很重要的液化条件。

2. 初始固结压力（埋藏条件）

当孔隙水压大于砂粒间有效应力时才产生液化，而根据土力学原理可知，土粒间有效应力由土的自重压力决定，位于地下水水位以上的土体某一深度 Z 处的自重压力 P_z 为

$$P_z=\gamma Z \tag{9.1-1}$$

式中：γ 为土的容重，cm^3/g。

如地下水埋深为 h，Z 位于地下水水位以下，由于地下水水位以下土的悬浮减重，Z 处自重压力则应按式（9.1-2）计算：

$$P_z=\gamma h+(\gamma-\gamma_w)(Z-h) \tag{9.1-2}$$

如地下水水位位于地表，即 $h=0$，则

$$P_z=(\gamma-\gamma_w)Z \tag{9.1-3}$$

显然，最后一种情况自重压力随深度增加最小，亦即直接在地表出露的饱水砂层最易于液化。而液化的发展也总是由接近地表处逐步向深处发展。如液化达某一深度 Z_1，则 Z_1 以上通过骨架传递的有效应力即由于液化而降为零，于是液化又由 Z_1 向更深处发展而达 Z_2，直到砂粒间的侧向压力足以限制液化产生为止。显然，如果饱水砂层埋藏较深，以至于上覆土层的盖重足以抑制地下水面附近产生液化，液化也就不会向深处发展。

饱水砂层埋藏条件包括地下水埋深和砂层上的非液化黏性土层厚度这两类。地下水埋深越浅，非液化覆盖层越薄，则越易液化。

已知饱水砂体的抗剪强度 τ 由式（9.1-4）确定：

$$\tau=(\sigma_0-P_w)\tan\varphi \tag{9.1-4}$$

式中：P_w 为孔隙水压；σ_0 为有效正压力。

在地震前，外力全部由砂骨架承担，此时孔隙水压力称为中性压力，只承担本身压力即静水压力。令此时的孔隙水压力为 P_{w0}，振动过程中的超孔隙水压力为 ΔP_w，则振动前砂的抗剪强度为

$$\tau=(\sigma-P_{w0})\tan\varphi \tag{9.1-5}$$

振动时：

$$\tau=[\sigma-(P_{w0}+\Delta P_w)]\tan\varphi \tag{9.1-6}$$

随 ΔP_w 累积性增大，最终$(P_{w0}+\Delta P_w)=\sigma_0$，此时砂土的抗剪强度降为零，完全不能承受外荷载而达到液化状态。

9.1.2　判别方法

砂土发生地震液化的基本条件为饱和砂土的结构疏松、渗透性相对较低，以及震动的强度大和持续时间长。是否发生喷水冒砂还与覆盖层的渗透性、强度、砂层厚度以及砂层和潜水的埋藏深度有关。因此，对砂土液化可能性的判别一般分两步进行：①根据砂层时代、工程区地震烈度、颗粒粒径、地下水水位和剪切波速进行初判，以排除不会发生液化的岩土层，初判的目的在于排除一些不需要再进一步考虑液化问题的土，以减少勘察工作量；②对已初步判别为可能发生液化的砂层再作进一步判定。

砂土液化的判定工作可分初判和复判两个阶段：初判应排除不会发生液化的土层，对

初判可能发生液化的土层应进行复判。

1. 砂土地震液化初判

《水力发电工程地质勘察规范》（GB 50287—2016）中附录Q“土的地震液化判别”内容如下：

（1）地层年代为第四纪晚更新世 Q_3 或以前，设计地震烈度小于Ⅸ度时可判为不液化。

（2）土的粒径大于5mm颗粒含量的质量百分率大于或等于70%时，可判为不液化。

（3）对粒径小于5mm颗粒含量的质量百分率大于30%的土，若粒径小于0.005mm颗粒含量的质量百分率相应于地震动峰值加速度0.10g、0.15g、0.20g、0.30g 和0.40g 分别不小于16%、17%、18%、19%和20%时，则可判为不液化。

（4）工程正常运用后，地下水水位以上的非饱和土可判为不液化。

（5）当土层的剪切波速度大于式（9.1-7）计算的上限剪切波速度时，可判为不液化。

$$V_{st}=291\cdot(K_H Z\gamma_d)^{1/2} \tag{9.1-7}$$

式中：V_{st} 为上限剪切波速度，m/s；K_H 为地面水平地震动峰值加速度系数，为水平地震动峰值加速度与重力加速度 g 之比；Z 为土层深度，m；γ_d 为深度折减系数。

深度折减系数可按下列公式计算：

$$Z=0\sim10\text{m},\gamma_d=(1.0\sim0.01)Z \tag{9.1-8}$$

$$Z=10\sim20\text{m},\gamma_d=(1.1\sim0.02)Z \tag{9.1-9}$$

$$Z=20\sim30\text{m},\gamma_d=(0.9\sim0.01)Z \tag{9.1-10}$$

2. 砂土的地震液化复判

（1）标准贯入锤击数复判法。当 $N_{63.5}<N_{cr}$ 时判为液化，其中 $N_{63.5}$ 为标准贯入锤击数，N_{cr} 为液化判别标准贯入锤击数临界值。

在地面以下20m深度范围内，液化判别标准贯入锤击数临界值 N_{cr} 按式（9.1-11）计算：

$$N_{cr}=N_0[\ln(0.6d_s+1.5)-0.1d_w]\sqrt{\frac{3\%}{\rho_c}} \tag{9.1-11}$$

式中：ρ_c 为土的黏粒含量质量百分率，%，当 $\rho_c<3\%$ 或为砂土时，取3%；N_0 为液化判别标准贯入锤击数基准值，在设计地震动峰值加速度为0.10g、0.15g、0.20g、0.30g、0.40g 时分别取7、10、12、16、19；d_s 为标贯贯入点深度，m；d_w 为地下水埋深，m。

（2）相对密度复判法。当饱和无黏性土（包括砂和粒径大于2mm的砂砾）的相对密度不大于表9.1-1中的液化临界相对密度时可判断为可能液化土。

表9.1-1 饱和无黏性土的液化临界相对密度 %

设计地震动峰值加速度	0.05g	0.10g	0.20g	0.40g
液化临界相对密度	65	70	75	85

（3）相对含水量和液性指数复判法。当饱和少黏性土的相对含水量大于或等于0.9时，或液性指数大于或等于0.75时，可判为可能液化土。

（4）静力触探贯入阻力法。根据静力触探试验对饱和无黏性土或少黏性土实测计算比贯入阻力 P_s 与临界静力触探液化比贯入阻力 P_{scr} 相对比，判别其地震液化的可能性。

1）地面以下15m深度范围内的饱和无黏性土或少黏性土临界静力触探液化比贯入阻力P_{scr}可按式（9.1-12）估算：

$$P_{scr}=P_{so}\cdot\alpha_p[1-0.065(d_w-2)][1-0.05(d_0-2)] \tag{9.1-12}$$

式中：P_{scr}为临界静力触探液化比贯入阻力，MPa；P_{so}为当$d_w=2$m、$d_0=2$m时，饱和无黏性土或少黏性土临界贯入阻力（MPa），可按地震设防烈度Ⅶ度、Ⅷ度和Ⅸ度分别选取5.0～6.0MPa、11.5～13.0MPa和18.0～20.0MPa；α_p为土性综合影响系数，可按表9.1-2选值；d_w为地下水埋深（若地面淹没于水面以下，d_w取0m）；d_0为上覆非液化土层厚度，m。

表9.1-2　　土性综合影响系数α_p取值

土性	无黏性土	少黏性土	
塑性指数I_P	$I_P\leqslant3$	$3<I_P\leqslant7$	$7<I_P\leqslant10$
α_p	1.0	0.6	0.45

2）当$P_s>P_{scr}$时，不易液化；当$P_s\leqslant P_{scr}$时，可能或易液化。

（5）动剪应变幅法。根据钻孔跨孔法试验测定的横波（剪切波）速度V_s，估算距地面以下某深度饱和无黏性土动剪应变幅γ_e，判别其地震液化的可能性。

1）地面以下某深度饱和无黏性土动剪应力变幅γ_e可按式（9.1-13）或式（9.1-14）估算：

$$\gamma_e(\%)=0.87\cdot\frac{\alpha_{max}\cdot Z}{V_s^2(G/G_{max})}\gamma_c \tag{9.1-13}$$

或

$$\gamma_e(\%)=0.65\cdot\frac{\alpha_{max}\cdot Z}{V_s^2}\gamma_c \tag{9.1-14}$$

式中：γ_e为地震力作用下地层Z深度的动剪应变幅，%；α_{max}为地面最大水平地震加速度，可根据坝基设计地震动参数确定，也可按地震设防烈度Ⅶ度、Ⅷ度和Ⅸ度分别选取$0.1g$、$0.2g$和$0.4g$（$g=9.80665\text{m/s}^2$）；Z为估算点距地面的深度，m；V_s为饱和无黏性土实测横波速度，m/s；G/G_{max}为动剪模量比，近似取0.75；γ_c为深度折减系数，取值见表9.1-3。

表9.1-3　　深度折减系数γ_c取值

深度/m	0	1	2	3	4	5	6	7	8
γ_c	1.00	0.996	0.990	0.982	0.978	0.968	0.956	0.940	0.930
深度/m	9	10	12	16	18	20	24	26	30
γ_c	0.917	0.900	0.856	0.74	0.68	0.62	0.55	0.53	0.50

2）地震液化可能性判别：$\gamma_e(\%)<10^{-2}\%$，不易液化；$\gamma_e(\%)\geqslant10^{-2}\%$，可能或易液化。

（6）Seed剪应力对比判别法。

1）确定现场抗液化剪应力。现场抗液化剪应力τ_l可由式（9.1-15）确定：

$$\tau_l=C_r\frac{\sigma_d}{2\sigma_0'}\sigma' \tag{9.1-15}$$

式中：C_r 为修正系数，可综合取为0.6；$\frac{\sigma_d}{2\sigma_0'}$为室内三轴液化试验的液化应力比；$\sigma_d$ 为动应力，动剪应力 τ_d 由 $\tau_d=\sigma_d/2$ 确定；σ_0' 为固结压力；σ'为初始有效土重压力。

2）确定地震引起的等效剪应力。根据 Seed 的简化估算方法，采用最大剪应力的65%作为等效应力，由设计地震引起的等效剪应力 τ_{av} 即为

$$\tau_{av}=0.65\gamma_d\frac{a_{\max}}{g}\sigma_0 \tag{9.1-16}$$

式中：σ_0为总上覆压力；$a_{\max}$为地震动峰值加速度；g 为重力加速度；γ_d 为应力折减系数。

3）液化判别。确定了现场抗液化剪应力和地震引起的等效剪应力后，就可进行液化判别：$\tau_l>\tau_{av}$，不液化；$\tau_l\leqslant\tau_{av}$，液化。

9.1.3 西藏尼洋河某工程深厚覆盖层砂土液化判定实例

1. 砂层液化初判

（1）地质年代初判。坝址深厚覆盖层除分布于现代河床、漫滩及Ⅰ级阶地的砂卵砾石层所夹的含砾粉细砂为第四系全新世堆积物（Q_4）外，其余均为晚更新世以前堆积物（Q_3）。因此，根据地质年代法判别，第6层和第8层砂层不会发生液化。

（2）颗粒级配初判。当土粒粒径大于5mm颗粒含量 $\rho_5\geqslant70\%$时，可判为不液化；当土粒粒径小于5mm颗粒含量 $\rho_5\geqslant30\%$时，且黏粒（粒径小于0.005mm）含量满足表9.1-4的标准时，可判为不液化。

表9.1-4　黏粒含量判别砂液化标准

地震动峰值加速度	0.10g	0.15g	0.20g	0.30g	0.40g
黏粒含量/%	≥16	≥17	≥18	≥19	≥20
液化判别	不液化	不液化	不液化	不液化	不液化

根据颗粒级配，对比第6层和第8层砂层粒径，判别结果见表9.1-5。

表9.1-5　颗粒级配液化判别结果

岩　组	第6层	第8层
地震设防烈度	Ⅷ	
粒径大于5mm颗粒含量/%	1.8	0.0
粒径小于5mm颗粒含量/%	98.2	100.0
黏粒含量/%	<0.8	<0.9
液化判别	可能液化	可能液化

由表9.1-5可以看出，第6层和第8层砂层中粒径小于5mm颗粒含量均在90%以上，而黏粒含量远小于地震动峰值加速度0.20g 的黏粒含量（18%）。另在坝体正常运行期，覆盖层第6层和第8层砂层均处于饱和状态，因此根据颗粒级配及运行工况初判第6层和第8层砂层存在液化的可能性。

综上所述，第6层和第8层砂层通过地质年代法初判不会发生液化，但根据其颗粒级配组成及后期均处于饱和状态下运行，存在在地表动峰值加速度为0.206g（Ⅷ度）时发生液化的可能性，因此需进行复判。

2. *砂层液化复判*

（1）标准贯入锤击数复判。根据勘察资料，坝体建基面持力层高程为3052.00m，因此工程正常运用时d_s取标准贯入试验点离坝体持力层高程3052.00m的距离，当距离不足5m时取5m进行计算；工程正常运用时整个覆盖层均在水下，因此d_w取0。标准贯入锤击数基准值按地震动峰值加速度0.20g取12击。

标准贯入试验成果表明，第6层砂层的38组标贯试验在地表动峰值加速度为0.206g（Ⅷ度）时有34组的$N_{63.5}<N_{cr}$，多发生了液化，占试验组数的89.5%。因此，通过标贯试验复判，在地表动峰值加速度为0.206g（Ⅷ度）时第6层砂层发生液化的可能性较大。

（2）相对密度复判。当饱和无黏性土（包括砂和粒径大于2mm的砂砾）的相对密度不大于表9.1-1中的液化临界相对密度时可判断为可能液化土。根据表9.1-1得到的第6层砂层相对密度液化判别结果见表9.1-6。

表9.1-6　第6层砂层相对密度液化判别结果

试验编号	取样高程/m	天然含水量/%	天然密度/(g/cm³)	天然干密度/(g/cm³)	最大干密度/(g/cm³)	最小干密度/(g/cm³)	相对密度	液化判别（Ⅷ度）
1	3054.00	3	1.58	1.53	1.61	1.3	0.78	不液化
2	3053.00	3.2	1.6	1.55	1.62	1.33	0.8	不液化
3	3052.00	3.1	1.6	1.55	1.61	1.32	0.82	不液化
4	3051.00	3.7	1.71	1.65	1.72	1.49	0.74	液化
5	3050.00	4.1	1.6	1.54	1.62	1.32	0.77	不液化
7	3048.00	4	1.64	1.58	1.64	1.36	0.81	不液化
8	3031.00	2.9	1.55	1.51	1.53	1.28	0.94	不液化
9	3031.00	4.1	1.58	1.52	1.54	1.3	0.93	不液化
14	3050.00	3.6	1.66	1.6	1.66	1.39	0.8	不液化
20	3048.00	3.8	1.65	1.59	1.67	1.42	0.73	液化
21	3047.00	3.3	1.6	1.55	1.63	1.35	0.75	不液化
22	3046.00	2.9	1.62	1.57	1.63	1.36	0.8	不液化
25	3052.00	3.1	1.68	1.63	1.7	1.45	0.74	液化
28	3049.00	4.3	1.62	1.55	1.61	1.35	0.81	不液化

表9.1-6判别结果：第6层砂层共进行了14组相对密度试验，在地震动峰值加速度为0.206g（Ⅷ度）时有3组发生了液化，占试验组数的21.4%。因此，通过相对密度试验复判，在地震动峰值加速度为0.206g（Ⅷ度）时第6层的砂层有发生液化的可能性。

（3）Seed剪应力对比法复判。第6层砂层埋深范围为5.29～29.4m，厚度范围为6.35～16.13m，取平均厚度为11.06m；第8层砂层埋深范围为35.38～52.3m。由于

Seed 简化公式中的应力折减系数取值范围不超过 40m，因此该方法适用于埋深不超过 40m 的砂层的液化判定。液化判定时对第 6 层砂层埋深范围取 5～30m；对于第 8 层砂层，埋深已超过 40m，判定时取 35～40m 偏保守埋深进行判定。

根据地质资料，第 6 层砂层的干密度取 1.57g/cm³，比重取 2.69；第 8 层砂层的干密度取 1.60g/cm³，比重取 2.69。得到第 6 层和第 8 层砂层的饱和容重分别为 19.9kN/m³ 和 20.1kN/m³。$\sigma_d/2\sigma'_0$ 由三轴动强度试验确定，具体取值时取 10 周和 30 周振次下液化的平均值，见表 9.1-7。修正系数 C_r 综合取为 0.6。应力折减系数 γ_d 人工读取 0～30m 的中线值；30～40m 范围时，30m 取 0.5，深度每增加 2m，γ_d 减少 0.02，当深度为 40m 时 γ_d 为 0.4。α_{max} 在地震设防烈度为Ⅷ度时为 0.206g。

表 9.1-7　不同地震设防烈度下动强度试验值

分　层	地震设防烈度为Ⅷ度时破坏振次 N_f=30 周
第 6 层砂层	0.221
第 8 层砂层	0.271

由上述内容，根据室内三轴动力试验，对砂土液化进行了复判，结果见表 9.1-8。

表 9.1-8　根据室内三轴动力试验判别坝基砂土液化

层号	密度 /(g/cm³)	深度 /m	三轴液化应力比	现场抗液化剪应力/kPa	地震引起的等效剪应力/kPa	是否可能液化
			Ⅷ度 (30 周)	Ⅷ度	Ⅷ度	Ⅷ度
6	1.57	5	0.221	8.91	15.09	液化
		10	0.221	15.45	26.14	液化
		15	0.221	21.99	32.14	液化
		20	0.221	28.53	33.91	液化
		25	0.221	35.07	37.89	液化
		30	0.221	41.61	41.09	不液化
8	1.60	35	0.271	62.30	44.41	不液化
		40	0.271	70.47	44.84	不液化

由图 9.1-1 和表 9.1-8 可知，地表动峰值加速度为 0.206g（Ⅷ度）时，通过 Seed 剪应力对比法复判表明，第 6 层河床部位砂层在 25m 埋深范围内发生了液化；第 8 层砂层在地表动峰值加速度为 0.206g（Ⅷ度）时没有发生液化。

经多因素、多项特征性指标值综合复判，覆盖层浅层表部的第 2 层（Q_4^{al}-sgr2）、第 3 层（Q_4^{al}-sgr1）岩组中所夹的粉细砂层透镜体（Q_4^{al}-Ss），可能会发生震动液化。但其埋深浅，厚度薄，且呈透镜状不连续分布，其对工程危害性相对较小，坝基工程开挖时清除即可。第 6 层（Q_3^{al}-Ⅳ$_1$）砂层在地表动峰值加速度为 0.206g（Ⅷ度）时发生液化的可能性较大，需做工程处理。而第 8 层（Q_3^{al}-Ⅱ）砂层在地表动峰值加速度为 0.206g（Ⅷ度）时不发生液化。

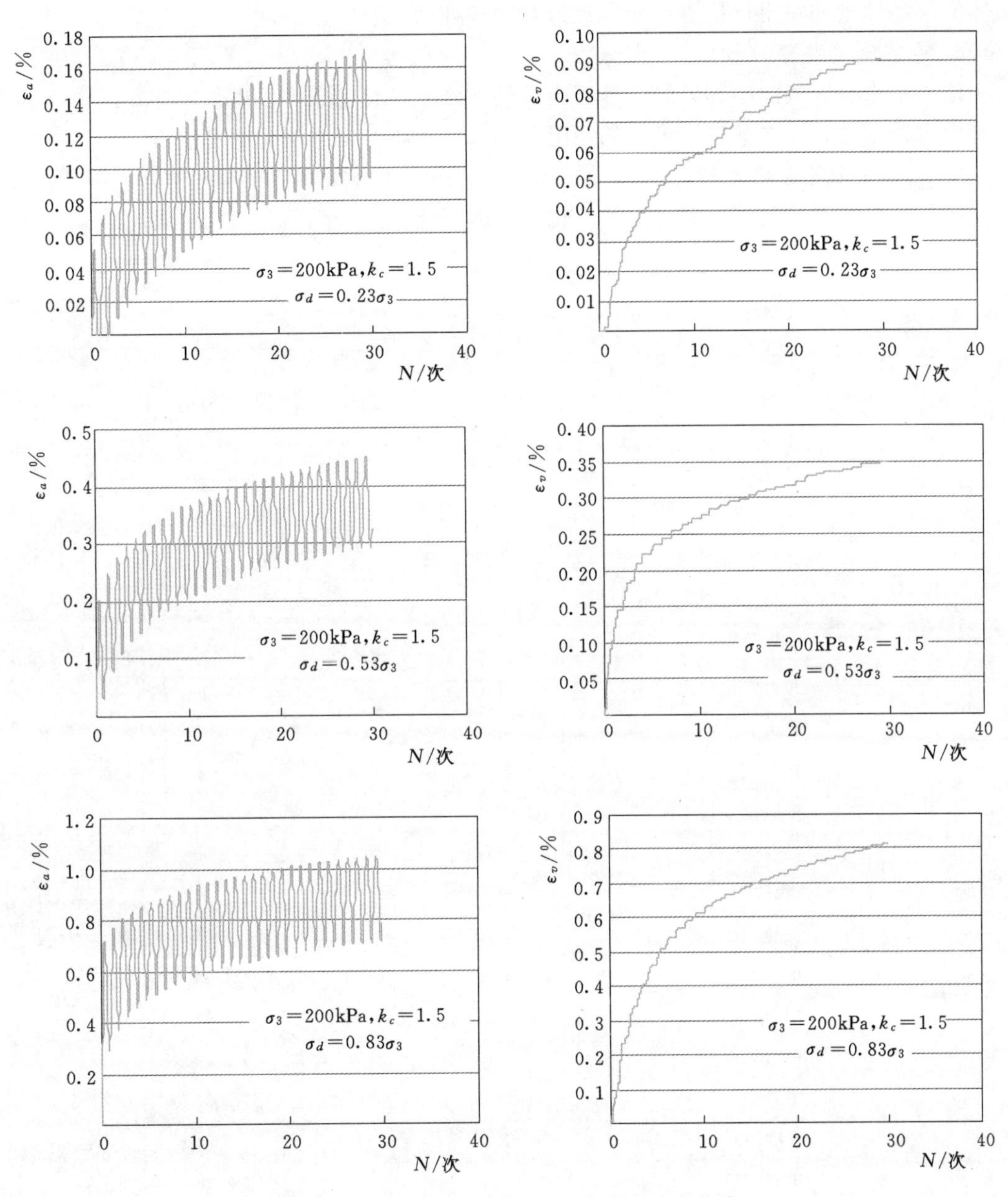

图 9.1-1 第6层砂层动力残余变形试验曲线

9.1.4 南水北调某干渠段砂土液化势判别实例

1. 地震动强度和历时

地震动强度和历时是砂土液化的动力。地震越强、历时越长则越易引起砂土液化。总干渠某段 32.8km 渠段处于Ⅶ度地震设防烈度区，为砂土液化提供了外部诱发因素。

2. 在Ⅵ度地震时的坝基砂土液化评价

北段 194.56km 渠段属Ⅵ度地震区，一般情况下不进行判别和处理，但对于液化沉陷敏感的饱和砂土和粉土地层需按Ⅶ度进行判别和处理。

3. 地震液化潜势的初判

地下水水位以上的中细砂层、砂壤土不具备发生液化的条件。渠基中存在的中细砂层具有中等透水性，在考虑渠道渗漏的情况下渠基砂土将有发生液化的可能性。

4. 地震液化潜势的复判

据各标贯试点的砂土、砂壤土的液化潜势的可能性进行判别。判别结果见表 9.1-9。

表 9.1-9 某段液化土层判别结果

桩号	岩土类别	d_s	N_{cr}	$N'_{63.5}$	$N_{63.5}$	备注
245+555	中砂	1	8.4	16	3.98	液化
	中砂	10	11.4	19	6.37	
	中砂	14	13.8	26	11.87	
247+922	细砂	2	8.4	9	1.34	液化
	中粗土	7	9.6	17	3.03	
	粉土	12	5.85	8	2.11	
267+279	中粗砂	0.5	8.4	14	2.81	液化
	粉土	2.5	4.2	12	2.25	
	粉土	3.5	4.2	13	2.36	
	粉土	10.5	5.85	17	4.96	
	粉土	11.5	12.3	20	6.2	
	中砂	12.5	12.9	22	7.2	
268+090	中粗砂	1	8.4	10	1.98	液化
	中粗砂	7	9.6	17	3.76	
	中粗砂	13	13.2	21	7.05	
327+017	中砂	2	8.4	21	4.24	液化
	中砂	14	13.5	16	7.67	
327+735	中砂	7	9	9	2.39	液化
	中砂	4.5	9.6	8	2.35	
327+795	中砂	4.5	8.4	11	2.54	液化
	中砂	5.5	8.7	9	2.18	

5. 液化等级划分

计算出液化指数后，根据《建筑抗震设计规范》(GB 50011) 的液化等级判断表，判定不同区段的液化等级结果，见表 9.1-10。

表 9.1-10 液化等级划分结果

桩号	245+555	247+922	267+279	268+090	327+017	327+735	327+795
液化指数	27.6	67.5	45.6	62	37.4	13.4	34.9
液化等级	严重	严重	严重	严重	严重	中的	严重

6. 液化程度评价

（1）渠基土层液化程度在水平方向的比较。当地震设防烈度由Ⅶ度提高到Ⅷ度时，渠基土的液化程度增加了0.5倍左右；当提高到Ⅸ度时，其液化程度较之Ⅶ度时增加了1倍左右。不同钻孔的液化程度差异明显，反映了坝基液化程度的不均匀性。其液化性及液化程度曲线所反映的液化潜势情况均可作为坝基处理的依据。

（2）渠基土层液化程度在垂直方向的比较。通过液化系数分析比较在垂直方向各土层的液化程度，从而探明液化程度最严重的土层深度，为渠基处理的设计和施工提供更明确的依据，其表达式为

$$Y=\frac{N_{cr}}{N_{63.5}} \tag{9.1-17}$$

式中：Y 为液化系数；N_{cr} 为液化判别标准贯入锤击数临界值；$N_{63.5}$ 为经地下水水位校正后的贯入锤击数。

7. 液化危害性评估

液化的危害性取决于液化区的部位和范围。定性地说，液化区越接近建筑物基底或土体的外边界，液化区域越大其危害性就越大。但是工程应用要求定量地表示液化区的危害性。为此应选取一个恰当的定量指标，并将其与震害程度联系起来。评估液化危害性的方法有以下两种：

（1）《建筑抗震设计规范》（GB 50011）中的方法。该方法以场地液化指数为评估液化危害性的定量指标，方法较简单，适用于一般工程。但是该方法无法计入非液化砂层和不液化土层的有利影响，没有考虑建筑物存在的影响。

（2）按地震引起的建筑物附加沉降评估液化区的危害性。已有资料表明，液化引起的震害通常表现为产生附加变形。因此，地震引起的建筑物附加沉降是评估液化危害性的适宜的定量指标。根据液化引起的震害资料，给出了地震引起的附加沉降值与建筑物震害程度、液化等级之间的关系，见表9.1-11。

表9.1-11　地震引起的附加沉降值与建筑物震害程度、液化等级之间的关系

地震附加沉降值/mm	≤4	4～8	≥8
震害程度	无地基破坏	建筑物稍有开裂、不均匀下沉和倾斜	建筑物严重开裂、不均匀下沉和倾斜
液化等级	轻微	中等	严重

9.2 渗流场及渗漏损失估算

9.2.1 渗漏损失计算方法

20世纪50—60年代前，以电网络为代表的模拟技术逐渐成为研究地下水渗流问题的主要手段。

1. 流网图解法

流网图解法是一种近似求解方法，计算各项渗流指标比较简便，在均质和层状地层中，在有压力和无压渗透条件下均可应用。

(1) 流网图形绘制。由流线和等势线（即等水头线）组成的图形即为流网。流线必须与代表势能相同的等势线互相正交。

绘制时首先确定渗透区域，一般情况下边界面如基础底面，上、下游护底、防渗板墙、板桩及下部不透水层面等是可以确定的，如图 9.2-1 所示。当坝基为厚层透水层时，也可用建筑物基底最大宽度的 1.5～2.0 倍作为渗透区域，如图 9.2-2 所示。其次在确定范围内绘制等势线：画流线时应注意画出的网格须近似正方形或曲面正方形，挡水建筑坝基渗透的代表性流网图形见表 9.2-1。

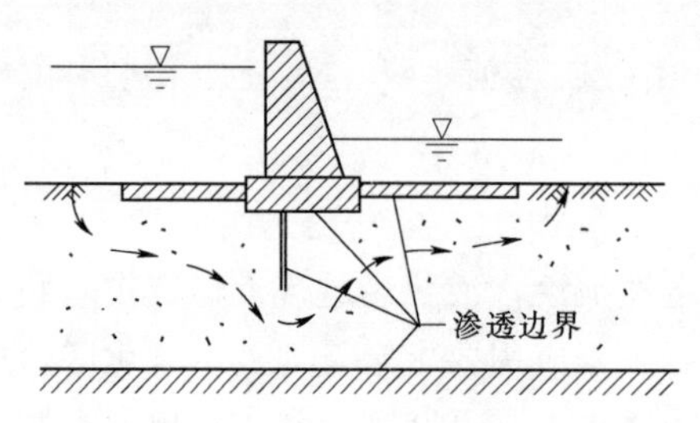

图 9.2-1　渗透区域及边界示意图

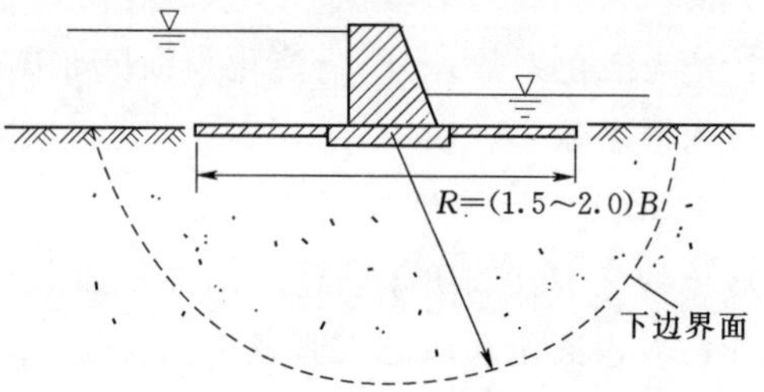

$R=(1.5\sim2.0)B$

下边界面

图 9.2-2　厚层透水层时的渗透边界面确定方法

表 9.2-1　代表性流网图形

地层条件	结构特征	流网图形	地层条件	结构特征	流网图形
透水层为无限厚度时	无护底无板桩	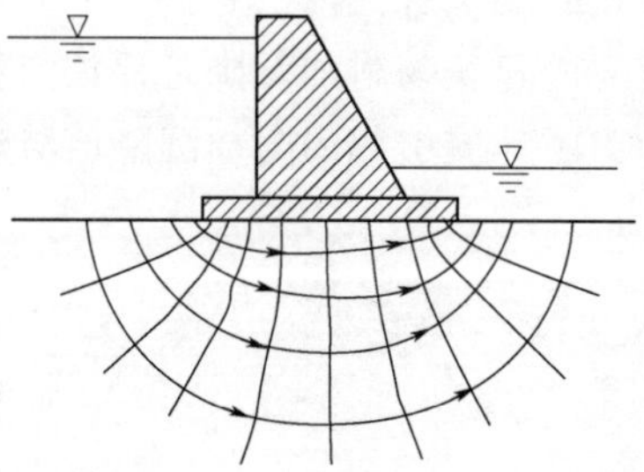	透水层为有限厚度时	无护底无板桩	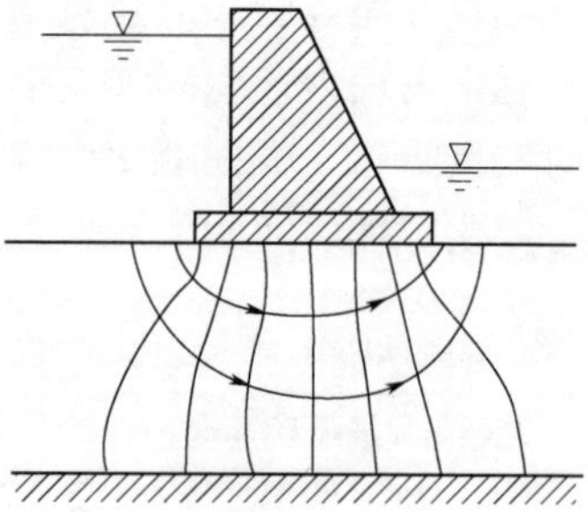
	有护底有板桩	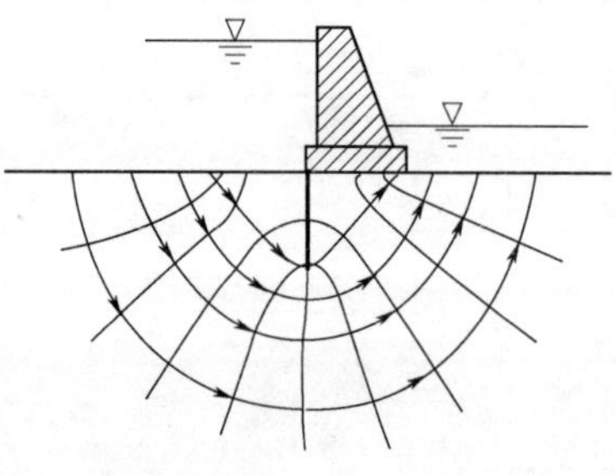		有护底有板桩	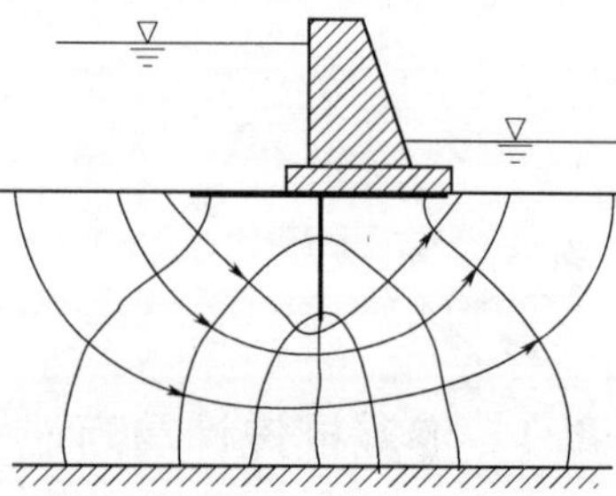

(2) 按流网图形确定渗透指标，见表 9.2-2。

2. 数值模拟分析

20世纪60年代后期，以计算机为基础的数值模拟技术使地下水运动问题的分析能力获得了突破性进展，即以数值模拟技术为主要研究手段的深化阶段。

表9.2-2　　渗透指标的确定

<table>
<tr><th>项目</th><th>确定方法</th><th>计算式</th><th>符号说明</th></tr>
<tr><td>水头</td><td>坝基中某点处的水头压力</td><td>$P=\gamma_0(h\pm y)$</td><td rowspan="4">P——水头压力
γ_0——水的容重
h——水头高度
y——计算点的深度
I_i——水力坡降
Δh——相邻等水头线之间的等水头差
Δl——相邻等水头线之间的距离
V_i——渗透速度
K——渗透系数
Δl_i——相邻流线之间的距离
q——单位渗透流量
S_i——第i段的阻力系数</td></tr>
<tr><td>水力坡降</td><td>渗透区中任意点处的水力坡降等于该点沿流线方向上前后两侧等水头线之差与距离之比值</td><td>$I_i=-\dfrac{\Delta h}{\Delta l}$</td></tr>
<tr><td>渗透速度</td><td>渗透地层的某点渗透速度等于该点水力坡降与渗透系数之间的乘积</td><td>$V_i=KI_i$</td></tr>
<tr><td>单位渗透流量</td><td>建筑物单宽断面渗透流量等于某两等水头线之间各流线分割成的单元渗流量之代数和</td><td>$q=K\Delta h\sum\limits_{i=1}^{n}\dfrac{\Delta l_i}{S_i}$</td></tr>
</table>

数值分析法就是将渗流运用的控制方程和已知定解条件（初始条件、边界条件）相结合构成一个完整的渗流数学模型，用数值方法得到求解区域内的离散点在一定精度要求上的近似解。数值分析的方法包括有限单元法、有限差分法、边界元法和无网格法，其中以有限单元法应用最为广泛。

有限差分法是最早出现的数值解法，该法是用差分方程代替微分方程和边界条件，从而把微分方程的求解转变为线性代数方程组的求解。有限差分法的优点在于其原理易懂、形式简单；缺点在于它往往局限于规则的差分网格，针对曲线边界和各向异性的渗透介质模拟起来比较困难。

有限单元法则是对古典近似计算的归纳和总结，它吸收了有限差分法离散处理的思想，继承了变分计算中选择试探函数的方法，同时对区域进行合理的积分并充分考虑了各单元对节点的贡献。

边界元法则只在渗流区域边界上进行离散，采用无限介质中点荷载或点源的理论解为基本公式。其优点在于模拟结果精度高、计算工作量少，且可直接处理无限介质问题，边界元法尤其适用于无限域或半无限域问题。它的缺点在于对多种介质问题及非线性问题的处理不方便；代数方程组系数矩阵为满阵（单一介质）和块阵（多种介质），当渗流介质具有非均质各向异性特性时边界元法应用起来不灵活。

无网格法是一种新型的数值模拟方法，它的基本思想是用计算域上一些离散的点通过移动最小二乘法来拟合场函数，从而摆脱了单元的限制。它可以解决自由面渗流计算中网格在计算中的修改问题，实现网格在全域的固定。然而无网格法在渗流研究中的应用并不成熟。

3. 坝基渗流计算公式

根据相关规范、手册的推荐内容，水利水电工程坝基渗流计算公式见表9.2-3。

表 9.2-3　水利水电工程坝基渗流计算公式

示意图	边界条件	计算公式	说明
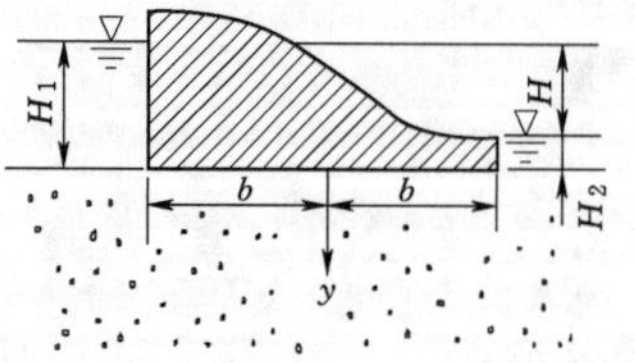 H₁ H H₂ b b y	均质透水层，无限深，坝底为平面	$Q=BKHq_r$，$q_r=\frac{1}{x}\text{arcsh}\frac{y}{b}$	y 为计算深度
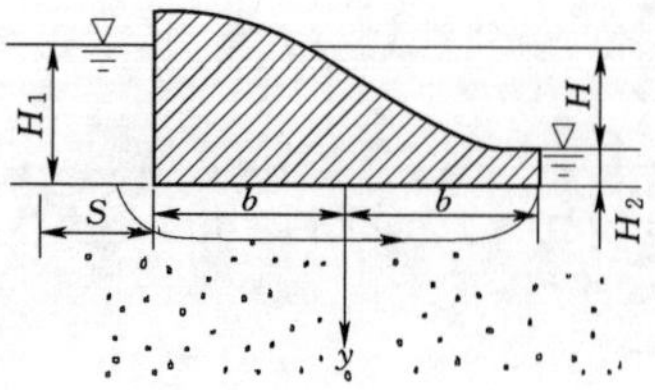 H₁ H H₂ S b b y	均质透水层，无限深，平面护底	$Q=BKHq_r$，$\frac{q_r}{H}=\frac{1}{x}\text{arcsh}\frac{S+b}{b}$	S 为上游有限段渗漏长度
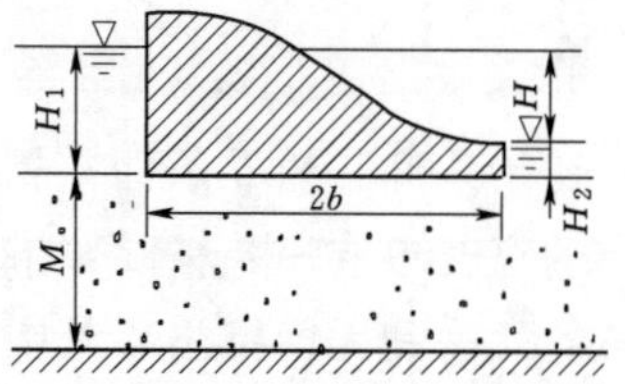 H₁ H H₂ M 2b	均质透水层，有限深，平面护底 $M\leqslant 2b$	层流：$Q=BKH\frac{M}{2b+M}$ 紊流：$Q=BKH\sqrt{\frac{H}{2b+M}}$	
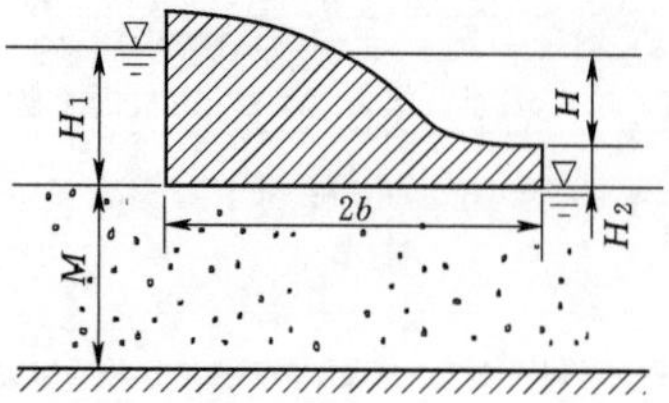 H₁ H H₂ M 2b	均质透水层，有限深，平面护底$\frac{b}{M}\geqslant 0.5$	$Q=BKHq_r$，$q_r=\frac{MH}{2(0.441H+b)}$	
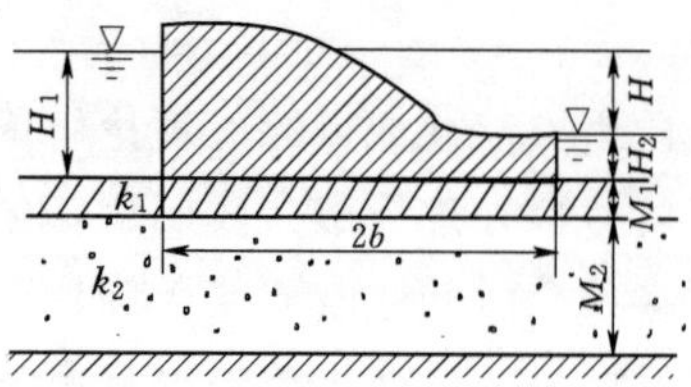 H₁ H H₂ M₁ M₂ k₁ k₂ 2b	透水层双层结构 $K_1<K_2$，$M_1<M_2$	$Q=\frac{BH}{\frac{2b}{M_2K_2}+2\sqrt{\frac{M_1}{K_2K_2M_2}}}$	
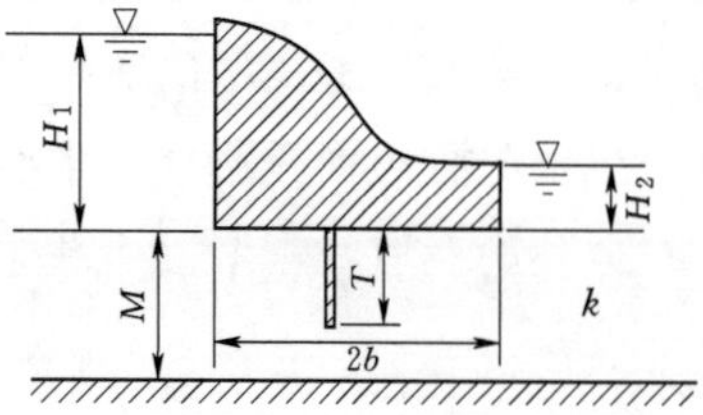 H₁ H₂ M T k 2b	均质透水层，有限深，有悬挂式帷幕	层流：$Q=KBH\frac{M-T}{2b+M+T}$ 紊流：$Q=KB(M-T)\sqrt{\frac{H}{2b+M+T}}$	

注　Q 为渗漏量；q_r 为单宽流量；B 为坝底长度；K 为渗透系数。

9.2.2　金沙江某工程渗流场模拟及渗透稳定评价

金沙江某工程，坝基为深厚覆盖层，应用3D－Modflow软件对河床坝基地下水渗流场特征进行数值模拟研究。

1. 计算模型的建立

（1）模型范围。根据设计方案，模型范围为水电站坝址区，Z轴方向的数值和海拔相同，底部取高程2250.00m，表面为地表，山体最高为2945m，坝址区渗流场模拟范围如图9.2－3所示。

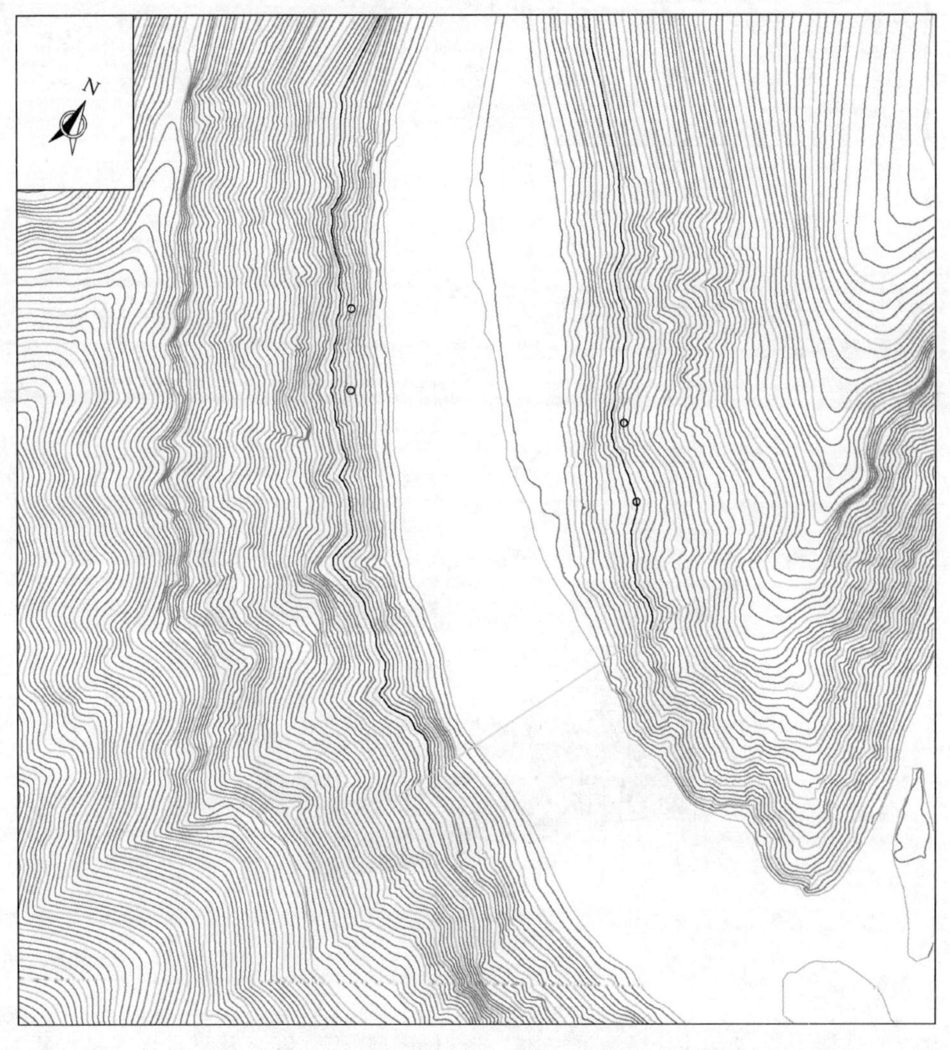

图9.2－3　金沙江上游某水电站坝址区渗流场模拟范围

（2）模型空间离散。模型空间范围：X轴方向宽度为1100m，Y轴方向宽度为1180m；垂向上，坝基部位的松散层主要为河床覆盖层的第四系冲洪积砂卵砾石层（Q_4^{al}），下部基岩为黑云母石英片岩（Sc），坝轴线水文地质剖面如图9.2－4所示。

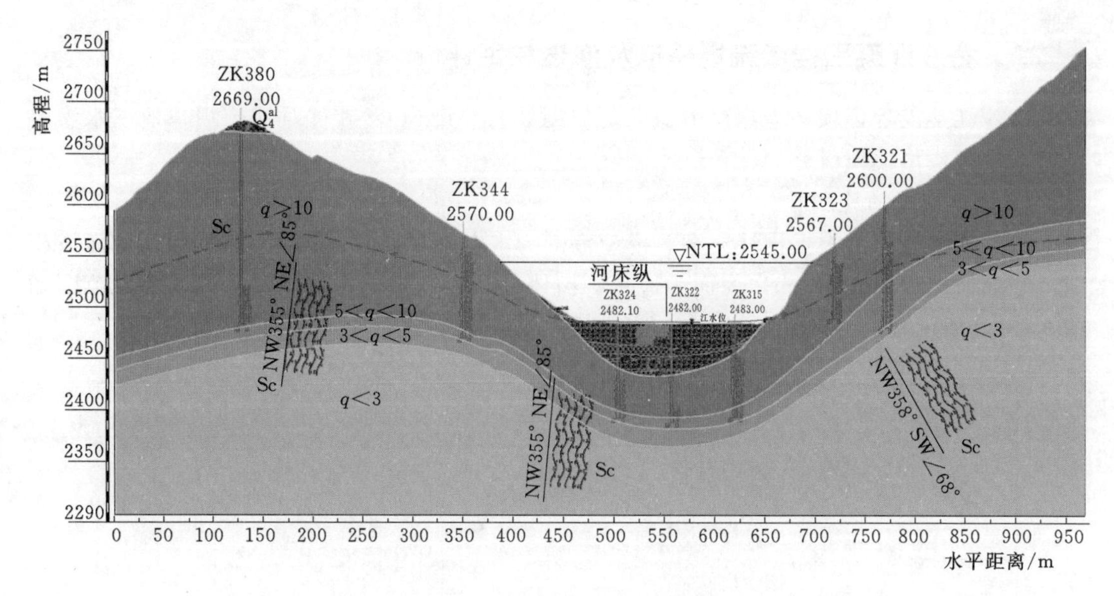

图 9.2-4　金沙江上游某水电站坝轴线水文地质剖面图

建模时所有分层界限（层顶标高、层底标高）均按模拟范围内的钻探成果、水文地质纵横剖面数据提取，并恢复为三维空间数据，由此建立三维含水系统空间物理模型，自然状态下模型的三维网格剖分如图 9.2-5 所示，筑坝后模型的三维网格剖分如图 9.2-6 所示。

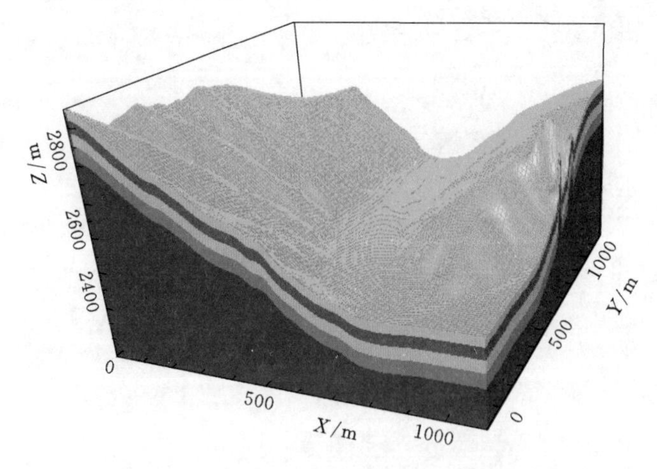

图 9.2-5　自然状态下模型的三维网格剖分图

2. 参数的选取

参数的选取主要涉及各分层渗透系数、降雨量（降雨强度）及降水入渗补给系数、蒸发量等几个重要指标。

（1）渗透系数。渗透系数按覆盖层试验、地质建议值选取。

由于模拟范围内钻孔资料有限，河床覆盖层及强风化岩层的渗透系数是在地质分析及工程经验类比的基础上经反复试算确定的。模拟计算选用的参数见表 9.2-4。

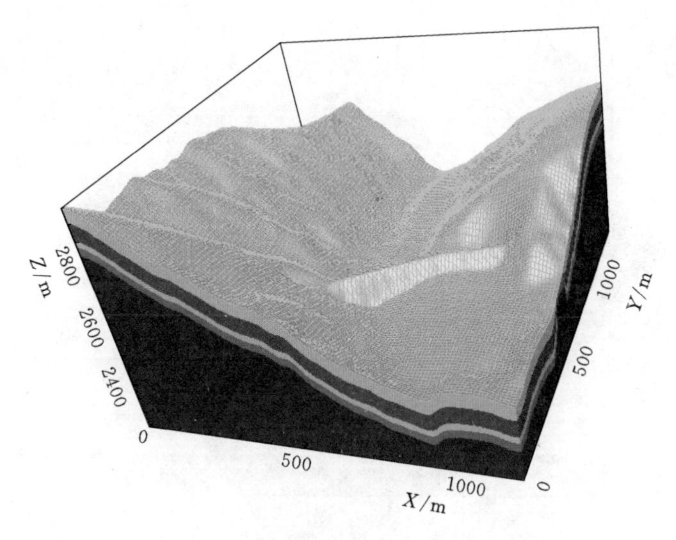

图 9.2-6　筑坝后模型的三维网格剖分图

表 9.2-4　　模拟计算选用的参数

透水强度	岩层	分类	K_x /(cm/s)	K_y /(cm/s)	K_z /(cm/s)	备注
强透水层	第四系堆积体（Q_4^{al}）	1	1.5×10^{-3}	1.5×10^{-3}	1.2×10^{-2}	钻孔+类比
	强风化+强卸荷岩层	2	2.1×10^{-4}	2.1×10^{-4}	1×10^{-4}	钻孔+类比
	强风化岩层	3	5×10^{-5}	5×10^{-5}	2×10^{-5}	钻孔+类比
中等透水层	弱风化岩层	4	3×10^{-6}	3×10^{-6}	1×10^{-6}	钻孔+类比
弱透水层	微新岩体	5	1.2×10^{-7}	1.2×10^{-7}	1.2×10^{-7}	钻孔+类比

（2）降雨量与蒸发量。区内多年平均年降雨量为467mm左右，雨季主要集中在6—9月，多年平均蒸发量为900～1200mm。

3. 计算结果及分析

模型计算主要考虑3种方案：天然状态、水库蓄水后无防渗墙及蓄水后有防渗墙的状态。

（1）天然渗流场分析。坝址区河段金沙江水位为2480.00m，为了对现状条件下坝址区渗流场特征有较全面的了解，模拟中考虑了极端的情况，即模拟区在自然状态下河水位保持为2480.00m。天然状态下，坝址区年蒸发量大于年降雨量，导致地下水埋藏较深，水位线趋势平缓，金沙江是区内的最低排泄面。模拟计算的天然条件下河谷岸坡渗流场特征如图9.2-7所示。

从图9.2-7可知，天然条件下坝址区地下水补给符合从两岸山坡向河流方向补给的特征，且地下水水位随地形的起伏而相应变化。河流水位为2480.00m时，坡体内地下水水位最大值为2870.00m，变化幅度略小于地形，这是符合自然界中地下水的分布规律的。图9.2-8为天然状态下基岩中的渗流场特征。

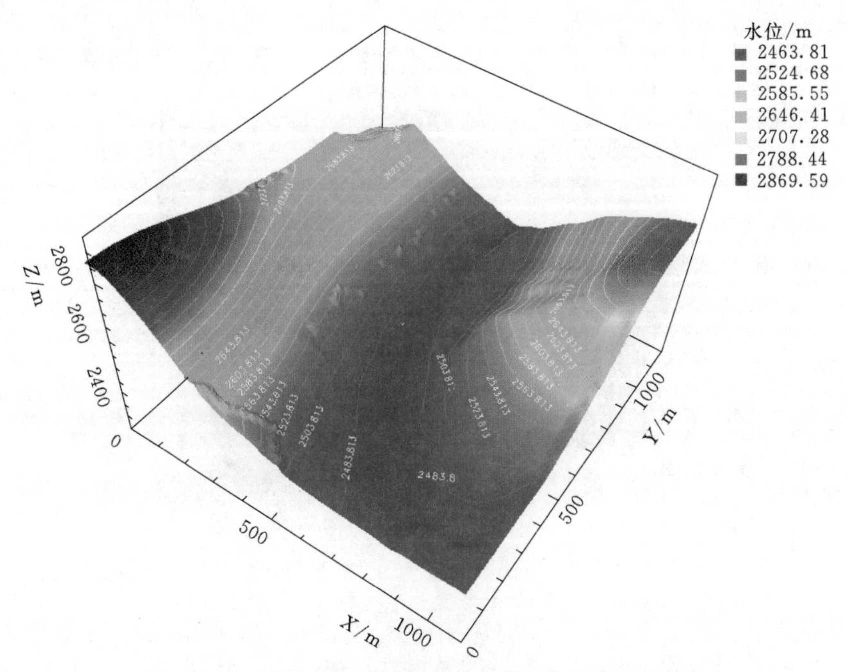

图 9.2-7　模拟计算的天然条件下河谷岸坡渗流场特征

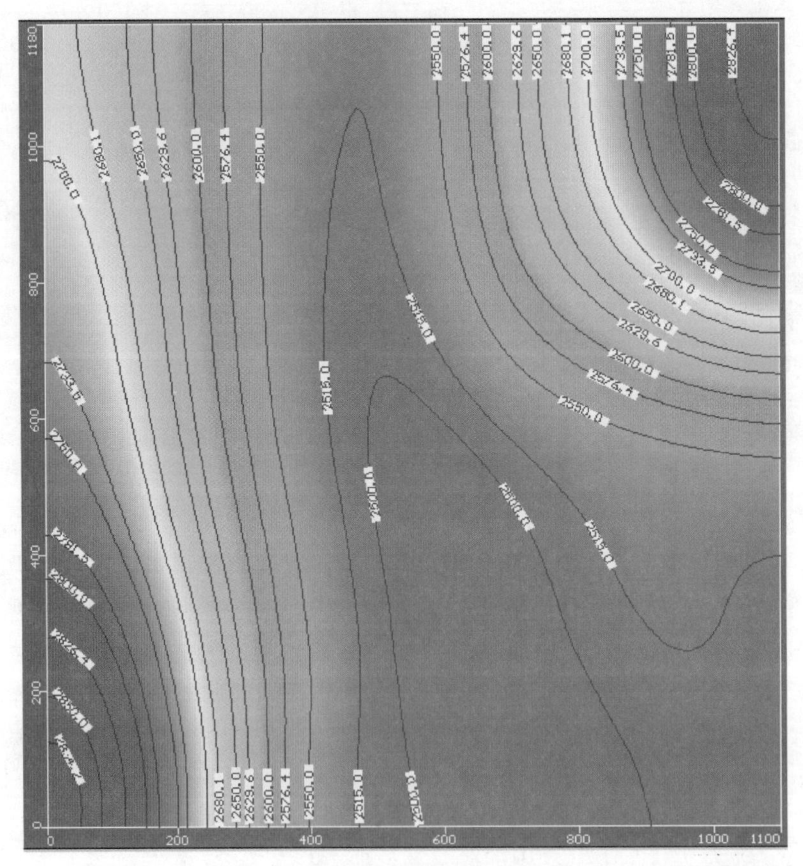

图 9.2-8　天然状态下基岩中的渗流场特征（单位：m）

从图 9.2-7 可知，地下水的补给符合由山体补给河流的特征，等水头线分布变化相对较大，变化差值约为 235m。图 9.2-9 为天然状态下坝轴线位置的渗流场特征。

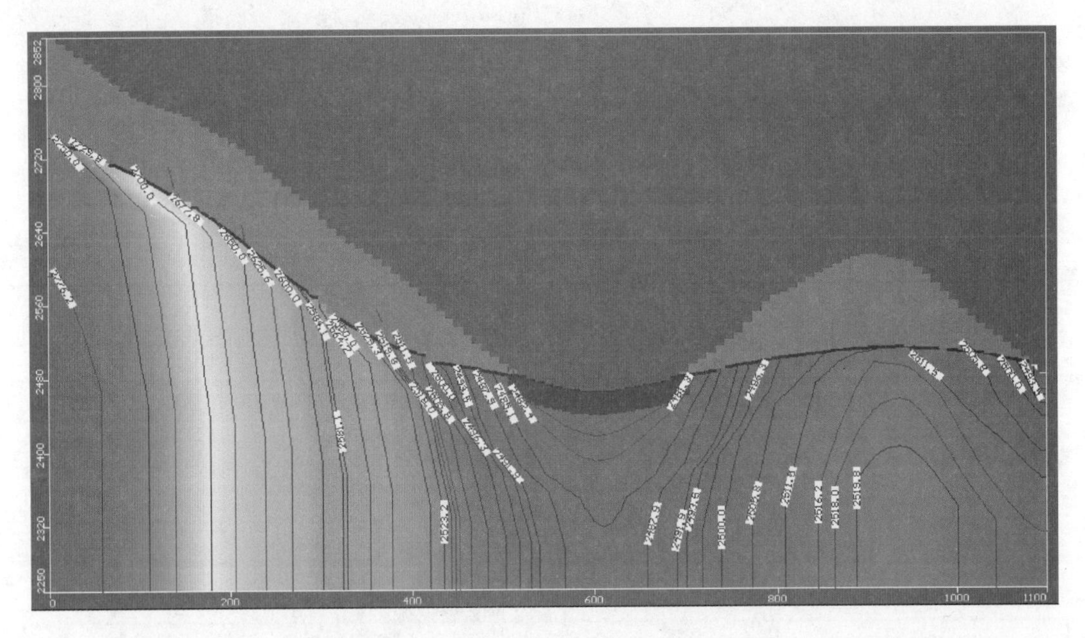

图 9.2-9　天然状态下坝轴线位置的渗流场特征（单位：m）

（2）水库蓄水后渗流场特征。图 9.2-10 为水库蓄水后渗流场特征。对比天然状态下渗流场可知，渗流场在大坝前后部位变化最大，这是由于水库蓄水后（水位 2545.00m），

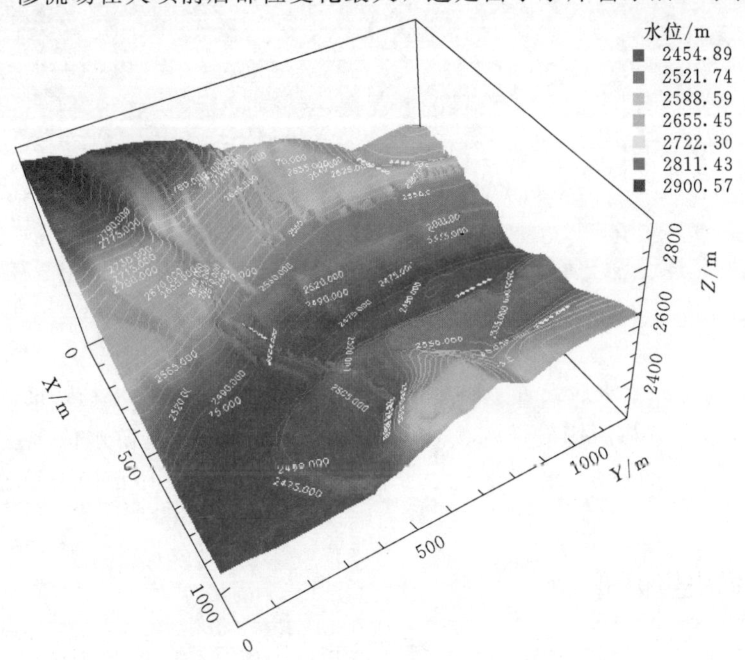

图 9.2-10　水库蓄水后渗流场特征（单位：m）

库区水位大幅抬升，河谷两岸地下水受河水的抬升而壅高，在库水位巨大的静水压力作用下，地下水渗流能力较天然条件下明显增强。

图 9.2-11 为水库蓄水后无防渗墙条件下基岩层的渗流场特征。显然，水库蓄水后坝址上、下游水位相差较大，靠近库区等水位线变化明显，分布较密，水头差较大。

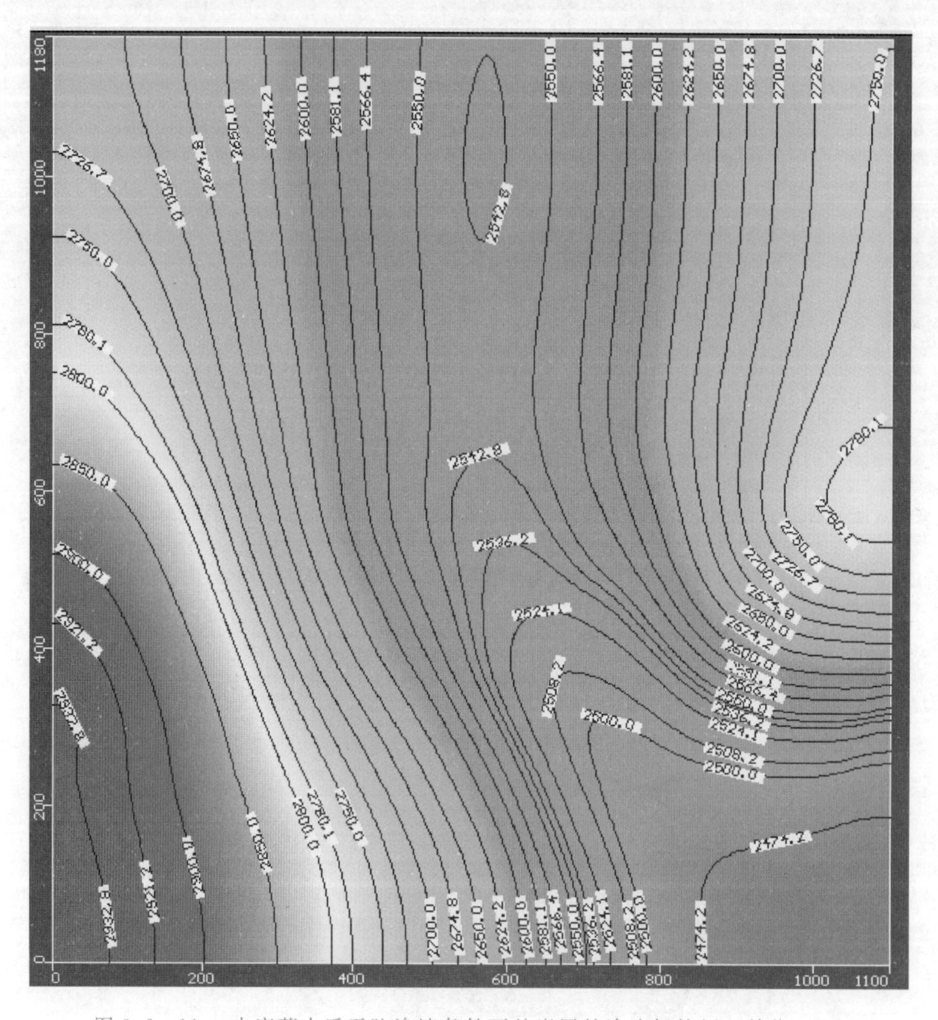

图 9.2-11　水库蓄水后无防渗墙条件下基岩层的渗流场特征（单位：m）

图 9.2-12 为水库蓄水后设置了防渗墙条件下坝轴线位置的渗流场特征。与未进行防渗处理相比，两岸边坡和河床底部水头均明显提高，坝体上、下游水位落差近 80m，坝体上游部位形成了高水压区，水位变化大，等水位线分布密集，中部因为做了防渗处理而出现水位急降区。

9.2.3　渗漏损失量评价

根据河床覆盖层各岩组的渗透特征，覆盖层Ⅱ、Ⅳ岩组为砂卵砾石层，Ⅰ、Ⅲ岩组为砂层，总体渗透性较强。

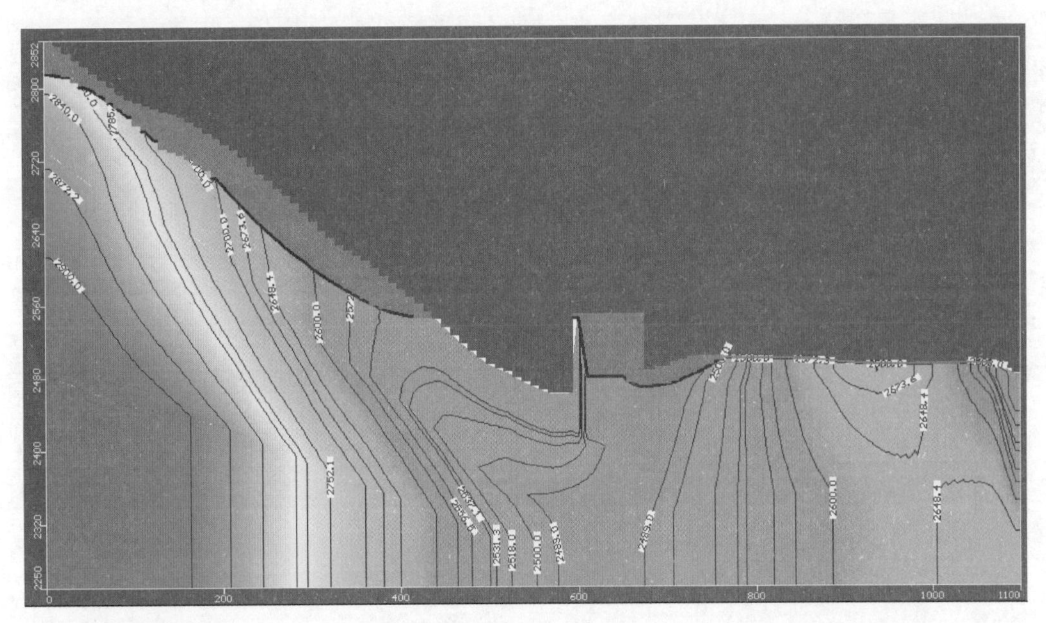

图 9.2-12　水库蓄水后设置了防渗墙条件下坝轴线位置的渗流场特征（单位：m）

1. 计算原理

根据达西定律，河床覆盖层渗透流量计算公式为

$$Q=q\cdot t=K_d\cdot J\cdot A\cdot t \tag{9.2-1}$$

式中：Q 为渗透流量，m^3/d；K_d 为覆盖层岩组的渗透系数，m/d；J 为水力坡度；A 为过水断面面积，m^2；t 为计算时间，d。

河床覆盖层渗透流量计算中涉及的参数较易确定，如 K_d（渗透系数）和 J（水力坡度）可通过试验与水位变化情况获得，A（过水断面面积）和 t（计算时间）可根据计算的实际情况确定。因此，利用达西定律可以简单方便地获得不同断面河床覆盖层的渗透流量。

天然状态下覆盖层往往由渗透性不同的土层组成，宏观上具有非均质性。渗漏损失计算时，可简单概化为与土层平面平行或垂直的简单渗流情况，可以求出整个土层与层面平行或垂直的平均渗透系数作为渗流计算的依据。与层面平行的平均渗透系数为

$$K_x=\frac{1}{H}\sum_{i=1}^{n}K_{ix}H_i \tag{9.2-2}$$

因此，对于覆盖层成层状土的渗透流量可以根据分层总和法和等效系数法计算渗流量，等效系数法的等效渗透系数根据式（9.2-1）计算。

2. 河床坝基渗漏公式计算

以坝轴线剖面作为坝基渗漏量的计算模型，如图 9.2-13 所示。根据图 9.2-13 剖面，考虑无防渗条件下综合选取的计算参数，计算的河床坝基坝轴线部位的渗漏损失量见表 9.2-5，总的渗漏量达 35013.22 m^3/d。

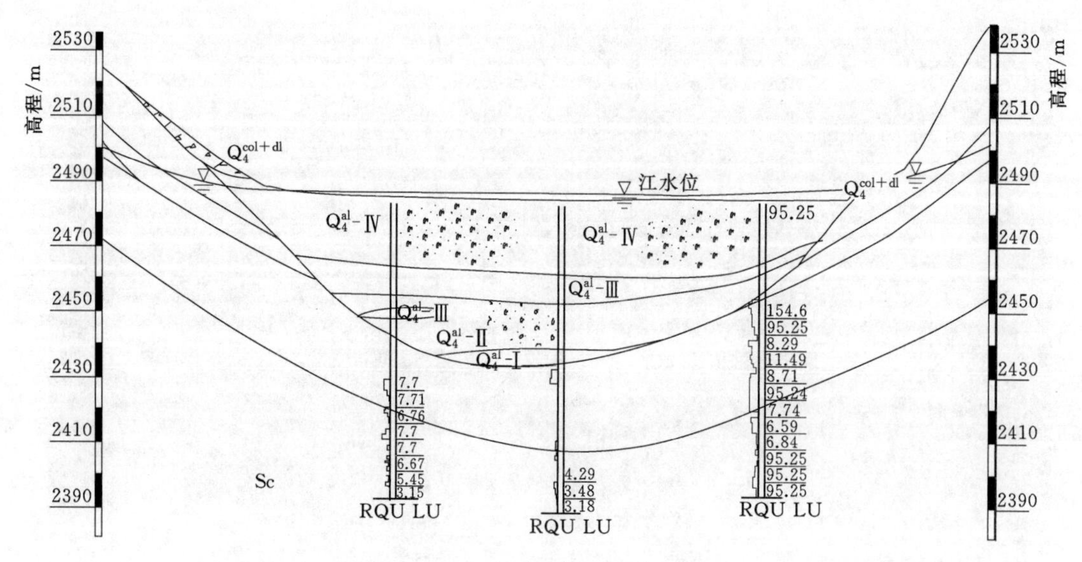

图 9.2-13 坝基渗漏量的计算模型

表 9.2-5 无防渗条件下覆盖层渗流量公式计算结果

岩组	渗透系数 K_d/(m/d)	水力坡降 J	过水断面面积 A/m^2	渗透流量 $Q/(m^3/d)$	渗透总量 $/(m^3/d)$
Ⅰ	10	0.2	277.31	554.62	35013.22
Ⅱ	30	0.15	1718.06	7731.27	
Ⅲ	15	0.2	1214.15	3642.45	
Ⅳ	40	0.15	3847.48	23084.88	

3. 河床坝基渗漏量的三维数值分析

根据设计要求，防渗措施为混凝土防渗墙和帷幕灌浆的组合形式，混凝土防渗墙厚1m，垂直贯穿覆盖层嵌入强风化岩体，垂直高度为95m（图9.2-14）。根据计算模型和防渗措施，坝基渗漏量的模拟计算按水库蓄水后无防渗墙和有防渗墙两种工况进行。类比其他工程经验，趾板及其防渗墙的渗透系数取10^{-8}m/d，两种工况下的渗漏量计算结果见表9.2-6。

表 9.2-6 蓄水后不同防渗处理条件的三维数值模拟渗漏情况

工况条件		分层渗漏量				总渗漏量 $/(m^3/d)$
		第1层	第2层	第3层	第4层	
无防渗墙	渗漏量/(m^3/d)	572.5797	7397.26	3835.616	21369.86	33175.3
	百分比/%	1.7	22.3	11.6	64.4	
有防渗墙	渗漏量/(m^3/d)	170.88	534.33	270.41	1269.1	2173.5
	百分比/%	7.6	23.8	12.1	56.5	

由表9.2-6可知，水库蓄水后坝体无防渗墙条件下，坝轴处覆盖层渗流量公式计算结果（表9.2-5）与三维数值分析结果（表9.2-6）接近，防渗墙对于阻止水库渗漏起

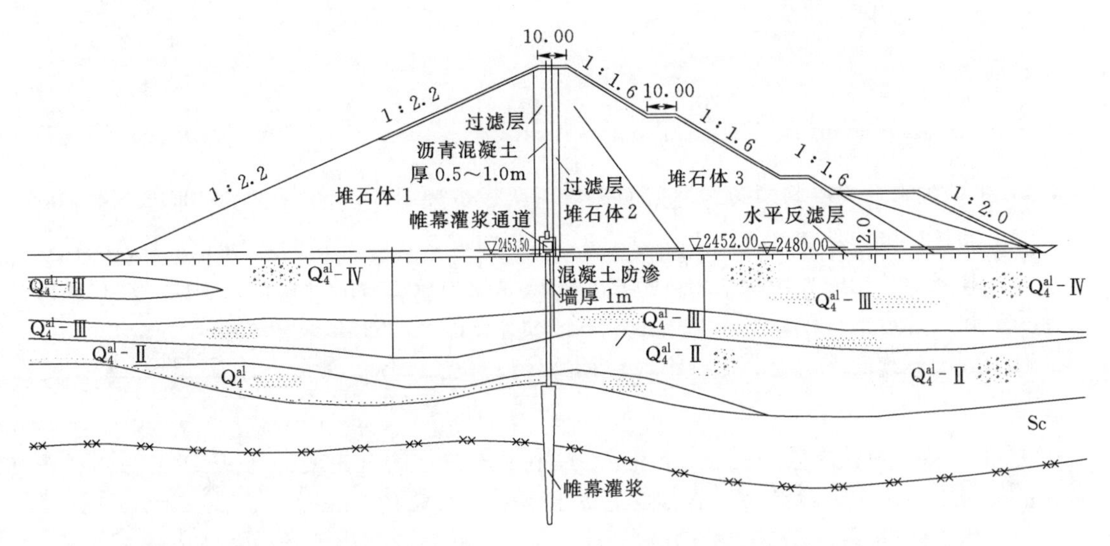

图9.2-14 坝址沥青混凝土心墙堆石坝标准剖面图（单位：m）

了十分关键的作用。布设防渗墙的情况下，每天产生的坝体总渗漏量仅为2173.5m^3，对水库影响不明显。

9.3 渗透稳定评价

渗透稳定及变形主要有管涌、流土、接触冲刷和接触流失4种类型。覆盖层砂卵石为强透水层，存在着坝基渗漏、基坑涌水及临时边坡稳定等问题。由于渗漏还会产生渗透变形，影响坝基的稳定，故应查明覆盖层各层的透水性及渗透变形的问题，以便对坝基渗透稳定进行评价。

9.3.1 渗透稳定评价方法

渗透稳定评价工作对于水工建筑物来说尤为重要，评价内容主要包括：①根据土体的类型和性质，判别产生渗透变形的形式；②确定流土和管涌的临界水力比降；③确定土的允许水力比降。

1. 渗透变形类型的判别

流土和管涌主要出现在单一坝基中，接触冲刷和接触流失主要出现在双层坝基中。对黏性土而言，渗透变形类型主要为流土和接触流失。

无黏性土渗透变形类型的主要判别方法如下：

（1）流土和管涌的判定方法。

1）不均匀系数小于或等于5的土，其渗透变形类型为流土。

2）对于不均匀系数大于5的土，可根据土中的细颗粒含量进行判别。

流土型：

$$P_c \geqslant 35\% \quad (9.3-1)$$

过渡型取决于土的密度、粒级、形状：

$$25\% \leqslant P_c < 35\% \tag{9.3-2}$$

管涌型：

$$P_c < 25\% \tag{9.3-3}$$

式中：P_c 为土的细颗粒含量，以质量百分率计，%。

3）土的细颗粒含量判定破坏类型的计算方法。级配不连续的土，级配曲线中至少有一个以上的粒径级的颗粒含量小于或等于3%的平缓段，粗、细粒的区分是以平缓段粒径级的最大和最小粒径的平均粒径为区分粒径，或以最小粒径为区分粒径，相应于此粒径的含量为细颗粒含量。对于天然无黏性土，不连续部分的平均粒径多为2mm。

对于级配连续的土，区分粗、细粒粒径的界限粒径 d_f 为

$$d_f = \sqrt{d_{70} d_{10}} \tag{9.3-4}$$

式中：d_f 为粗、细粒界限粒径，mm；d_{70} 为小于该粒径的含量占总土重70%的颗粒粒径，mm；d_{10} 为小于该粒径的含量占总土重10%的颗粒粒径，mm。

（2）接触冲刷的判定方法。对双层结构的坝基，当两层土的不均匀系数均等于或小于10，且符合下式条件时不会发生接触冲刷。

$$\frac{D_{20}}{d_{20}} \leqslant 8 \tag{9.3-5}$$

式中：D_{20}、d_{20} 分别为较粗和较细一层土的土粒粒径（mm），小于该粒径的质量占土的总质量的20%。

（3）接触流失的判定方法。对于渗流向上的情况，符合下列条件时不会发生接触流失。

1）不均匀系数等于或小于5的土层：

$$\frac{D_{15}}{d_{85}} \leqslant 5 \tag{9.3-6}$$

式中：D_{15} 为较粗一层土的土粒粒径（mm），小于该粒径的土重占总土重的15%；d_{85} 为较细一层土的土粒粒径（mm），小于该粒径的土重占总土重的85%。

2）不均匀系数等于或小于10的土层：

$$\frac{D_{20}}{d_{70}} \leqslant 7 \tag{9.3-7}$$

式中：D_{20} 为较粗一层土的土粒粒径（mm），小于该粒径的土重占总土重的20%；d_{70} 为较细一层土的土粒粒径（mm），小于该粒径的土重占总土重的70%。

2. 无黏性土渗透变形的临界水力比降确定方法

（1）流土型宜采用式（9.3-8）计算：

$$I_{cr} = (G_s - 1)(1 - n) \tag{9.3-8}$$

式中：I_{cr} 为土的临界水力比降；G_s 为土粒密度与水的密度之比；n 为土的孔隙率（以小数计）。

（2）管涌型或过渡型采用式（9.3-9）计算

$$I_{cr} = 2.2(G_s - 1)(1 - n)^2 \frac{d_5}{d_{20}} \tag{9.3-9}$$

式中：d_5、d_{20}分别为占总土重的5%和20%的土粒粒径，mm。

（3）管涌型也可采用式（9.3-10）计算：

$$I_{cr}=\frac{42d_3}{\sqrt{\frac{K}{n^3}}} \tag{9.3-10}$$

式中：d_3 为占总土重3%的土粒粒径，mm；K 为土的渗透系数，cm/s。

土的渗透系数应通过渗透试验测定。若无渗透系数试验资料，《水力发电工程地质勘察规范》（GB 50287）推荐根据式（9.3-11）计算近似值：

$$K=2.34n^3d_{20}^2 \tag{9.3-11}$$

式中：d_{20}为占总土重20%的土粒粒径，mm。

考虑到 C_u 容易获得，当缺少孔隙率试验数据时，也可根据不均匀系数按公式 $K=6.3C_u^{-3/8}/d_{20}^2$ 近似计算。但根据近年的有关工程经验，其计算的结果误差较大。因此，《水力发电工程地质勘察规范》（GB 50287）推荐根据孔隙率 n 来计算 K 值。

3. 无黏性土的允许水力比降确定方法

（1）以土的临界水力比降除以1.5～2.0的安全系数；对水工建筑物的危害较大时，取2的安全系数；对于特别重要的工程也可用2.5的安全系数。

（2）无试验资料时可根据表9.3-1选用经验值。

表9.3-1　无黏性土允许水力比降

允许水力比降	渗透变形类型					
	流土型			过渡型	管涌型	
	$C_u\leqslant3$	$3<C_u\leqslant5$	$C_u>5$		级配连续	级配不连续
$J_{允许}$	0.25～0.35	0.35～0.50	0.50～0.80	0.25～0.40	0.15～0.25	0.10～0.20

注　本表不适用于渗流出口有反滤层情况。若有反滤层作保护，则可提高2～3倍。

4. 两层土之间的接触冲刷临界水力比降 $J_{k.H.g}$ 计算方法

如果两层土都是非管涌型土，则

$$I_{k\cdot H\cdot g}=\left(5.0+16.5\frac{d_{10}}{D_{20}}\right)\frac{d_{10}}{D_{20}} \tag{9.3-12}$$

式中：d_{10}为细层的粒径（mm），小于该粒径的土重占总土重的10%；D_{20}为粗层的粒径（mm），小于该粒径的土重占总土重的20%。

5. 黏性土流土临界水力比降的确定

黏性土流土临界水力比降可按式（9.3-13）和式（9.3-14）确定：

$$I_{c\cdot cr}=\frac{4c}{\gamma_w}+1.25(G_s-1)(1-n) \tag{9.3-13}$$

$$c=0.2W_L-3.5 \tag{9.3-14}$$

式中：c 为土的抗渗凝聚力，kPa；γ_w 为水的容重，kN/m³；G_s 为土的相对密度；n 为土的孔隙率；W_L 为土的液限含水量，%。

9.3.2 金沙江某水电站渗透稳定评价

1. 水力坡降及渗透稳定性数值模拟

金沙江某水电站，受模型建立方向所限制，地下水水力坡降及渗透稳定性分析中选取顺河向的剖面（图 9.3-1）来计算水头差和坡降，表 9.3-2 和表 9.3-3 是剖面在无防渗墙条件下和有防渗墙条件下地下水水力坡降及渗透稳定性（计算允许坡降取 0.10）计算结果。

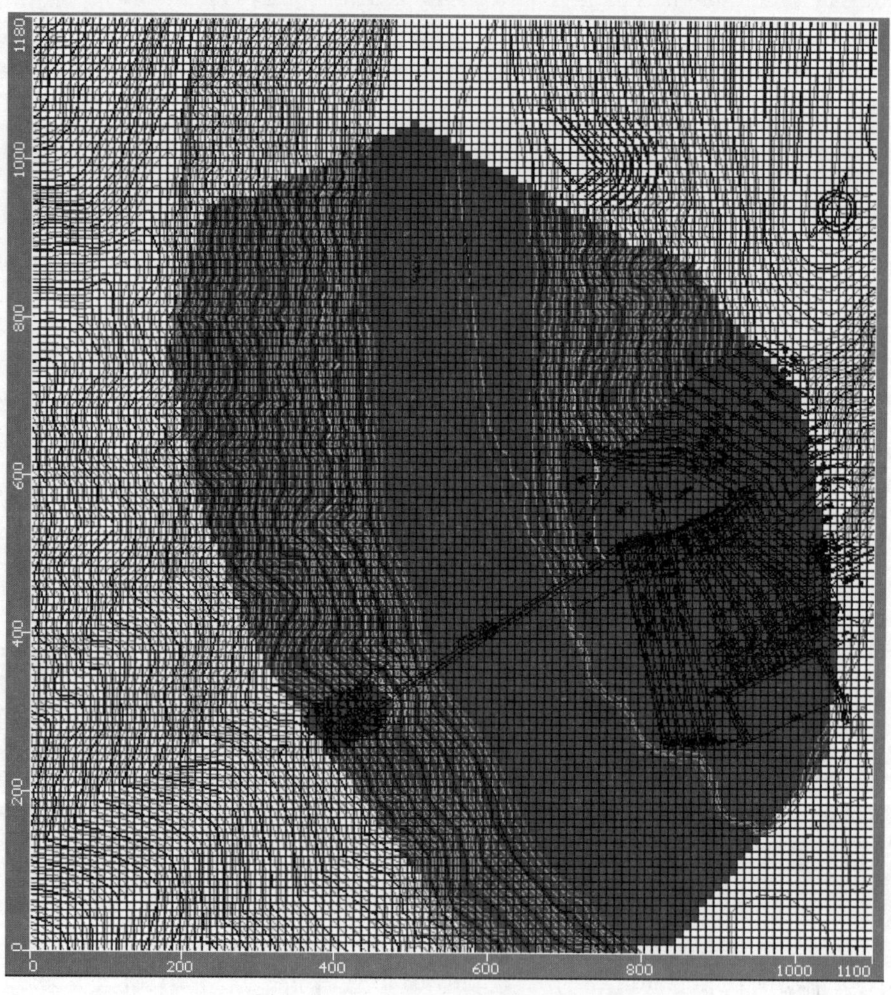

图 9.3-1 地下水水力坡降计算位置

表 9.3-2 蓄水后无防渗墙条件下地下水水力坡降及渗透稳定性

格点（行/列）	格点间距/m	水头差/m	水力坡降	允许坡降	渗透稳定性
70/35-71/35	10	2.2	0.22	0.1	不稳定
71/35-72/35	10	1.3	0.13	0.1	不稳定
72/35-73/35	10	1	0.1	0.1	稳定
73/35-74/35	10	1.1	0.11	0.1	不稳定
74/35-75/35	10	0.5	0.05	0.1	稳定

续表

格点（行/列）	格点间距/m	水头差/m	水力坡降	允许坡降	渗透稳定性
75/35-76/35	10	1.5	0.15	0.1	不稳定
76/35-77/35	10	0.5	0.05	0.1	稳定
77/35-78/35	10	0.1	0.01	0.1	稳定
78/35-79/35	10	0.5	0.05	0.1	稳定
79/35-80/35	10	0.5	0.05	0.1	稳定
80/35-81/35	10	0	0	0.1	稳定
81/35-82/35	10	0.5	0.05	0.1	稳定
82/35-83/35	10	1.5	0.15	0.1	不稳定
83/35-84/35	10	1.1	0.11	0.1	不稳定
84/35-85/35	10	1.6	0.16	0.1	不稳定
85/35-86/35	10	2.7	0.27	0.1	不稳定
86/35-87/35	10	4.2	0.42	0.1	不稳定
87/35-88/35	10	5.6	0.56	0.1	不稳定
88/35-89/35	10	3.2	0.32	0.1	不稳定
89/35-90/35	10	2.6	0.26	0.1	不稳定
90/35-91/35	10	2.6	0.26	0.1	不稳定

表9.3-3 蓄水后有防渗墙条件下地下水水力坡降及渗透稳定性

格点（行/列）	格点间距/m	水头差/m	水力坡降	允许坡降	渗透稳定性
70/35-71/35	10	0.9	0.09	0.1	稳定
71/35-72/35	10	0.8	0.08	0.1	稳定
72/35-73/35	10	0.8	0.08	0.1	稳定
73/35-74/35	10	1	0.08	0.1	稳定
74/35-75/35	10	0.9	0.09	0.1	稳定
75/35-76/35	10	1	0.09	0.1	稳定
76/35-77/35	10	1.1	0.011	0.1	稳定
77/35-78/35	10	1.1	0.011	0.1	稳定
78/35-79/35	10	1	0.001	0.1	稳定
79/35-80/35	10	0.7	0.007	0.1	稳定
80/35-81/35	10	1.2	0.012	0.1	稳定
81/35-82/35	10	0.6	0.006	0.1	稳定
82/35-83/35	10	1.1	0.011	0.1	稳定
83/35-84/35	10	1.6	0.016	0.1	稳定
84/35-85/35	10	1.9	0.019	0.1	稳定
85/35-86/35	10	4.3	0.043	0.1	稳定
86/35-87/35	10	5.4	0.054	0.1	稳定
87/35-88/35	10	3.5	0.035	0.1	稳定
88/35-89/35	10	4.4	0.044	0.1	稳定
89/35-90/35	10	3.4	0.034	0.1	稳定
90/35-91/35	10	3	0.03	0.1	稳定

从表 9.3-2 和表 9.3-3 可知，顺河向坝体在无防渗墙的条件下水力坡降的范围为 0～0.56，其中在坝轴线部位出现了较大范围的高坡降区域，该部位可能会出现渗透稳定性问题。设置防渗墙后，水力坡降均小于 0.10，坝基砂卵砾石层不会出现渗透稳定性问题。因此，防渗墙和灌浆帷幕对于降低坝基砂卵砾石层的水力坡降具有十分明显的作用。

2. 渗透变形类型判别

无黏性土的渗透变形一般可分为管涌和流土两种类型，当级配均匀而连续、不缺少中间粒径的土粒时渗透变形类型一般为流土；如果级配不均匀，缺少某些中间粒径的土粒则渗透变形类型多为管涌。选取该工程Ⅰ、Ⅱ、Ⅲ、Ⅳ岩组来研究覆盖层渗透变形特征。

(1) 根据颗分曲线初步判别渗透变形。

1) 上部Ⅳ岩组渗透变形类型初步判别。根据钻孔、探槽试样的颗粒组成试验成果，Ⅳ岩组颗粒组成的频率分布曲线如图 9.3-2 和图 9.3-3 所示。

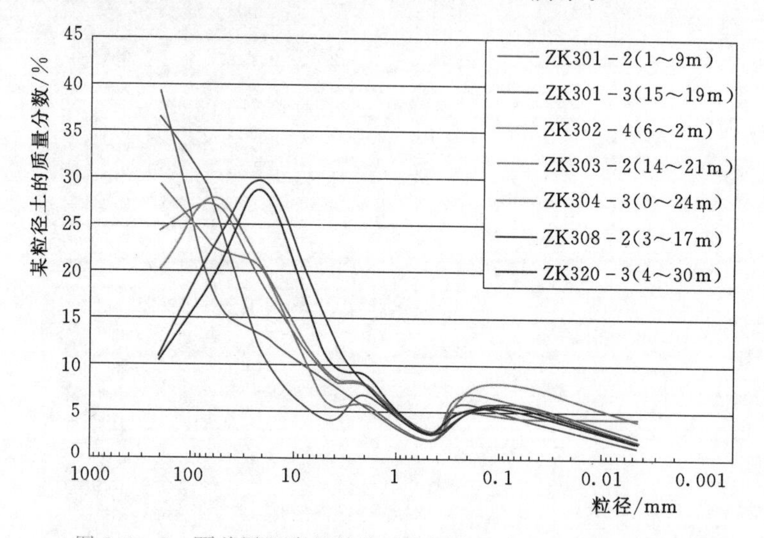

图 9.3-2 覆盖层Ⅳ岩组钻孔试样颗粒组成的频率分布曲线

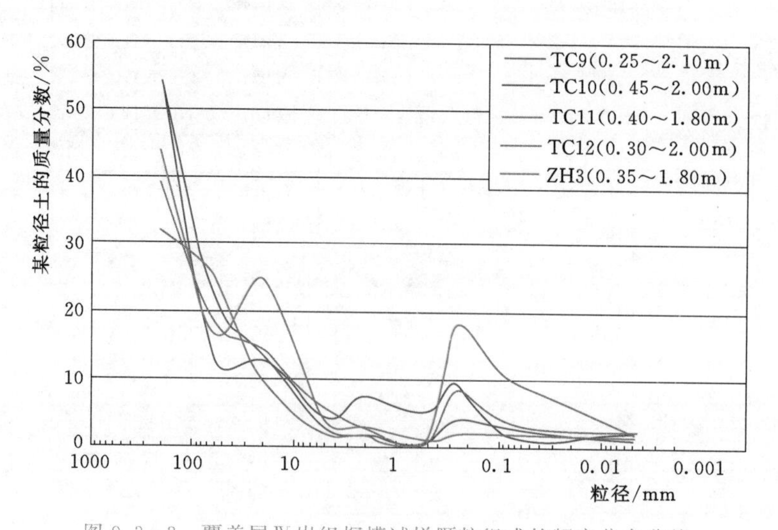

图 9.3-3 覆盖层Ⅳ岩组探槽试样颗粒组成的频率分布曲线

根据颗粒组成的频率分布曲线，钻孔 ZK302－4、ZK303－2、ZK304－3、ZK308－2 和槽探 TC12 试样为单峰型，其余皆为双峰型。因此，判定试样 ZK302－4、ZK303－2、ZK304－3、ZK308－2 和 TC12 的渗透变形类型可能为管涌或流土，试样 ZK301－2、ZK301－3、ZK320－3、TC9、TC10、TC11 和 ZH3 的渗透变形类型可能为管涌。

2）Ⅲ岩组渗透变形类型。根据颗粒组成试验结果，Ⅲ岩组颗粒组成的频率分布曲线如图 9.3－4 所示，该曲线呈双峰型，据此判定该岩组试样 ZK301－1、ZK302－1、ZK303－1、ZK304－1、ZK308－1、ZK311－1、ZK316－1、ZK320－1 及 ZK320－2 的渗透变形类型可能为管涌。

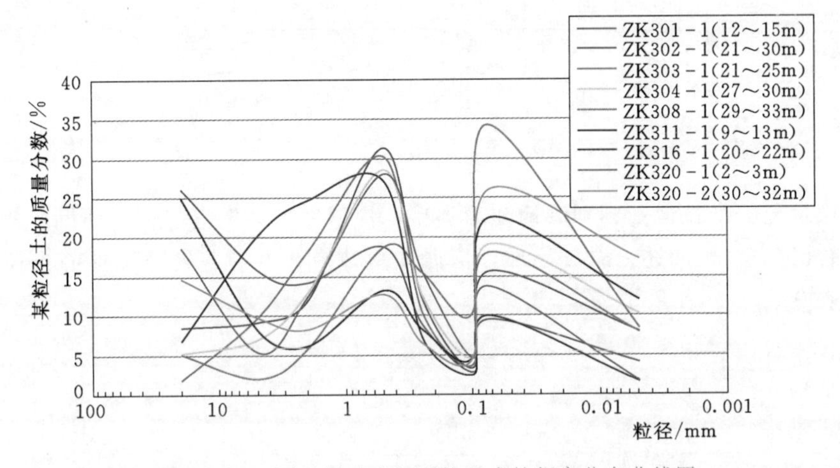

图 9.3－4　覆盖层Ⅲ岩组颗粒组成的频率分布曲线图

3）Ⅱ岩组渗透变形类型。Ⅱ岩组颗粒组成的频率分布曲线如图 9.3－5 所示，频率分布曲线除 ZK320－4 试样为单峰型外，其余皆为双峰型。因此，试样 ZK320－4 渗透变形类型可能为管涌或流土，其余 ZK302－5、ZK303－3、ZK304－4 和 ZK320－4 试样的渗透变形类型为管涌。

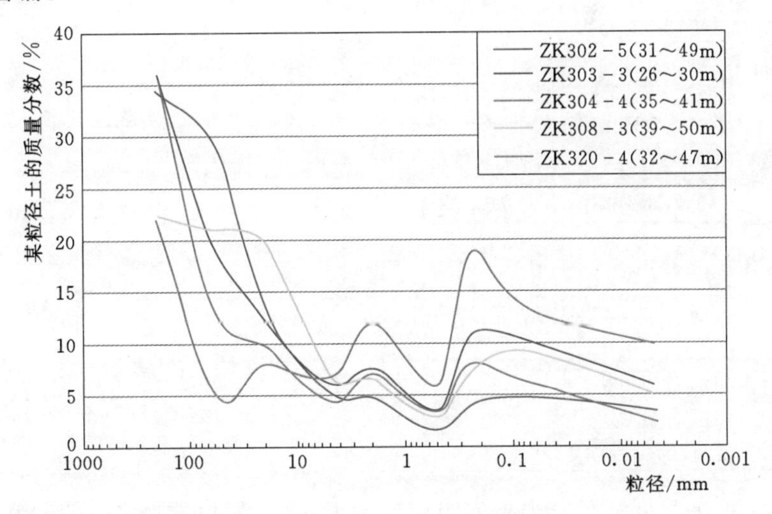

图 9.3－5　覆盖层Ⅱ岩组颗粒组成的频率分布曲线

4）Ⅰ岩组渗透变形类型。Ⅰ岩组颗粒组成的频率分布曲线如图9.3-6所示。该岩组频率分布曲线为双峰型或多峰型，颗分累计曲线呈上陡下缓，缺乏中间粒径，呈瀑布式曲线型，判断试样ZK302-2、ZK302-3、ZK304-2和ZK316-2的渗透变形类型为管涌。

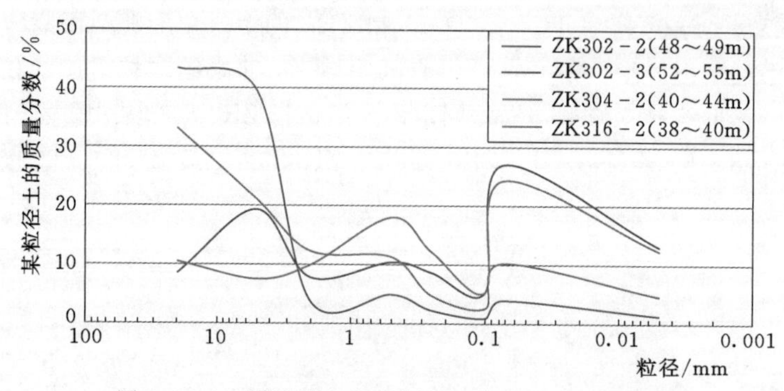

图9.3-6　覆盖层Ⅰ岩组颗粒组成的频率分布曲线

（2）根据土的细粒含量判别渗透变形类型。根据《水力发电工程地质勘察规范》（GB 50287）的规定，以及前述公式和标准，依据试验结果获得的各岩组试样的粗粒与细粒区分粒径见表9.3-4～表9.3-7。

表9.3-4　　Ⅳ岩组粗、细粒区分粒径 d_f 计算成果表

试样编号	钻孔试样							探槽试样				
	301-2	301-3	302-4	303-2	304-3	308-2	320-3	TC9	TC10	TC11	TC12	ZH3
取样位置/m	1.0～8.5	15.2～19.2	5.8～21.9	14.3～21.0	0.2～24.0	2.7～17.2	4.0～30.0	0.25～2.10	0.45～2.0	0.40～1.80	0.30～2.00	0.35～1.80
d_f/mm	3.51	4.11	2.13	2.63	2.63	1.06	2.52	27.28	13.26	5.41	2.11	4.57

表9.3-5　　Ⅲ岩组粗、细粒区分粒径 d_f 计算成果表

试样编号	ZK 301-1	ZK 302-1	ZK 303-1	ZK 304-1	ZK 308-1	ZK 311-1	ZK 316-1	ZK 320-1	ZK 320-2
取样位置/m	12.56～15.20	21.90～30.70	21.20～25.80	27.10～30.90	29.30～33.60	9.00～13.20	20.85～22.65	2.60～3.70	30.90～32.20
d_f/mm	0.45	0.08	0.08	0.05	0.05	0.34	0.11	0.25	0.05

表9.3-6　　Ⅱ岩组粗、细粒区分粒径 d_f 计算成果表

试样编号	ZK302-5	ZK303-3	ZK304-4	ZK308-3	ZK320-4
取样位置/m	30.70～49.00	30.70～49.00	34.60～40.50	38.70～49.70	32.20～46.50
d_f/mm	2.96	1.71	1.41	0.29	3.66

表9.3-7　　Ⅰ岩组粗、细粒区分粒径 d_f 计算成果表

试样编号	ZK302-2	ZK302-3	ZK304-2	ZK316-2
取样位置/m	48.15～49.00	52.70～55.45	40.55～44.30	38.75～40.00
d_f/mm	2.72	0.08	0.04	0.66

由表9.3-8的界限粒径获得各岩组试样的 P_c 值，然后根据试验资料获得孔隙比 e、孔隙率 n，采用上述公式对渗透变形类型进行判别，结果见表9.3-8。Ⅳ岩组、Ⅲ岩组及

Ⅰ岩组的渗透变形类型主要为管涌型，而Ⅱ岩组的渗透变形类型主要为过渡型。

表 9.3-8　覆盖层各岩组粗粒与细粒划分界限粒径及渗透变形类型判定表

岩组		值别	d_{70} /mm	d_{10} /mm	d_f /mm	P_c /%	孔隙比 e	孔隙率 n/%	渗透变形类型判定
Ⅳ	钻孔试样	平均	55.34	0.134	2.654	0.23	0.334	0.250	管涌型
	探槽试样	平均	124.41	1.293	10.53	0.28	0.324	0.245	过渡型
Ⅲ		平均	1.473	0.023	0.163	0.236	0.5517	0.3552	管涌型
Ⅱ		平均	62.54	0.069	2.002	0.31	0.332	0.249	过渡型
Ⅰ		平均	8.583	0.097	0.875	0.24	0.555	0.36	管涌型

(3) 根据不均匀系数对河床覆盖层渗透变形类型进行判别。根据《水力发电工程地质勘察规范》(GB 50287) 的规定，采用不均匀系数 C_u 作为判定覆盖层渗透变形类型的"界限值"标准，对覆盖层试样的渗透变形类型判别成果见表 9.3-9～表 9.3-12。

表 9.3-9　Ⅳ岩组不均匀系数及其判定的渗透变形类型

试样编号	钻孔试样							探槽试样				
	ZK 301-2	ZK 301-3	ZK 302-4	ZK 303-2	ZK 304-3	ZK 308-2	ZK 320-3	TC9	TC10	TC11	TC12	ZH3
取样位置/m	1.00～8.50	15.20～19.20	5.80～21.90	14.30～21.00	0.20～24.00	2.70～17.20	4.00～30.00	0.25～2.10	0.45～2.00	0.40～1.80	0.30～2.00	0.35～1.80
C_u	533.330	302.710	112.580	332.000	237.330	266.430	396.110	20.633	70.183	684.35	654.40	302.17
P_c	0.25	0.24	0.18	0.19	0.23	0.25	0.24	0.23	0.24	0.22	0.23	0.23
渗透变形类型	过渡型	管涌型	管涌型	管涌型	管涌型	过渡型	管涌型	管涌型	管涌型	管涌型	管涌型	管涌型

表 9.3-10　Ⅲ岩组不均匀系数及其判定的渗透变形类型

试样编号	ZK 301-1	ZK 302-1	ZK 303-1	ZK 304-1	ZK 308-1	ZK 311-1	ZK 316-1	ZK 320-1	ZK 320-2
取样位置/m	12.56～15.20	21.90～30.70	21.20～25.80	27.10～30.90	29.30～33.60	9.00～13.20	20.85～22.65	2.60～3.70	30.90～32.20
C_u	56.780	55.857	56.000	70.400	23.833	12.098	118.500	6.969	168.500
P_c	0.27	0.20	0.23	0.19	0.24	0.25	0.26	0.24	0.24
渗透变形类型	过渡型	管涌型	管涌型	管涌型	管涌型	过渡型	过渡型	管涌型	管涌型

表 9.3-11　Ⅱ岩组不均匀系数及其判定的渗透变形类型

试样编号	ZK302-5	ZK303-3	ZK304-4	ZK308-3	ZK320-4
取样位置/m	30.70～49.00	30.70～49.00	34.60～40.50	38.70～49.70	32.20～46.50
C_u	506.930	1285.300	685.570	65.028	365.380
P_c	0.29	0.36	0.28	0.35	0.25
渗透变形类型	过渡型	流土型	过渡型	过渡型	过渡型

表 9.3-12　Ⅰ岩组不均匀系数及其判定的渗透变形类型

试样编号	ZK302-2	ZK302-3	ZK304-2	ZK316-2
取样位置/m	48.15～49.00	52.70～55.45	40.55～44.30	38.75～40.00
C_u	2.902	120.330	79.500	68.259
P_c	0.21	0.25	0.23	0.24
渗透变形类型	管涌型	管涌型	管涌型	管涌型

由表 9.3-9～表 9.3-12 可知，坝址区河床覆盖层各岩组试样的不均匀系数 C_u 总体都上大于 5，按规范判别Ⅳ岩组、Ⅲ岩组及Ⅰ岩组的渗透变形类型主要为管涌型，而Ⅱ岩组的渗透变形类型主要为过渡型。

(4) 接触冲刷或接触流失的判别。坝址区河床覆盖层为砂卵砾石层夹砂层结构，根据规范和前述标准判别依据，覆盖层各岩组试样的相关指标见表 9.3-13。

表 9.3-13　试样颗粒组成的特征粒径指标表

岩组		试样编号	区分粒径 d_f /mm	界限粒径 d_{60}/mm	有效粒径 d_{10}/mm	不均匀系数
Ⅳ	钻孔试样	ZK301-2	3.512	57.46	0.124	533.330
		ZK301-3	4.109	54.67	0.200	302.710
		ZK302-4	2.130	16.94	0.168	112.580
		ZK303-2	2.626	36.89	0.133	332.000
		ZK304-3	2.625	31.61	0.150	237.330
		ZK308-2	1.056	14.72	0.056	266.430
		ZK320-3	2.523	40.88	0.109	396.110
	探槽试样	TC9	27.28	117.82	0.004	20.633
		TC10	13.26	79.78	0.004	70.183
		TC11	5.407	115.41	0.124	684.350
		TC12	2.113	47.15	0.200	654.40
		ZH3	4.565	57.80	0.168	302.170
Ⅲ		ZK301-1	0.454	2.361	0.134	56.780
		ZK302-1	0.083	0.418	0.048	55.857
		ZK303-1	0.081	0.416	0.014	56.000
		ZK304-1	0.047	0.369	0.013	70.40
		ZK308-1	0.047	0.167	0.005	23.833
		ZK311-1	0.341	1.211	0.008	12.098
		ZK316-1	0.115	0.489	0.064	118.50
		ZK320-1	0.246	0.469	0.004	6.969
		ZK320-2	0.054	0.358	0.047	168.5

续表

岩组	试样编号	区分粒径 d_f /mm	界限粒径 d_{60}/mm	有效粒径 d_{10}/mm	不均匀系数
Ⅱ	ZK302-5	2.957	49.38	0.003	506.930
	ZK303-3	1.706	47.18	0.023	1285.3
	ZK304-4	1.405	25.93	0.106	685.570
	ZK308-3	0.287	2.50	0.033	65.028
	ZK320-4	3.656	52.30	0.044	365.380
Ⅰ	ZK302-2	2.721	9.309	0.006	2.902
	ZK302-3	0.078	0.394	0.158	120.330
	ZK304-2	0.044	0.332	0.069	79.500
	ZK316-2	0.658	4.033	0.337	68.259

由表9.3-13可知，大部分试样不均匀系数大于10，因此该工程河床覆盖层总体发生接触冲刷或接触流失的可能性小，仅Ⅰ、Ⅲ岩组中（ZK320-1、ZK302-2试样）可能局部会发生接触流失。

3. 临界坡降的确定

（1）根据渗透试验确定临界坡降 J_{cr}。根据室内渗透试验获得的各试样的临界坡降、破坏坡降见表9.3-14。

表9.3-14　覆盖层渗透试验获得的坡降成果表

岩组		值别	比重	渗透系数/(cm/s)	临界坡降	破坏坡降
Ⅳ	钻孔试样	平均值	2.86	1.44×10^{-2}	0.47	1.45
		指标的标准差			0.101	0.188
		指标的变异系数			0.214	0.130
		统计修正系数			0.842	0.904
		标准值			0.396	1.311
	探槽试样	平均值	2.86	3.84×10^{-2}	0.41	1.28
Ⅱ		平均值	2.83	7.00×10^{-3}	0.60	1.62

由表9.3-14可知，室内渗透试验获得的覆盖层Ⅳ岩组钻孔试样的临界坡降平均值为0.47，标准值为0.396；破坏坡降平均值为1.45，标准值为1.311；表部探槽试样的临界坡降平均值为0.41，破坏坡降平均值为1.28。Ⅱ岩组临界坡降平均值为0.60，破坏坡降平均值为1.62。

（2）根据规范法确定临界坡降 J_{cr}。根据《水力发电工程地质勘察规范》（GB 50287）和前述计算公式确定的各岩组临界坡降见表9.3-15。

由表9.3-15可知，坝址区河床覆盖层Ⅳ岩组钻孔试样的临界坡降平均值为0.406，标准值为0.321；表部探槽试样的临界坡降平均值为0.346。Ⅲ岩组临界坡降平均值为0.556，标准值为0.470。Ⅱ岩组临界坡降平均值为0.445。Ⅰ岩组临界坡降平均值为0.732。

表 9.3-15　　按规范法确定的各岩组临界坡降成果表

岩组		值别	临界坡降
Ⅳ	钻孔试样	平均值	0.406
		指标的标准差 S	0.115
		指标的变异系数 δ	0.284
		统计修正系数 R_s	0.790
		标准值	0.321
	探槽试样	平均值	0.346
Ⅲ		平均值	0.556
		指标的标准差 S	0.137
		指标的变异系数 δ	0.247
		统计修正系数 R_s	0.846
		标准值	0.470
Ⅱ		平均值	0.445
Ⅰ		平均值	0.732

(3) 根据渗透系数 K 确定临界坡降 J_{cr}。根据现场注水试验、室内渗透试验获得的河床覆盖层的渗透系数为 $2.23\times10^{-4}\sim7.64\times10^{-2}$ cm/s，总体为中等～强透水性，据此建立了临界坡降 J_{cr} 与渗透系数 K 之间具有较好的相关性，其相关方程为

$$J_{cr}=0.0132k^{-0.325} \quad (9.3-15)$$

根据式 (9.3-15)，利用坝址区各岩组部分试验获得的渗透系数 K 评价的临界坡降 J_{cr} 见表 9.3-16。

表 9.3-16　　按覆盖层各岩组部分试样渗透性评价的临界坡降

岩组		值别	渗透系数/(cm/s)	临界坡降
Ⅳ	钻孔试样	平均值	5.85×10^{-3}	0.37
		指标的标准差		0.051
		指标的变异系数		0.139
		统计修正系数		0.897
		标准值		0.332
	探槽试样	平均值	4.49×10^{-3}	0.32
Ⅲ		平均值	2.62×10^{-5}	0.64
		指标的标准差		0.268
		指标的变异系数		0.419
		统计修正系数		0.690
		标准值		0.441
Ⅱ		平均值	2.23×10^{-4}	0.57
Ⅰ		平均值	5.78×10^{-5}	0.89

由表9.3-16可知，根据各岩组渗透系数计算的临界坡降J_{cr}值：Ⅰ岩组平均值为0.89；Ⅱ岩组平均值0.57；Ⅲ岩组平均值为0.64，标准值为0.441；Ⅳ岩组平均值为0.37～0.32，标准值为0.332。

(4) 覆盖层临界坡降对比。根据规范法、经验公式和渗透试验3种方法所确定的临界坡降成果见表9.3-17。

表9.3-17　覆盖层各岩组临界坡降不同方法综合取值对比表

岩组编号			不同方法获得的临界坡降		
			渗透试验	规范方法	经验公式
Ⅳ	钻孔试样	范围值	0.30～0.58	0.192～0.554	0.300～0.445
		平均值	0.47	0.406	0.37
		标准值	0.396	0.321	0.332
	探槽试样	范围值	0.27～0.53	0.275～0.405	0.137～0.537
		平均值	0.41	0.346	0.32
Ⅲ		范围值	—	0.349～0.746	0.201～1.027
		平均值	—	0.556	0.64
		标准值	—	0.470	0.441
Ⅱ		范围值	0.42～0.81	0.126～0.852	0.221～0.925
		平均值	0.60	0.445	0.57
Ⅰ		范围值	—	0.631～0.873	0.315～1.969
		平均值	—	0.732	0.89

由表9.3-17可知，采用不同方法获得的各岩组临界坡降值基本吻合，说明3种方法均可适用于不同地区深厚覆盖层临界坡降的确定。

4. 各岩组允许坡降的确定

(1) 根据不均匀系数(C_u)确定允许坡降($J_{允许}$)。根据中国水利水电科学研究院及B.C依托明娜等研究成果建立的允许坡降与不均匀系数之间的关系曲线如图9.3-7所示，确定的覆盖层不同岩组的允许坡降见表9.3-18。

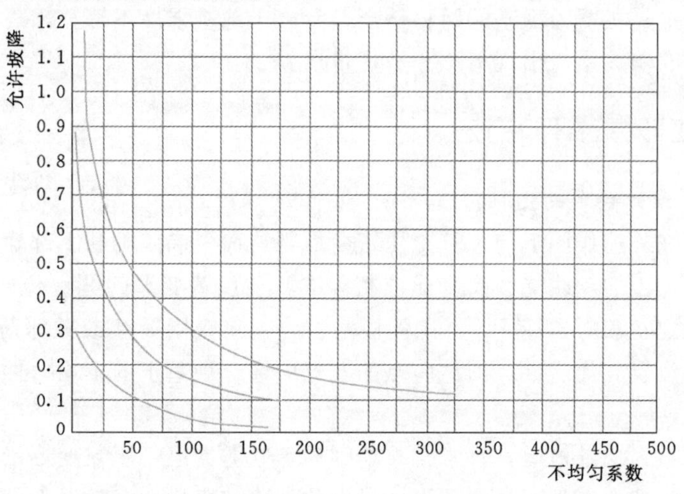

图9.3-7　允许坡降与不均匀系数关系曲线

表 9.3-18　　根据不均匀系数获取的各岩组的允许坡降

岩组		值别	不均匀系数 C_u	允许坡降 $J_{允许}$
Ⅳ	钻孔试样	平均值	311.50	0.165
	探槽试样	平均值	346.347	0.128
Ⅲ		平均	63.215	0.263
		指标的标准差		0.036
		指标的变异系数		0.137
		统计修正系数		0.907
		标准值		0.239
Ⅱ		平均值	281.642	0.245
Ⅰ		平均值	67.748	0.361

由表 9.3-18 可知，根据不均匀系数获取的各岩组允许坡降：Ⅳ岩组钻孔试样平均值为 0.165，浅表层探槽试样平均值 0.128；Ⅲ岩组平均值 0.263，标准值为 0.239；Ⅱ岩组平均值为 0.245；Ⅰ岩组平均值为 0.361。

（2）根据规范法确定允许坡降。根据《水力发电工程地质勘察规范》（GB 50287）的规定，按照前述允许坡降安全系数取值方法，覆盖层Ⅲ、Ⅰ岩组的渗透变形类型以管涌型为主，临界坡降为 0.2～0.6，取安全系数为 2，其允许坡降为 0.10～0.30。

9.4 坝基变形稳定评价

9.4.1 坝基变形破坏的主要类型

覆盖层坝基变形破坏的主要类型包括压密变形和剪切变形两大类。

（1）压密变形：主要是由地基夯实强度不够，地基强度低、压缩量大等引起的。

（2）剪切变形：主要为坝基的滑移挤出，是由于地基强度不够，出现下沉和剪切挤出或坝基有倾斜的软弱夹层，出现滑移和剪切挤出。

9.4.2 坝基变形稳定评价方法

1. 变形（压缩）稳定的定性评价

坝基变形是在外荷作用下使坝基土压密变形，从而引起基础和上部建筑物的沉降。为此，合理确定坝基土的承载能力及变形控制标准，是坝基变形问题评价的两个重要方面。运用试验方法确定承载力指标 P_{kp}（比例极限）、P_{np}（极限荷载或破坏荷载）、E_0（变形模量）等时，要注意其代表性，即试验点的布置应结合坝基土的不均匀性及不同的建筑部位来考虑。

覆盖层砂卵石为松散地层，且常含有粉细砂等软弱夹层，压缩变形量较大，同时由于结构的不均一性，还会产生不均匀变形。过大的沉降和不均匀沉降对上部水工建筑物的影响较大，因此在查明坝基覆盖层结构及压缩变形特性的基础上，应对坝基持力层的均一性、沉降和不均匀沉降作出合理评价。

对影响覆盖层坝基变形稳定因素的分析研究，应从覆盖层的成因类型、岩性特征、密实（或固结、胶结）度、厚度及展布特征、物理力学参数以及基岩顶板形态等方面进行。研究重点包括以下几个方面：

（1）坝基结构均一性差。深厚覆盖层的粗细颗粒分布不均，或局部细颗粒集中，或局部粗颗粒明显架空，且颗粒岩性和强度差异较大等是导致覆盖层坝基产生不均匀沉降的原因之一。

（2）坝基承载性能相对较差。由于覆盖层结构疏松且不均一，若覆盖层中细粒含量较多，则骨架作用不显著，以致坝基覆盖层承载力不高，变形模量较低。

（3）覆盖层结构层次复杂。在坝基附加应力影响深度范围内含有较多的厚薄不等、分布不均、易变形的黏性土、淤泥类土和易液化的砂性土等特殊土，导致覆盖层工程地质条件复杂。

（4）谷底基岩顶板形态起伏强烈。一般深厚覆盖层河段多有深槽、深潭分布，其形态各异、不对称状分布，导致水工建筑物影响范围荷载作用复杂。

据此在进行变形稳定评价时，应确定产生变形的土体边界条件、变形失稳模式、各土层的厚度、结构特征、空间分布、变形（压缩）模量和承载力等参数，并根据已有经验公式进行计算，综合评价坝基变形稳定。

2. 坝基承载力确定

确定覆盖层坝基土的容许承载力时，应考虑的影响因素有：①土的堆积年代；②土的成因类型；③土的物理力学性质；④地下水的作用程度；⑤建筑物的性质、荷载条件及基础类型。可通过载荷试验、室内力学试验、钻孔原位测试（标贯、触探、旁压试验）等方法进行选取。

3. 坝基沉降量计算

坝基沉降量计算方法有分层总和法、经验系数法、简单土层的沉降量估算法、按弹性理论公式计算法、三向应力状态下沉降量的计算法、有限元分析法等。

对水工建筑物坝基基础的设计，除计算最终沉降量外，有时还需要了解基础的沉降过程，即沉降与时间的关系。对砂性土而言，压缩性较小，且由外荷载所引起的沉降在竣工期已基本完成，故一般不考虑其变形与时间的关系。饱和黏性土层的变形需要考虑与时间的关系，可按单向渗透固结理论计算或由经验法等确定。

9.4.3　西藏尼洋河某水电站坝基变形稳定评价

1. 持力层承载力评价

该水电站大坝坝高27 m，建基面高程为3051.00m，坝顶高程为3078.00m，坝坡坡比为1∶3，根据室内试验大坝填土饱和重度为20kN/m^3，所以建基面处大坝自重所产生的附加应力最大为500kPa，沿河流方向呈等腰三角形分布。

根据坝址区深厚覆盖层钻孔资料，坝址处高程3055.00m为覆盖层的第2层［含漂石砂卵砾石层（$Q_4^{al}-sgr_2$）］岩组，其承载力标准值为450～500kPa，大坝最大附加应力大于该岩组的允许承载力，所以建基面处覆盖层的承载力不能满足工程要求。

2. *覆盖层软弱土层承载力评价*

将库水压力与大坝荷载进行叠加，根据荷载形式的不同，计算剖面如图 9.4-1 和图 9.4-2 所示。坝基覆盖层中产生的附加应力分布如图 9.4-3 所示。

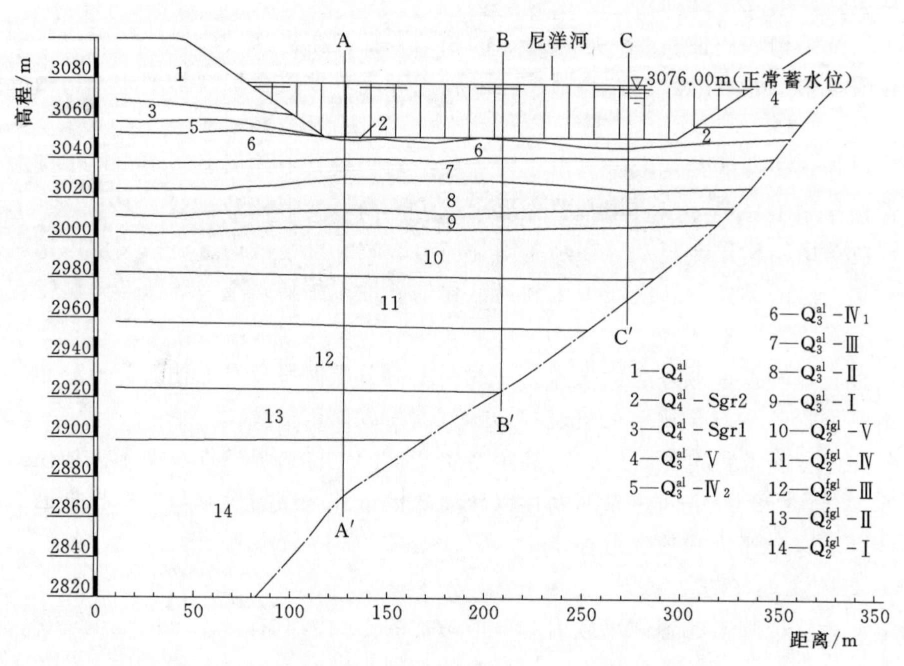

图 9.4-1　坝轴线地质剖面示意图

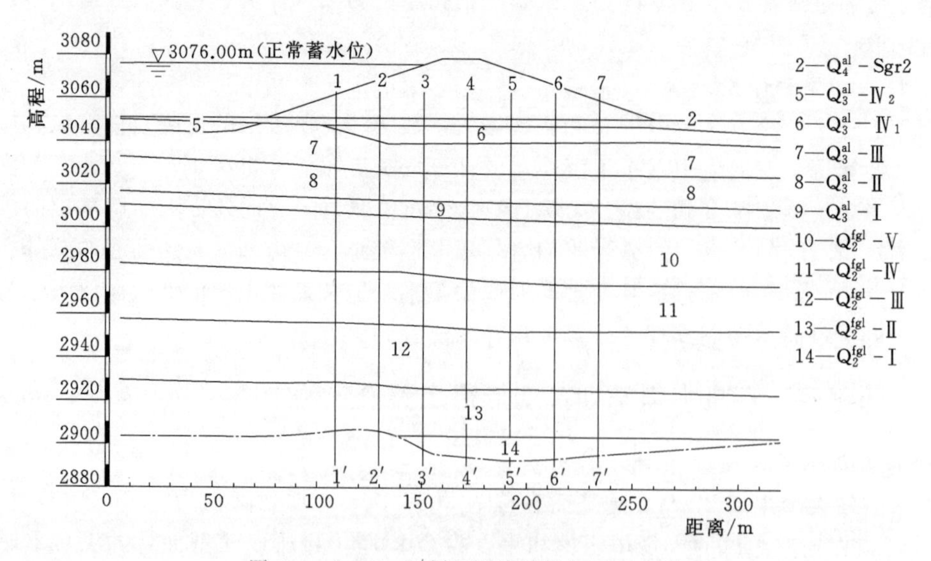

图 9.4-2　B—B′剖面沉降计算位置示意图

根据图 9.4-2 可知，坝基 Q_2 地层埋深约在 40m 以下，其沉积时代较久、密实度较好、物理力学强度参数较高，可满足该工程相应规模沉降变形要求。

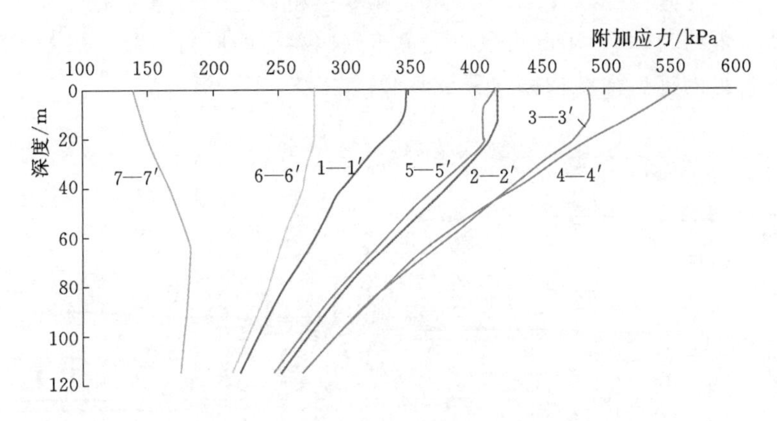

图 9.4-3　不同埋深岩层附加应力分布图

根据图 9.4-3 的应力分布可知，在坝体中心的 4—4′剖面上附加应力最大。

第 9 层埋深约 35m，此处的附加应力最大值约 480kPa，覆盖层承载力标准值满足要求；第 8 层承载力标准值为 350kPa，在坝体下部影响范围内的附加应力为 450kPa，附加应力大于承载力标准值；第 7 层岩土的承载力标准值为 400kPa，坝体下部相应部位的附加应力大于其承载力标准值。

综上所述，覆盖层坝基的加固处理应对第 8 层以上的区域进行加固，处理深度范围以 30～35m 为妥；平面范围水平宽度约 150m。

3. *覆盖层剪切破坏评价*

深厚覆盖层坝基的剪切破坏是指局部位置土中产生的剪应力大于或等于该处坝基土的抗剪强度，土体处于塑性极限平衡状态。

根据数值模拟结果（见图 9.4-4～图 9.4-6），覆盖层中由大坝附加应力产生的剪切应力最大为 80～100kPa，分布位置大约在坝轴与坝趾之间，深度范围为 30～80m。在这个深度范围内覆盖层的垂直应力为 600～1600kPa，水平应力为 300～800kPa。第 9 层、

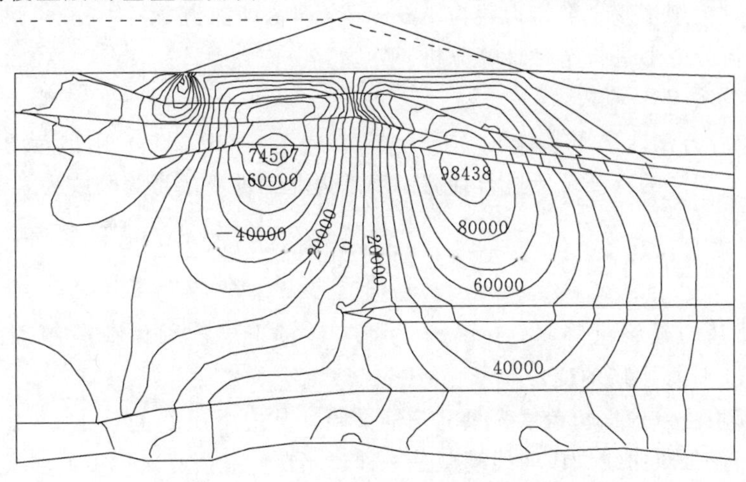

图 9.4-4　A—A′剖面剪力分布图（单位：Pa）

第 8 层、第 7 层的抗剪强度参数凝聚力为 0，第 9 层粗粒土的内摩擦角约为 30°，第 8 层和第 7 层的内摩擦角约为 20°。由此可以确定覆盖层内各点的应力圆未与其强度包络线相交，所以坝基内各岩组的抗剪强度指标均满足要求。

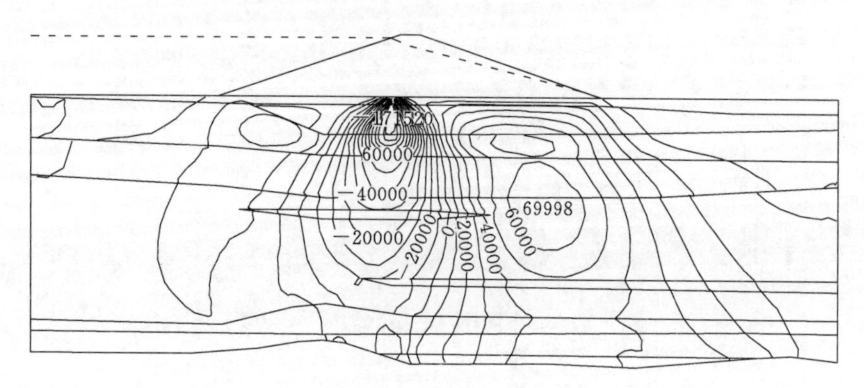

图 9.4-5　B—B′剖面剪力分布图（单位：Pa）

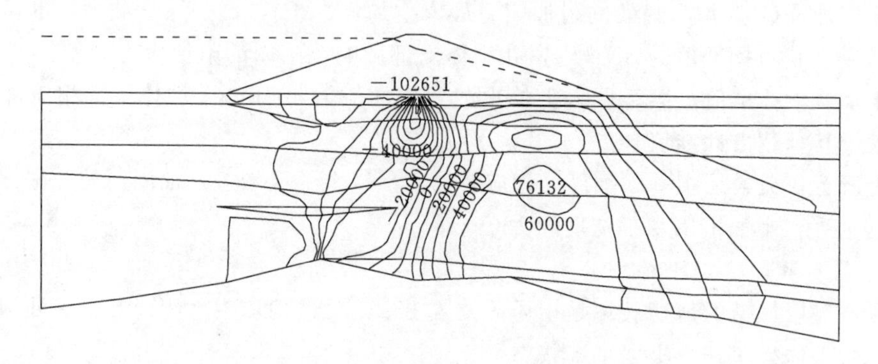

图 9.4-6　C—C′剖面剪力分布图（单位：Pa）

4. 沉降变形计算

根据前述，大坝坝基主要持力层为第 6～第 9 层，埋深为 30～40m。根据各层物理力学参数对大坝沉降变形进行定性计算分析。

（1）计算方法。

1）规范推荐方法。采用《碾压式土石坝设计规范》（SL 274）中推荐的分层总和法，选取坝基纵向与横向的特征位置进行计算。坝基为非黏性土的计算公式为

$$S_{\infty}=\sum_{i=1}^{n}\frac{p_i}{E_i}h_i \tag{9.4-1}$$

式中：S_{∞} 为坝基的最终沉降量，m；p_i 为第 i 计算土层由坝体荷载产生的竖向应力，MPa；E_i 为第 i 计算土层的变形模量，MPa。

2）数值模拟法。根据覆盖层大量的三轴试验，其应力应变关系曲线可以用拟合双曲线表示，即邓肯-张双曲线。该曲线模型是一种建立在广义胡克定律上的非线性弹性模型，使用简便，且与实际情况较为符合，在覆盖层坝基计算中被广泛使用。

在邓肯-张本构模型中，土体单元的切线模量 E_t 由作用在单元上的应力 σ_1、σ_3 表示，故可以运用计算软件中的迭代程序，在线弹性模型下输入初始变形模量和泊松比（假定泊松比为常数）计算出模型单元的应力，然后将应力代入计算切线模量 E_t 作为下次应力计算的变形模量，重新计算模型的应力和变形模量，直至前后两次计算的差值小于某一较小定值为止。

（2）计算模型。为了研究整个覆盖层坝基区内的沉降变形情况，结合大坝断面形态，沿大坝轴线选取 3 个剖面 A—A′、B—B′、C—C′，并在这 3 个剖面上取 7 个特征位置采用分层总合法计算沉降。

在大坝正常运行阶段，作用在坝基上的荷载为大坝自重和库水压力，沉降计算时库水压力只取作用在上游坝体的静水压力，不考虑库水垂直作用力对坝基的影响。将作用在上游坝体垂直于坡面的水压力分解为水平和垂直两个分力，由于沉降计算中只考虑了垂直作用力的压缩作用，并且上游坝体较缓，水平分力只有垂直分力的 1/3，故在沉降计算中以垂直分力作为库水对坝基的作用力。

（3）参数选取。根据覆盖层各岩组的试验资料，各岩组的物理力学参数见表 9.4-1。

表 9.4-1　　不同层位各力学参数取值

力学参数	第9层	第8层	第7层	第6层	第5层
变形模量/MPa	55	22.5	27.5	35	12.5
泊松比	0.32	0.31	0.33	0.34	0.36

（4）沉降变形计算结果。

1）分层总和法计算结果。对覆盖层各特征位置进行分层总和法计算，所得沉降量见表 9.4-2。

表 9.4-2　　沉降量计算结果　　单位：m

剖面	1—1′	2—2′	3—3′	4—4′	5—5′	6—6′	7—7′
A—A′	0.661	0.758	0.875	1.082	0.703	0.531	0.332
B—B′	0.723	1.078	1.224	1.303	1.044	0.650	0.326
C—C′	0.479	0.621	0.734	0.889	0.648	0.430	0.254

根据计算结果可知，在顺河向大坝中部 B—B′剖面沉降量最大，A—A′剖面次之，C—C′剖面最小，沉降差为 0.22～0.41m；横河向坝体中心处坝顶沉降量最大，上游坝趾次之，下游坝踵最小，坝顶与坝趾的沉降差为 0.41～0.98m，计算结果与荷载分布情况符合。

纵剖面中，上游坝体各剖面的沉降梯度：A—A′为 0.66%、B—B′为 0.90%、C—C′为 0.64%；下游坝体各剖面的沉降梯度：A—A′为 1.16%、B—B′为 1.59%、C—C′为 1.02%，在横河向中部 4—4′剖面沉降量最大。各剖面平均沉降梯度：1—1′为 0.23%、2—2′为 0.56%、3—3′为 0.60%、4—4′为 0.46%、5—5′为 0.52%、6—6′为 0.25%、7—7′为 0.06%。计算结果表明，沉降变形最大处位于坝体中心线处，其次为坝前坝趾处。

2）数值模拟结果分析。顺河向选取 A—A′、B—B′、C—C′剖面，横河向选取 2—2′、

4—4′、6—6′剖面，对各剖面地层进行网格离散划分，赋予各岩层相应的力学参数，采用线弹性模型，通过软件语言编写程序，完成邓肯一张模型的建立。在基覆界面进行水平、垂直两个方向约束，两侧边界采用水平方向约束，模拟结果如图 9.4－7～图 9.4－12 所示。

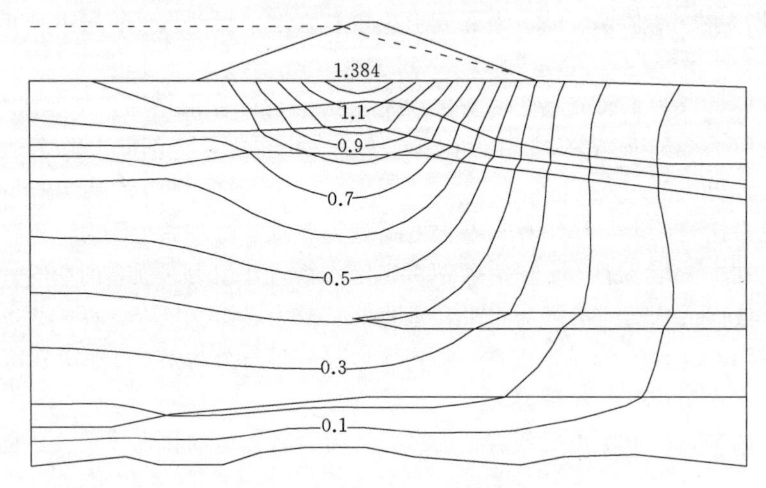

图 9.4－7 A—A′剖面沉降等值线图（单位：m）

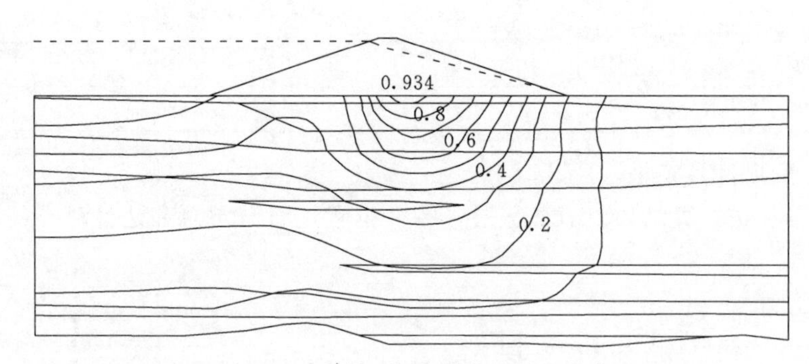

图 9.4－8 B—B′剖面沉降等值线图（单位：m）

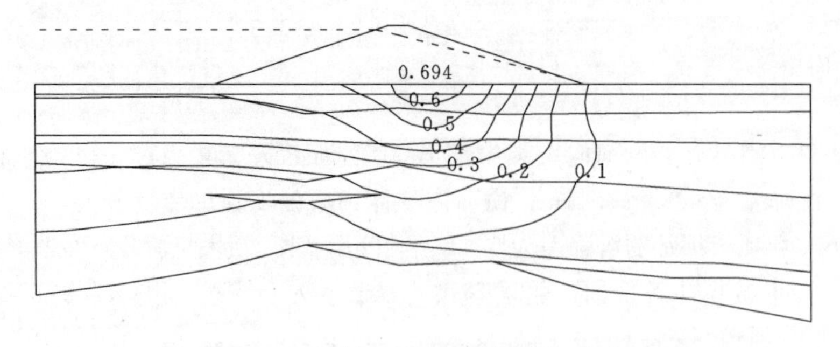

图 9.4－9 C—C′剖面沉降等值线图（单位：m）

在 A—A′、B—B′、C—C′纵剖面图上，最大沉降发生在大坝轴线位置，上游坝趾沉降相对中心处较小，下游坝踵沉降最小。在库水荷载影响下发生沉降的范围向上游地区延伸，最大水压力产生的沉降量约为坝轴线最大沉降量的一半；同一剖面内，上游坝体区沉降梯度大于下游坝体区。

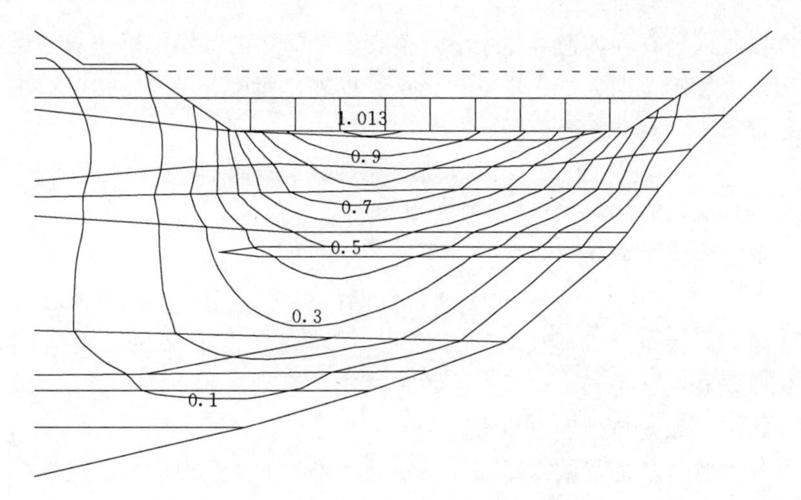

图 9.4-10　2—2′剖面沉降等值线图（单位：m）

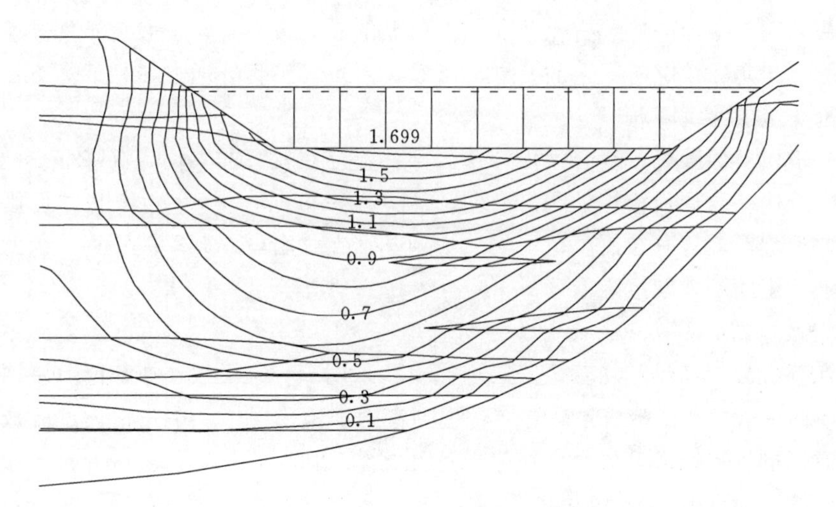

图 9.4-11　4—4′剖面沉降等值线图（单位：m）

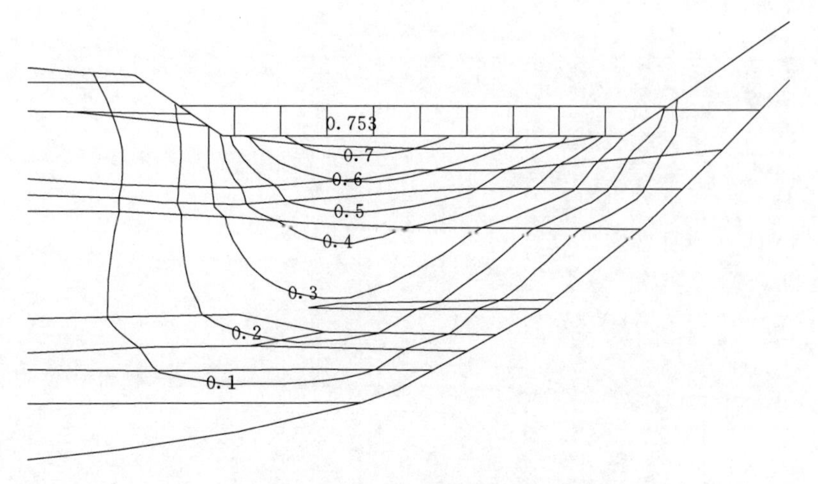

图 9.4-12　6—6′剖面沉降等值线图（单位：m）

覆盖层厚度不同，在坝体荷载作用下，覆盖层沉降影响范围也不相同，覆盖层厚度大的剖面，载荷沉降影响范围大，作用延伸至坝趾以外；而覆盖层厚度相对较小的剖面，载荷沉降影响范围较小，只在坝基范围内。

在2—2′、4—4′、6—6′剖面上，最大沉降发生在坝轴剖面上，上游2—2′剖面较小，下游6—6′剖面最小。由于左岸覆盖层较右岸深厚，沉降最大值出现在大坝横剖面中部偏左岸的位置，并且左岸坝肩处沉降量比右岸大。

3）两种方法结果对比。虽然两种方法都判断出最大沉降发生在坝轴线处，上游坝体沉降量大于下游，最大沉降量都在9.6cm左右，但两种方法计算的各剖面沉降量大小有差异，最大沉降量相差约1cm，这是由于数值模拟为理想状况，其压缩层为整个覆盖层，故其计算所得沉降量较规范推荐方法大。

进一步对比两种方法的优缺点可知，虽然规范推荐的分层总和法公式简单，便于理解和计算，但是其只能反映坝基平面上某一点的变形状况，不够全面。而数值模拟法模拟结果能够反映剖面上变形的连续变化情况，但模型的建立较为复杂，假定条件和所建模型均为理想状况，与实际情况有一定的差异。所以，对重大工程要通过多种计算方法进行综合计算和评价覆盖层的沉降状况。

总体分析，虽然砂砾石复合坝坝基覆盖层都不存在较大的不均匀沉降变形问题，但由于坝基右岸下伏基岩顶板沿坝轴线方向向河床（左岸方向）呈40°斜坡状，且覆盖层物质成分和结构不均匀，故一定深度范围内大坝坝基存在“右硬左软”的特性。因此，可能导致坝基产生一定的不均匀沉降变形。

5. 沉降变形三维静力有限元仿真分析计算

（1）计算参数。坝料及坝基覆盖层本构模型采用$E-B$模型，坝基覆盖层第6～13层计算参数参照三轴CD试验成果确定。考虑到室内试验采用中、小三轴仪试验成果，粗粒料缩尺效应影响较大，且试验密度普遍未达到试验获取的平均密度，因此试验整理出的模量系数等参数略为偏低，故实际计算参数根据工程经验将其模量系数提高1.05～1.25倍。最终采用的计算参数见表9.4-3。

表9.4-3　　$E-B$模型参数

项目		ρ_d /(g/cm³)	c /kPa	φ_o /(°)	$\Delta\varphi$ /(°)	K	n	R_f	K_{ur}	K_b	m
第2层	$Q_4^{al}-sgr_2$	2.14	0	45.5	9.5	745	0.35	0.70		360	0.25
第3层	$Q_4^{al}-sgr_1$	2.14	0	45.2	9.0	730	0.35	0.70		350	0.25
第4层	Q_3^{al}-Ⅴ	2.10	0	41.8	5.9	480	0.37	0.80		240	0.20
第5层	Q_3^{al}-Ⅳ$_2$	1.70	0	36.5	1.0	320	0.35	0.80		160	0.25
第6层	Q_3^{al}-Ⅳ$_1$	1.70	0	41.3	5.7	472	0.37	0.83		170	0.21
第7层	Q_3^{al}-Ⅲ	1.90	0	44.7	2.0	666	0.24	0.64		330	0.20
第8层	Q_3^{al}-Ⅱ	1.74	0	42.1	4.4	628	0.29	0.80		345	0.09
第9、10层	Q_3^{al}-Ⅰ Q_2^{fgl}-Ⅴ	2.13	0	44.3	1.7	746	0.35	0.72		350	0.35

续表

项目		ρ_d /(g/cm³)	c /kPa	φ_0 /(°)	$\Delta\varphi$ /(°)	K	n	R_f	K_{ur}	K_b	m
第11层	Q_2^{fgl}-Ⅳ	2.13	0	47.6	6.1	1056	0.28	0.65		434	0.26
第12层	Q_2^{fgl}-Ⅲ	1.76	0	45.6	10.2	966	0.44	0.85		320	0.37
第13层	Q_2^{fgl}-Ⅱ	2.15	0	45.1	5.8	1113	0.24	0.80		412	0.17
第14层	Q_2^{fgl}-Ⅰ	2.17	0	40	2.5	600	0.35	0.72		300	0.25
回填砂砾石		2.18	0	50.2	8.9	962	0.402	0.70		552	0.20
砂砾石坝填筑料		2.18	0	50.2	8.9	962	0.402	0.70		552	0.20
上游围堰		2.07	0	53.0	11.2	814	0.233	0.72		814	0.23

(2) 计算工况。对大坝填筑及蓄水过程进行模拟，计算坝体竣工后和正常运行期坝体的沉降变形。

(3) 计算成果。图9.4-13所示为土工膜防渗砂砾石坝坝右0+060断面坝体沉降变

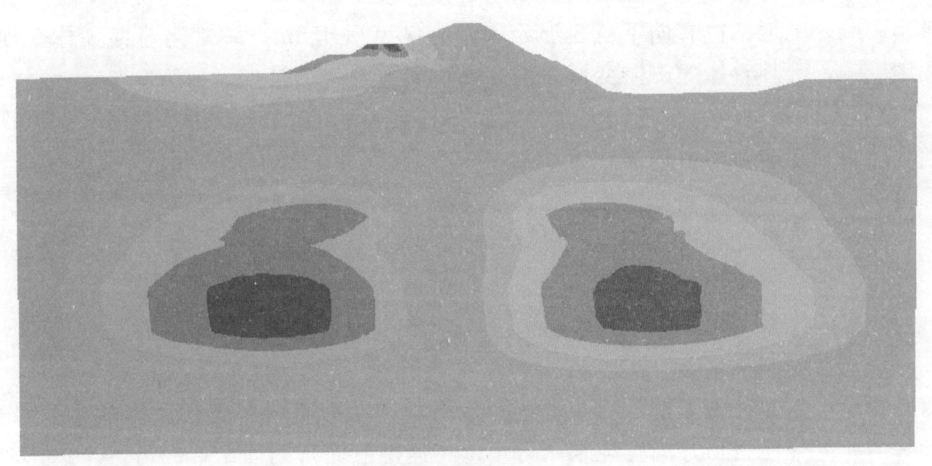

(a) 顺河向变形

(b) 竣工期沉降

图9.4-13　土工膜防渗砂砾石坝坝右0+060断面坝体沉降变形分布

形分布。竣工期该坝段最大沉降量为26.1cm，最大顺河向变形量为5.78cm（指向下游）、5.91cm（指向上游）；正常蓄水位工况最大沉降量为27.8cm，最大顺河向变形量为14.4cm（指向下游）、5.40cm（指向上游）。坝体最大沉降发生在1/3坝体至坝基覆盖层面。

竣工期最大大主应力为4.20MPa，最大小主应力为1.06MPa；正常运行期最大大主应力为4.23MPa，最大小主应力为1.07MPa。以上最大值发生在覆盖层底部与基岩接触部位，坝基部分竣工期最大竖向应力为0.38MPa，正常运行期竖向最大应力为0.4MPa。

（4）成果分析。

1）坝体位移。受深厚覆盖层的影响，竣工期坝体最大垂直位移发生在1/3坝体至坝基持力层，值为0.26m，约占坝高的1%；正常运行期坝体最大垂直位移为0.278m，约占坝高的1.1%。上述垂直位移占坝体厚度的比值基本接近土石坝一般设计经验值，坝体填筑标准基本可行。

坝体水平位移在竣工期和正常运行期均不大，竣工期坝体基本均匀沉降，受坝体填筑及防渗墙影响，围堰部位有向下游变形趋势，值仅为0.058m；正常运行期坝体受坝面水压力作用影响，大坝整体向下游变形，围堰部位向下游变形最大，值为0.144m。

2）坝体及坝基应力。竣工期坝体竖向应力最大为0.38MPa，发生在坝基部位；正常运行期坝体垂直正应力略有增加，为0.4MPa。

综上所述，大坝沉降变形量小，约占坝高的1%，坝体应力小于坝基砂卵石允许承载力，在一般经验及规范允许范围内，成果合理。

9.5 黏土层孔隙水压力消散问题

深厚覆盖层坝基在施工期的孔隙水压力是指坝体在垂直荷载作用产生的孔隙水压力。排水性好的非凝聚性材料，因孔隙水压力可以迅速消散而得到固结，故可不考虑孔隙水压力。但渗透系数小于10^{-7}cm/s的凝聚性材料，施工期孔隙水压力将难以得到消散，故施工期需评价初始孔隙水压力问题。

金沙江某坝址的土石坝在施工期和运行期进行有效应力分析时需要计算孔隙水压力，以便确定有效应力。对凝聚性材料，则应估算施工期中孔隙水压力的消散与土体的固结，进行孔隙水压力消散计算。

对覆盖层中黏土层的平均渗透系数小于1.08×10^{-7}cm/s的岩体，施工期坝体填筑过程中应对坝基黏土层孔隙水压力消散问题进行分析研究。

1. 孔隙水压力消散系数的确定

消散试验表明，在加荷初始状态，坝基黏土层孔隙水压力几乎不消散，随着垂直荷载的增加及时间的延续孔隙水压力逐渐消散。在垂直荷载作用下，以土样孔隙水压力消散50%的固结系数C'_{v50}作为消散计算的参数，消散试验值C'_{v50}为$2\times10^{-3}\sim1\times10^{-3}$cm²/s，计算取值为$1.6\times10^{-3}$cm²/s。

2. 孔隙水压力估算

根据黏土层在坝体断面以下埋深和厚度分布不同，坝体在施工期各时段填筑高度也不同，在孔隙水压力计算时将坝基按4个断面计算，即上游围堰轴线、坝轴线、坝下0+130断面和下游围堰轴线。各断面的黏土层厚度按钻孔资料统计的平均值取值。其计算厚度分别为20.31m、13.41m、6m和10.16m。

孔隙水压力系数：

$$B_t = \frac{u_i}{\Delta\sigma_i} \tag{9.5-1}$$

式中：B_t 为 t 时刻孔隙压力系数；u_i 为 i 时刻黏土层1/2厚度处的孔隙水压力；$\Delta\sigma_i$ 为 i 时刻坝体填筑荷重。

计算结果见表9.5-1～表9.5-4。

表9.5-1 上游围堰轴线处（黏土层）孔隙水压力系数

时间 t	填筑荷重/MPa	孔隙水压力/MPa	孔隙水压力系数
第3年11—12月	0.726	0.72	0.9960
第4年1—5月	1.1	1.82	0.9984
第4年6—12月		1.82	0.9971
第5年1—12月		1.78	0.9774
第6年1—12月		1.66	0.9091
第7年1—12月		1.50	0.8204
第8年1—5月		1.43	0.7844

表9.5-2 坝轴线处（黏土层）孔隙水压力系数

时间 t	填筑荷重/MPa	孔隙水压力/MPa	孔隙水压力系数
第3年11—12月			
第4年1—5月			
第4年6—12月			
第5年1—6月	0.66	0.66	0.9972
第5年7—9月		0.66	0.9960
第5年10月至第6年6月	1.166	1.74	0.9540
第6年7—9月		1.74	0.9528
第6年10月至第7年6月	1.034	2.58	0.9036
第7年7—9月		2.58	0.9024
第7年10—12月	0.33	2.89	0.9046
第8年1—5月		2.58	0.8091

表9.5-3 坝下0+130断面处（黏土层）孔隙水压力系数

时间 t	填筑荷重/MPa	孔隙水压力/MPa	孔隙水压力系数
第3年11—12月			
第4年1—5月			
第4年6—12月			

续表

时间 t	填筑荷重/MPa	孔隙水压力/MPa	孔隙水压力系数
第5年1—6月	0.66	0.57	0.8599
第5年7—9月		0.50	0.7552
第5年10月至第6年6月	1.166	0.77	0.4214
第6年7—9月		0.68	0.3701
第6年10月至第7年6月	0.154	0.29	0.1441
第7年7—9月		0.25	0.1265
第7年10—12月		0.18	0.0929
第8年1—5月		0.10	0.0520

表9.5-4　下游围堰轴线处（黏土层）孔隙水压力系数

时间 t	填筑荷重/MPa	孔隙水压力 u/MPa	孔隙水压力系数
第3年11—12月	0.484	0.49	1.0000
第4年1—5月	0.462	0.94	0.9923
第4年6—12月		0.87	0.9248
第5年1—12月		0.56	0.5959
第6年1—12月		0.35	0.3662
第7年1—12月		0.22	0.2274
第8年1—5月		0.18	0.1872

从计算成果表来看，在坝体填筑过程中施工初期孔隙水压力几乎不消散，孔隙水压力系数接近1.0；随着填筑荷重的增加、土体的不断固结，孔隙水压力随时间逐渐消散，孔隙水压力系数逐渐减小。通过试验和敏感性分析可知，土体的固结系数愈大，孔隙水压力消散与土体的固结愈快；黏土层的厚度越小，孔隙水压力消散与土体的固结也愈快。

9.6　抗滑稳定评价

覆盖层砂卵石坝基的抗滑稳定主要是指沿接触面及坝基应力范围内的砂夹砾石、粉细砂、淤泥质黏性土等软弱夹层的抗滑稳定。一般的砂卵石坝基抗剪强度是能够满足坝基抗滑稳定要求的，但当砂卵石含量高、粒径小、磨圆度好时，应重视接触面的抗剪强度。尤其是持力层范围内黏性土、砂性土等软弱土层埋深、厚度、分布和性状，确定土体稳定分析的边界条件，分析可能滑移模式，确定计算所需的土体物理力学参数，根据现有公式选择合适的稳定性分析方法进行计算，综合评价抗滑稳定问题，提出地质处理建议。

1. 坝基抗滑稳定计算方法

金沙江某坝址心墙土石坝，坝体抗滑稳定性计算分别按施工期、稳定渗流期、水库水位降落期和正常运用遭遇地震等4种工况对上、下游坝体稳定进行复核。计算方法为总应力法和有效应力法。稳定渗流期的静孔隙水压力按稳定渗流流网确定。为了对坝体施工期和运行期全过程的稳定情况进行复核，用滑楔法对沿粉砂质黏土层滑面的稳定进行敏感性研究。

2. 计算参数

根据《碾压式土石坝设计规范》(DL/T 5395)的规定，覆盖层细粒土和粗粒土参数分别按线性强度指标和非线性强度指标选择。

黏性土体的抗剪强度有效应力计算公式为

$$\tau=c'+(\sigma-u)\tan\varphi'=c'+\sigma'\tan\varphi' \tag{9.6-1}$$

黏性土体的抗剪强度总应力计算公式为

$$\tau=c_u+\sigma_u\tan\varphi_u \tag{9.6-2}$$

式中：τ 为土体的抗剪强度；c'、φ' 为有效应力抗剪强度指标；c_u、φ_u 为不排水剪总强度指标；σ 为法向总应力；u 为孔隙水压力。

覆盖层抗滑稳定计算非线性材料参数见表9.6-1，心墙坝防渗土料抗剪强度计算线性材料参数见表9.6-2。

表9.6-1　覆盖层抗滑稳定计算非线性材料参数

序号	材　料	干容重	饱和容重	参　数			
				φ_0/(°)		$\Delta\varphi$/(°)	
				湿	饱和	湿	饱和
1	坝基碎石土层(Ⅳ、Ⅴ)		22.3		44		6
2	坝基黏土层(Ⅲ)		20.8		36.6		6
3	坝基砂砾石层(Ⅰ、Ⅱ)		21.6		45		6

表9.6-2　心墙坝防渗土料抗剪强度计算线性材料参数

参数	材　料			碎石土心墙	黏土心墙	围堰斜墙
物理指标	干容重/(kN/m³)			19	17	16.5
	湿容重/(kN/m³)			22	20.3	19.8
	饱和容重/(kN/m³)			22.5	20.8	20.3
抗剪强度	运行期	有效强度/kPa	28	32	28	26
			10	20	10	10
		总强度/kPa	16	25	16	15
			25	35	25	20
	施工期	有效强度/kPa	12	20	12	11
			50	80	50	40
		总强度/kPa	8.5	15	8.5	8
			50	80	50	40

3. 计算结果分析

采用简化毕肖普法和杨布法分别按总应力法和有效应力法计算坝体抗滑稳定性系数。坝体在各种工况下的最小安全系数见表9.6-3。

表 9.6-3　坝体抗滑稳定性系数计算成果表

计算工况		部位	稳定系数		允许安全系数
			毕肖普法	杨布法	
正常	稳定渗流期，正常蓄水位 库水位 950.00m，下游水位 858.60m	上游坡	2.01	1.89	1.50
		下游坡	1.71	1.65	
非常Ⅰ	稳定渗流期，设计洪水位 库水位 950.57m，下游水位 861.84m	上游坡	2.00	1.78	1.30
		下游坡	1.69	1.54	
非常Ⅱ	稳定渗流期，正常蓄水位遇地震 库水位 950.00m，下游水位 858.60m	上游坡	1.63	1.55	1.20
		下游坡	1.37	1.24	
	稳定渗流期，设计洪水位遇地震 库水位 950.57m，下游水位 861.87m	上游坡	1.61	1.38	
		下游坡	1.32	1.22	

有效应力法计算结果表明，施工期、稳定渗流期、水库水位降落期和正常运用遇地震等各种工况下，上、下游坝体稳定性系数均满足规范要求。其中，滑楔法计算的上游坝体滑弧出口位置在坝脚基础面附近，下游坝体滑弧出口位置在坝脚压坡体围堰附近，均为深层滑动类型。坝体控制性滑弧（滑楔）位置如图 9.6-1 和图 9.6-2 所示。

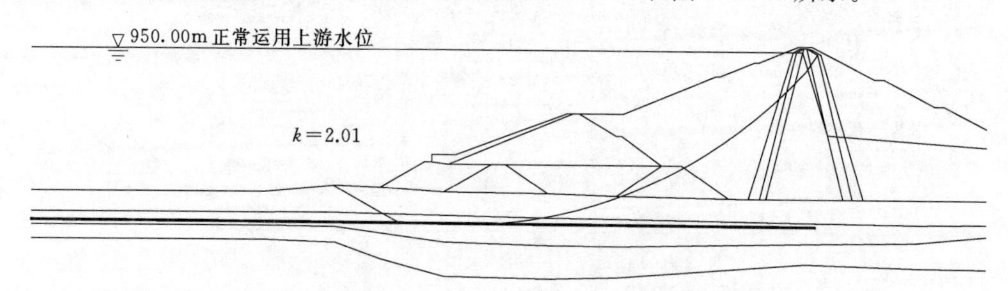

图 9.6-1　正常蓄水简化毕肖普法上游坝体滑面简图

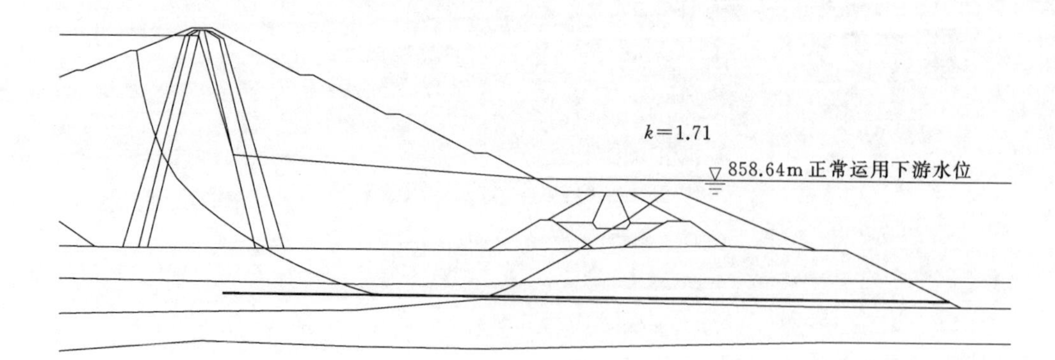

图 9.6-2　正常蓄水简化毕肖普法下游坝体滑面简图

参 考 文 献

[1] 水力发电工程地质勘察规范：GB 50287—2016 [S]. 北京：中国计划出版社，2017.

[2] 水利水电工程地质勘察规范：GB 50487—2008 [S]. 北京：中国计划出版社，2009.

[3] 彭土标，袁建新，王惠明，等. 水力发电工程地质手册 [M]. 北京：中国水利水电出版社，2011.

[4] 水利水电规划设计总院. 水利水电工程地质手册 [M]. 北京：水利电力出版社，1985.

[5] 化建新，王笃礼，张继文，等. 工程地质手册 [M]. 5版. 北京：中国建筑工业出版社，2018.

[6] 党林才，方光达. 利用深厚覆盖层建坝的实践与发展 [M]. 北京：中国水利水电出版社，2009.

[7] 赵志祥，李常虎. 深厚覆盖层工程特性与勘察技术研究 [M] //中国水力发电工程学会，中国水电工程顾问集团公司，中国水利水电建设集团公司. 中国水力发电科学技术发展报告（2012年版）. 北京：中国电力出版社，2013.

[8] 万志杰，赵志祥，王有林，等. 西藏波堆水电站右岸冰水堆积物渗漏及渗透稳定性评价 [J]. 工程技术，2019.

[9] 赵志祥，王有林，陈楠. 同位素示踪法在深厚覆盖层渗透系数测试中的应用 [C] //第六届地质及勘探专业委员会第三次学术交流会论文集，2019.

[10] 雷宛，肖宏跃，邓一谦. 工程与环境物探教程 [M]. 北京：地质出版社，2006.

[11] 曹伯勋. 地貌学及第四纪地质学 [M]. 武汉：中国地质大学出版社，1995.

[12] 岩土工程勘察规范（2009年版）：GB 50021—2001 [S]. 北京：中国建筑工业出版社，2009.

[13] 水电水利工程物探规程：DL/T 5010—2005 [S]. 北京：中国电力出版社，2005.

[14] 水利水电工程物探规程：SL 326—2005 [S]. 北京：中国水利水电出版社，2005.

[15] 中国水利水电物探科技信息网. 工程物探手册 [M]. 北京：中国水利水电出版社，2011.

[16] 李平宏，薛效斌. 不同物性条件下瞬态瑞雷波勘探的应用效果 [J]. 工程物探，2006（1）：11-16.

[17] 乔峰. 电法勘探在大青山冲积平原上的应用效果 [J]. 工程物探，2000（4）.

[18] 黄衍农. 地质雷达探测成果与分析 [J]. 工程物探，2002（1）：7-10.

[19] 地基动力性测试规范：GB/T 50269—2015 [S]. 北京：中国计划出版社，2015.

[20] 浅层地震勘查技术规范：DZ/T 0170—1997 [S]. 北京：中国标准出版社，1997.

[21] 王振东. 面波勘探技术要点与最新进展 [J]. 物探与化探，2006，30（1）：1-6.

[22] 林万顺. 多道瞬态面波技术在水利及岩土工程勘察中的应用 [J]. 工程勘察，2000（4）：1-4.

[23] 付官厅，王祖国，韩治国，等. 自振法试验在砂卵砾石层中的应用 [J]. 水利水电工程设计，2010，29（1）：48-50.

[24] 孟高头. 土体原位测试机理、方法及其工程应用 [M]. 北京：地质出版社，1997.

[25] Holland J H. Adaptation in Natural and Artificial System [M]. MIT Press，The University of Michigan Press，1975.

[26] Goldberg D E. Genetic Algorithms in Search，Optimization and Machine Learning，Addison Wesley，Reading，MA，1989.

[27] 石金良. 砂砾石地基工程地质 [M]. 北京：水利电力出版社，1991.

[28] 郭守忠. 水利水电工程勘探与岩土工程施工技术 [M]. 北京：中国水利水电出版社，2003.

[29] 刘杰. 土石坝渗流控制理论基础及工程经验教训 [M]. 北京：中国水利水电出版社，2006.

[30] 关志诚. 混凝土面板堆石坝筑坝技术与研究 [M]. 北京：中国水利水电出版社，2005.

[31] 余波．水电工程河床深厚覆盖层分类［C］//贵州省岩石力学与工程学会 2010 年度学术交流论文集，2010：1-9.
[32] 周旭，任向宇，李保方．云南谷久浓水利枢纽工程坝址深厚覆盖层特性及成因分析［J］．资源环境与工程，2017，31（4）：393-394.
[33] 李正顺．大渡河丹巴水电站坝基深厚覆盖层工程地质研究［D］．成都：成都理工大学，2008.
[34] 黄安邦．山区河谷深厚覆盖层多层结构坝基渗漏研究［D］．成都：成都理工大学，2016.
[35] 皮开荣，张高萍，文豪军．连续电导率剖面法在探测堆积体的应用效果［J］．工程地球物理学报，2006，3（4）：261-264.
[36] 毛昶熙．渗流计算与分析［M］．北京：中国水利水电出版社，2001.
[37] 杜延龄，许国安．渗流分析的有限元法和电网络法［M］．北京：水利电力出版社，1992.
[38] 许强，陈伟，张倬元．对我国西南地区河谷深厚覆盖层成因机理的新认识［J］．地球科学进展，2008，23（5）：448-456.
[39] 张永双，曲永新，王献礼，等．中国西南山区第四纪冰川堆积物工程地质分类探讨［J］．工程地质学报，2009，17（5）：581-589.
[40] 柯于义，尼伦娜，边巴次仁．青藏高原等西部地区河床深厚覆盖层成因机理研究［C］//第十届中国西部科技进步与经济社会发展专家论坛论文集，2009：195-203.
[41] 金辉．西南地区河谷深厚覆盖层基本特征及成因机理研究［D］．成都：成都理工大学，2008.
[42] 梁宗仁．甘肃九甸峡水利枢纽深厚覆盖层工程特性［J］．水利规划与设计，2007（3）：28-30.
[43] 王启国．金沙江虎跳峡河段河床深厚覆盖层成因及工程意义［J］．岩石力学与工程学报，2009，28（7）：1455-1466.
[44] 罗守成．对深厚覆盖层地质问题的认识［J］．水力发电，1995（4）：1455-1466.
[45] 熊德全，王昆．其宗水电站深厚覆盖层钻进取芯及孔内原位测试综述［C］//中国水力发电工程学会地质及勘探专业委员会第二次学术交流会论文集，2010：300-304.
[46] 肖冬顺，张辉，黄炎普，等．雅鲁藏布江深厚砂卵砾石覆盖层钻探工艺［J］．探矿工程，2014，41（8）：21-25.
[47] 黄建强，张云龙．S122 绳索取芯钻具在水文地质勘探孔中的应用［J］．西部探矿工程，2017（10）：61-64.
[48] 冯彦东，杨军．综合物探方法在河床深厚覆盖层勘探中的应用［J］．工程地球物理学报，2017，6（2）：208-211.
[49] 铁路工程地质原位测试规程：TB 10018—2018［S］．北京：中国铁道出版社，2018.
[50] 徐文杰，胡瑞林，曾如意．水下土石混合体的原位大型水平推剪试验研究［J］．岩土工程学报，2006，28（7）：300-311.
[51] 王彪，陈剑杰，黄裕雄．西北某地第四纪冰川堆积物工程地质特性分析［J］．工程地质学报，2011，19（1）：35-38.
[52] 王献礼．西南山区冰川堆积物的工程地质特性及灾害效应研究［D］．北京：中国地质科学院，2009.
[53] 王自高，胡瑞林，张瑞，等．大型堆积体岩土力学特性研究［J］．岩石力学与工程学报，2013，32（增 2）：3836-3843.
[54] 鲁海涛，曹福明，滕文川．兰州城区卵石工程性质试验研究［J］．城市道桥与防洪，2017（7）：254-258.
[55] 龚辉，张晓健，艾传井，等．土石混合料填方体原位剪切试验方法探讨［J］．长江科学院院报，2018，4（4）：91-96.
[56] 齐三红，王学潮，张绍民．宝泉电站上水库堆石坝坝基深厚覆盖层特性研究［J］．岩土力学，2006，27（增刊）：1286-1289.
[57] 石林柯，孙文怀，郝小红．岩土工程原位测试［M］．郑州：郑州大学出版社，2003.

[58] 水利水电工程注水试验规程：SL 345—2007 [S]. 北京：中国水利水电出版社，2008.

[59] 水电工程钻孔注水试验规程：NB/T 35104—2017 [S]. 北京：中国水利水电出版社，2018.

[60] 任宏微，刘耀炜，孙小龙，等. 单孔同位素稀释示踪法测定地下水渗流速度、流向的技术发展 [J]. 国际地震动态，2013 (2)：5-14.

[61] 胡继春. 同位素示踪法在地下水渗流场测定中的应用 [J]. 应用技术与管理，2006 (6)：25-27.

[62] 刘光尧，陈建生. 同位素示踪测井 [M]. 南京：江苏科学技术出版社，1999.

[63] 陈建生，赵维炳. 单孔示踪方法测定裂隙岩体渗透性研究 [J]. 河海大学学报，2000，28 (3)：44-50.

[64] 叶合欣，陈建生. 放射性同位素示踪稀释法测定涌水含水层渗透系数 [J]. 核技术，2007，30 (9)：739-744.

[65] 高正夏，徐军海，王建平，等. 同位素技术测试地下水流速流向的原理及应用 [J]. 河海大学学报（自然科学版），2003，31 (6)：655-658.

[66] 陈建生，杨松堂，凡哲超. 孔中测定多含水层渗透流速方法研究 [J]. 岩土工程学报，2004，26 (3)：327-330.

[67] 韩庆之，陈辉，万凯军. 武汉长江底钻孔同位素单井法地下水流速、流向测试 [J]. 水文地质工程地质，2003 (2)：74-76.

[68] 马贵生，李少雄. 自振法试验及对比应用研究 [J]. 南水北调与水利科技，2008，6 (1)：167-169.

[69] 付官厅，王祖国，韩治国，等. 自振法试验在砂卵砾石层中的应用 [J]. 水利水电工程设计，2010，29 (1)：48-50.

[70] 石广明，金星，马健. 深厚覆盖层岩组特征及其形成条件探讨 [J]. 甘肃水利水电技术，2014，50 (1)：30-34.

[71] 王军，任光明，王启鸿，等. 甘肃省某电站深厚覆盖层渗透变形分析 [J]. 水电能源科学，2010，28 (9)：52-54.

[72] 李凯. 河床覆盖层坝基稳定性研究——以尼洋河多布水电站为例 [D]. 成都：成都理工大学，2010.

[73] 郑达. 金沙江其宗水电站高堆石坝建设适宜性的工程地质研究 [D]. 成都：成都理工大学，2010.

[74] 王启国. 金沙江中游上江坝址河床深厚覆盖层建高坝可行性探讨 [J]. 工程地质学报，2009，17 (6)：745-751.

[75] 卢晓仓，王晓朋，李鹏飞. 旁压试验在河床深厚覆盖层勘察中的应用 [J]. 水利水电技术，2013，44 (8)：54-59.

[76] 黄安邦. 山区河谷深厚覆盖层多层结构坝基渗漏研究 [D]. 成都：成都理工大学，2016.

[77] 党林才，方光达. 深厚覆盖层上建坝的主要技术问题 [J]. 水力发电，2011，37 (2)：24-28.

[78] 刘德斌，张吉良，李兴华. 苏洼龙水电站坝基深厚覆盖层工程地质特性研究及利用 [J]. 资源环境与工程，2017，31 (4)：385-388.

[79] 夏万洪，魏星灿，杜明祝. 冶勒水电站坝基超深厚覆盖层 Q3 的工程地质特性及主要工程地质问题研究 [J]. 水电站设计，2007，25 (2)：81-87.

索引

《中国水电关键技术丛书》
编辑出版人员名单

总 责 任 编 辑：营幼峰

副总责任编辑：黄会明　王志媛　王照瑜

项 目 负 责 人：刘向杰　吴　娟

项 目 执 行 人：冯红春　宋　晓

项 目 组 成 员：王海琴　刘　巍　任书杰　张　晓　邹　静

李丽辉　夏　爽　郝　英　范冬阳　李　哲

《深厚覆盖层勘察关键技术》

责任编辑：刘向杰

文字编辑：刘向杰

审稿编辑：方　平　孙春亮　王照瑜

索引制作：赵志祥

封面设计：芦　博

版式设计：芦　博

责任校对：梁晓静　王凡娥

责任印制：崔志强　焦　岩　冯　强

排　　版：吴建军　孙　静　郭会东　丁英玲　聂彦环

Contents

of China.

As same as most developing countries in the world, China is faced with the challenges of the population growth and the unbalanced and inadequate economic and social development on the way of pursuing a better life. The influence of global climate change and extreme weather will further aggravate water shortage, natural disasters and the demand & supply gap. Under such circumstances, the dam and reservoir construction and hydropower development are necessary for both China and the world. It is an indispensable step for economic and social sustainable development.

The hydropower engineering technology is a treasure to both China and the world. I believe the publication of the *Series* will open a door to the experts and professionals of both China and the world to navigate deeper into the hydropower engineering technology of China. With the technology and management achievements shared in the *Series*, emerging countries can learn from the experience, avoid mistakes, and therefore accelerate hydropower development process with fewer risks and realize strategic advancement. The *Series*, hence, provides valuable reference not only to the current and future hydropower development in China but also world developing countries in their exploration of rivers.

As one of the participants in the cause of hydropower development in China, I have witnessed the vigorous development of hydropower industry and the remarkable progress of hydropower technology, and therefore I am truly delighted to see the publication of the *Series*. I hope that the *Series* will play an active role in the international exchanges and cooperation of hydropower engineering technology and contribute to the infrastructure construction of B&R countries. I hope the *Series* will further promote the progress of hydropower engineering and management technology. I would also like to express my sincere gratitude to the professionals dedicated to the development of Chinese hydropower technological development and the writers, reviewers and editors of the *Series*.

Ma Hongqi

Academician of Chinese Academy of Engineering

October, 2019

river cascades and water resources and hydropower potential. 3) To develop complete hydropower investment and construction management system with the aim of speeding up project development. 4) To persist in achieving technological breakthroughs and resolutions to construction challenges and project risks. 5) To involve and listen to the voices of different parties and balance their benefits by adequate resettlement and ecological protection.

With the support of H. E. Mr. Wang Shucheng and H. E. Mr. Zhang Jiyao, the former leaders of the Ministry of Water Resources, China Society for Hydropower Engineering, Chinese National Committee on Large Dams, China Renewable Energy Engineering Institute, and China Water & Power Press in 2016 jointly initiated preparation and publication of *China Hydropower Engineering Technology Series* (hereinafter referred to as "the *Series*"). This work was warmly supported by hundreds of experienced hydropower practitioners, discipline leaders, and directors in charge of technologies, dedicated their precious research and practice experience and completed the mission with great passion and unrelenting efforts. With meticulous topic selection, elaborate compilation, and careful reviews, the volumes of the *Series* was finally published one after another.

Entering 21st century, China continues to lead in world hydropower development. The hydropower engineering technology with Chinese characteristics will hold an outstanding position in the world. This is the reason for the preparation of the *Series*. The *Series* illustrates the achievements of hydropower development in China in the past 30 years and a large number of R&D results and projects practices, covering the latest technological progress. The *Series* has following characteristics. 1) It makes a complete and systematic summary of the technologies, providing not only historical comparisons but also international analysis. 2) It is concrete and practical, incorporating diverse disciplines and rich content from the theories, methods, and technical roadmaps and engineering measures. 3) It focuses on innovations, elaborating the key technological difficulties in an in-depth manner based on the specific project conditions and background and distinguishing the optimal technical options. 4) It lists out a number of hydropower project cases in China and relevant technical parameters, providing a remarkable reference. 5) It has distinctive Chinese characteristics, implementing scientific development outlook and offering most recent up-to-date development concepts and practices of hydropower technology

General Preface

China has witnessed remarkable development and world-known achievements in hydropower development over the past 70 years, especially the 4 decades after Reform and Opening-up. There were a number of high dams and large reservoirs put into operation, showcasing the new breakthroughs and progress of hydropower engineering technology. Many nations worldwide played important roles in the development of hydropower engineering technology, while China, emerging after Europe, America, and other developed western countries, has risen to become the leader of world hydropower engineering technology in the 21st century.

By the end of 2018, there were about 98,000 reservoirs in China, with a total storage volume of 900 billion m^3 and a total installed hydropower capacity of 350GW. China has the largest number of dams and also of high dams in the world. There are nearly 1000 dams with the height above 60m, 223 high dams above 100m, and 23 ultra high dams above 200m. There are also 4 mega-scale hydropower stations with an individual installed capacity above 10GW, such as Three Gorges Hydropower Station, which has an installed capacity of 22.5 GW, the largest in the world. Hydropower development in China has been endeavoring to support national economic development and social demand. It is guided by strategic planning and technological innovation and aims to promote project construction with the application of R&D achievements. A number of tough challenges have been conquered in project construction and management, realizing safe and green development. Hydropower projects in China have played an irreplaceable role in the governance of major rivers and flood control. They have brought tremendous social benefits and played an important role in energy security and eco-environmental protection.

Referring to the successful hydropower development experience of China, I think the following aspects are particularly worth mentioning 1) To constantly coordinate the demand and the market with the view to serve the national and regional economic and social development. 2) To make sound planning of the

Informative Abstract

This book is one of *China Hydropower Engineering Technology Series*, which is sponsored by the National Publication Foundation, focuses on the technical problems and similar problems of investigation and evaluation in the construction of DAMS on the deep overburden of riverbed, systematically summarize, analyze and refine the existing investigation techniques and evaluation methods, such as geological exploration, experimental testing, analysis and evaluation.

According to the characteristics of the different areas of the deep overburden, the genetic classification, distribution of rhythm, rock group division, physical and mechanical characteristics and hydraulic properties, engineering geological classification of the overburden, selection of physical and mechanical parameters were studied. Various engineering geological problems that may exist in the construction of dam on on overburden have been studied, such as liquefaction of sand and soft soil seismic sink, bearing capacity and deformation, seepage stability, and anti-sliding stability.

The key technology system for deep overburden investigation such as deep overburden analysis and evaluation, geological drilling, geotechnical testing and in-situ testing, geophysical exploration, hydrogeological testing has been formed, and a series of new theories, new technologies and new methods, a series of research results of new theories, new technologies and new methods have been obtained. Improved the technical level on deep overburden investigation and evaluation, achieved good social and economic benefits, and has broad prospects for promotion and application.

This book can be used for reference by the staff of engineering investigation, test and design of water conservancy and hydropower industry, as well as for the study of undergraduates and postgraduates of relevant majors in colleges and universities.

China Hydropower Engineering Technology Series

Key Technology of Deep Overburden Investigation

Zhao Zhixiang   Zuo Sansheng   Wang Youlin   et al.

中国水利水电出版社
China Water & Power Press
· BeiJing ·